한 | 울 | 지 | 리 | 학 | 강 | 좌

지리학 강의

한국지리정보연구회 엮음

한울
아카데미

머 리 말

　사람마다 제나름의 모양새와 성격을 지니고 있듯이 지역도 그곳에서만 느낄 수 있는 독특한 매력이 있다. 사람이 개성을 추구하면서 남과 다른 나를 발견해 가듯이 지역도 타지역과 뚜렷이 구별되는 고유의 경관을 만들어 가면서 차별화된 지역성을 추구해 간다.

　지리학은 말 그대로 '지구에 대해 기술하는 학문'이다. 여기서 지구란 인간의 삶의 터전으로서의 지표를 말한다. 지리학은 단순히 지구 그 자체에 대한 기술이 아니라, 지표와 그 지표를 생활터전으로 삼고 살아 온 인간과의 관계를 공간적으로 설명하고 기술하는 학문이다. 따라서 지리학의 주요 연구 테마는 인간생활에 의해 유기적으로 변화해 가는 지표공간과 차별화된 지역성에 있다. 즉 인간이 내재한 공간 개념은 지리학의 특수성과 일반성을 확인할 수 있는 근거가 된다.

　현재 지리학은 초·중·고등학교의 교과 과정에서 필수과목으로 수업이 진행되고 있으며, 학문의 전문성이 요구되는 대학교에서는 전공학과는 물론 그 대중적인 접근을 위해서 교양과목으로 지리학개론 수준의 강의가 다수 개설되어 있다. 그러나 자고 일어나면 쏟아져 나오는 인쇄물의 홍수 속에서 보다 쉽고 편하게 접근할 수 있는 지리학 안내서를 찾기란 그리 쉬운 일이 아니다. 이 책은 이러한 지리학의 대중화라는 필연적인 사회적 요구에 부응하고, 특히 대학교의 교양과목으로 개설된 지리학개론 수준의 강의에 적합한 교재를 개발하려는 목적으로 쓰여진 것이다. 특히 지리학을 전공하지 않은 일반인들과 대학생을 위한 지리학 입문서이자, 강의 교재라는 양면성을 부각시키는 데 중점을 두고 구성하였기 때문에 기존의 지리학 전문서적의 판에 박힌 듯한 체제에서 벗어나고자 하였다. 이 책의 내용구성은 제1강부터 제15강까지 한 학기 강의 횟수에 맞추었다. 각 강별 제목은 계통적인 분류를 기본으로 하여 지리학의 소개, 자연지리, 응용지리, 인문지리, 지리학에서 사진과 지도의 응용에 대한 내용 순으로 자유롭게 구성하였다.

4

이 책은 여러 명의 저자가 전공 분야별로 집필한 것인 만큼 전반적인 내용 구성과 전개에 있어서 굳이 통일하거나 획일화된 체제는 피하고자 하였다. 보는 이의 시각에 따라서 지리학의 부분적인 내용을 산만하게 엮은 책으로 보일 수도 있을 것이나, 변화 무쌍한 현대사회에서 학문의 다양한 접근방법이 요구되는 만큼, 지리학의 역동성이라는 시각으로 접근한다면, 현대사회 생활에 적용할 수 있는 지리학의 이해라는 목적을 조금이나마 이룰 수 있다는 점을 강조하고 싶다.

『지리학강의』는 지리정보연구회의 세번째 연구 결과물이다. 앞서 발표한『자연지리학사전』,『사진과 지리』도 그랬지만, 이번『지리학강의』출간에도 여러 가지 어려움이 많이 있었다. 여러 사람이 모여 무엇인가를 만들어 낸다는 것은 누군가의 헌신적인 봉사와 노력 없이는 불가능하다. 주제 선정 및 집필진 구성, 교정과 편집에 이르기까지 이 책이 출간될 수 있도록 모든 개인사를 접어두고 어려운 일을 도맡아 준 김선희 선생님, 김일림 선생님, 이의한 선생님의 노고에 진심으로 감사드린다.

그리고 무엇보다도 항상 본 연구회의 활동을 지켜봐 주시고, 연구물의 출간을 과감하게 지원해 주시는 도서출판 한울의 김종수 사장님과 폭염 속에서도 편집에 애써 주신 장우봉님께 다시 한번 감사를 드리고, 이 책이 출판되기까지 물심양면으로 많은 노력을 기울여 주신 관계자 여러분들께도 깊은 감사를 드린다.

2000년 8월
집필진 일동

제1강 지리학의 기초

권동희

1. 지리학의 개념과 근원

지리학(地理學)은 문자적으로 풀어보면 '땅의 이치를 연구하는 학문'이 된다. 여기에서 땅은 지구 표면을 뜻하는 것으로, 땅의 이치라는 것은 지구 표면의 공간적 특성들이 지역에 따라 다르고 이에 따라 인간들의 살아가는 모습도 다르다는 개념을 포함한다. 이는 지리학에서 '지역성'이라고 한다. 철학자 칸트(Imanuel Kant, 1724~1804)가 '역사학이 시간적으로 나타난 현상을 대상으로 하는 학문이라면, 지리학은 공간적으로 나타나는 현상을 대상으로 하는 학문'이라고 언급한 것은 바로 이러한 지리학의 체계와 영역을 잘 표현한 것이다.

우리들이 지금 배우고 있는 현대지리학은 유럽에서 성립된 '근대과학으로서의 지리학(근대지리학)'을 기반으로 한 학문이다. 보통 근대지리학의 창시자로서 알려진 사람은 알렉산더 본 홈볼트(Alexander von Humboldt, 1769~1859)와 칼 리터(Carl Ritter, 1779~1859) 등 두 사람의 프러시아인이다. 그러나 그들이 학문의 명칭으로서 쓴 지오그라피(Geographie)라는 말의 근원은 멀리 헬레니즘 시대로 거슬러 올라간다.

프톨레마이오스 왕조의 주도(主都) 알렉산드리아의 도서관장이었던 에라토스테네스(Eratosthenes, 275~194 B.C.)는 지구의 둘레를 최초로 계산한 사람이기도 하면서, 지구에 관한 학문의 명칭으로서 그리이스어 geo(지구, 대지)와 graphein(그리다, 기술하다)이라는 말을 합친 geographia를 처음으로 사용한 사람이기도 했다.

<그림 1-1> 과학으로서 지리학은 공간을 설명하고 구조화하는 것이다(Victor Prévot, 1987).

에라토스테네스 이전에는 이미 지구가 둥근 것으로 생각한 아리스토텔레스 (Aristoteles, 384~322 B.C.)가 세계지리·세계지도를 'Periodos ges'로 부르고 있었다. 이 말은 페르시아 전쟁역사를 저술한, 역사학의 시조로 알려진 헤로도투스(Herodotus, 484~420 B.C. 이후)의 선구자 헤카타이오스(Hecataeus, 550~475 B.C.)의 저술 제목 으로 사용되었고, 이 저작에 의해 그는 지리학의 시조로 불리고 있다. 그러나 이들 이 오니아 학자들은 지구가 평탄한 것으로 생각하고 있었다.

이 'Periodos ges'라는 말은 그리이스어의 'peri'(돌아다니다), 'hodos'(길), 'ges'(대지 의) 등 3가지 단어의 합성어이다. '세계 유람기'로 번역될 수 있는데, 이는 세계 주요 교통로를 따라 지리적으로 기술한 것으로서, 소위 '점과 선의 지리학'이었다. 이에 대해 에라토스테네스의 'geographie'는 인간이 살고 있는 세계(oikumene)와 그 모든 지역을 측지학(geometria)의 성과에 기초하여 지표상에 정확하게 표시하고, 그 모든 지역의 성격을 밝히고자 하는 '면(面)의 지리학'이었다.

2. 지리학의 주제

지리학에서는 위치(Location), 장소(Place), 지역(Region), 자연과 인간의 상호관계 (Human and Earth-Relationships), 이동(Movement) 등 5가지 주제를 연구 대상으로 한다.

위치라고 하는 것은 지구상에서의 절대적 혹은 상대적 위치로서, 지리적 사상이 '어디에(where)' 있는가 하는 것이다. 특정한 위치를 언급할 때는 그곳에 '무엇 (what)'이 존재하느냐는 개념이 포함되어 있다. 이를 장소라고 하는데, 결국 지표는 서로 다른 특성을 갖는 장소의 집합체인 셈이다. 지구상에는 완전히 같은 두 장소는 존재하지 않는다. 이는 지리적 사상의 '유일성'이다. 서로 다른 장소들은 서로 연합 되어 특정 지리적 사상에 대해 공통적인 특성을 갖게 되는데, 그러한 특성이 나타나 는 범주(boundary)를 지역이라고 한다. 지역은 결국 어떤 지리적 기준에 대해 등질지 역(homogeneous region)이 되며, 이러한 등질성은 지역의 성격 즉 지역성으로서의 지역지리 연구의 중심과제가 된다.

지역의 특성은 보통 자연과 인간의 상호관계 속에서 형성된다. 지리학은 인간이 중심이 된다는 점에서 일반 자연과학과 차별화된다. 따라서 지리학의 테마로서 자연 과 인간의 상호관계성은 매우 중요하게 취급된다. 지리학의 장이 되는 지구 표면은 극히 동적인 것으로서 전체적 또는 국지적으로 하나의 시스템을 이루고 있다. 이러 한 시스템은 지표상에서의 물질의 이동을 전제로 하는 것으로서, 바람, 해류, 교통 등은 좋은 예이다. 장소와 장소 혹은 지역과 지역 사이에서 이루어지는 '이동'의 개 념은 장소와 지역의 특성을 변화시키고 전파하는 역할을 하기도 한다.

3. 지리학의 내용과 분류

지리학은 전통적으로 크게 계통지리와 지역지리 그리고 지리학방법론으로 구분된 다. 그러나 지리학은 종합적 통찰력을 필요로 하는 종합과학이며, 이러한 구분은 단 지 연구의 편의상 나누는 것뿐이다.

계통지리학이란 지역을 구성하는 공간 구성요소들을 체계적이고 구체적으로 연구하 는 것으로, 이는 연구 대상에 따라 크게 자연지리와 인문지리로 구분된다. 그리고 이 들 자연지리, 인문지리는 다시 각각 어떠한 주제를 취급하느냐에 따라 더 세분화된다.

<표 1-1> 지리학의 분류와 내용

대분류	중분류	소분류
계통지리	자연지리	지형학(구조지형학, 기후지형학), 기후학, 생물지리학(식물지리학, 동물지리학), 토양지리학, 환경지리학, 해양지리학, 육수학(하천학, 호소학, 지하수학) 등
	인문지리	경제지리학, 역사지리학, 문화지리학, 정치지리학, 인구지리학, 취락지리학, 교통지리학, 관광지리학, 사회지리학, 종교지리학, 통신지리학 등
지역지리(문화권을 중심으로 구분한 예)		유럽, 러시아, 북아메리카, 중앙아메리카, 남아메리카, 북아프리카(화이트 아프리카), 서남아시아, 남아프리카(블랙 아프리카), 남아시아, 동아시아, 남동아시아, 오스트레일리아, 태평양지역 등
지리학방법론		지도학, 지리정보시스템(GIS), 지리조사법 등
기타		지리철학, 지리학사, 응용지리학 등

　　지역지리학은 지표면 일부분으로서의 특정 지역에 나타나는 지역성을 연구하는 분야이다. 지역성이란 자연지리 및 인문지리적 현상의 종합적 특성을 말한다. 그러나 지표면의 지역구분은 다분히 인위적인 것으로서 연구 대상지역은 지역구분 기준에 따라 달라진다. 즉 대륙별로는 아시아지리, 유럽지리, 아프리카지리, 아메리카지리 등으로 구분할 수 있고, 문화권으로는 아메리카지리를 다시 북아메리카지리, 남아메리키지리 등으로 구분할 수 있다. 국가별로는 한국지리, 중국지리, 일본지리가 있을 수 있다. 최근 세계화, 지구화 시대를 맞이하면서 각 지역에 대한 종합적 정보의 필요성이 크게 증대되었고, 이와 함께 지역연구가 크게 활성화되고 있다.

　　방법론적 차원에서 지리학의 가장 큰 특징은 야외조사이다. 지리학에서 가장 중요한 개념은 공간(space)과 장소(place)로서 이들에 대한 대부분의 지식과 정보는 현장(field)에서 얻어진다. 결국 지리학은 현장을 중시하는 야외과학적 성격을 갖는 학문으로서, 야외조사는 모든 지리학의 기초가 된다. 야외조사는 지리학이 갖는 다른 과학과 차별되는 특색 중 하나이다.

　　야외조사의 경우 새롭게 접하게 되는 사물에 대한 불안과 기대가 늘 교차한다. 그러나 야외조사의 준비, 진행, 조사, 자료의 정리 그리고 발표 등 일련의 과정을 통해 얻는 즐거움은 지리학의 가장 큰 매력 중 하나이다.

　　고대지리학에서부터 현대지리학에 이르기까지 지리학 발달사를 보면, 지리학의 개념, 연구 내용이나 대상 등은 많은 변화를 겪어왔지만 유일하게 변하지 않고 오히려 더욱 강조되고 있는 것이 바로 야외조사이다. 달라진 점이 있다면 야외조사에 활용되는 장비나 방법이 더욱 현대화되었다는 것뿐이다.

4. 지리학과 관련된 인접 학문

지리학은 지표면을 다루는 학문이므로 지표면과 관련된 개별 학문체계와 각각 밀접한 관계성을 유지하게 된다.

예를 들면, 자연지리학의 경우 지형학은 지질학, 기후학은 기상학, 생물지리학은 생물학, 토양지리학은 토양학과 밀접한 관계를 갖는다. 그리고 인문지리학의 경우 역사지리학은 역사학, 경제지리학은 경제학, 도시지리학은 도시공학, 정치지리학은 정치학과 관계가 깊다. 이 말은 지리학의 개별 영역에 있어 그와 관련된 인접 학문을 보다 폭넓게 이해하는 것이 필요하다는 것이다.

■ 참고문헌

권동희. 1998, 『지리이야기』, 한울.
권동희·김창환·장상섭·최병권. 1991, 『교양지리』, 도서출판 신라.
김일곤·이재하·전영권·황홍섭. 1998, 『지리학의 이해』, 법문사.
이은숙. 1999, 「학문과 교육 환경변화 속에서 지리학의 자리(niche)확보를 위하여」, 대한지리학회, ≪대한지리학회보≫ 제63호.
杉本尙次. 1996, 『地理學とフィルドワーク』, 晃洋書房.
長坂政信. 1996, 『最新ジオグラフィー』, 二宮書店.
坂本英夫·高橋 正·木村辰男. 1994, 『基礎地理學』, 大明堂.
Victor Prévot, 大嶽幸彦 譯. 1987, 『地理學は 何に 役立つか』, 大明堂.
DeBlij, H. J., Muller, Peter O. 1996, *Physical Geography of The Global Environment*, Second Edition, John Wiley & Sons, Inc.
_____. 1997, *GEOGRAPHY Realms Regions and Concepts*, Eighth Edition, John Wiley & Sons, Inc.
Christopherson, Robert W. 1997, *Geosytems, An Introduction to Physical Geography*, Third Edition, Prentice Hall.

제2강 기후와 생활

임근옥

    기후에 대한 여러 특성을 조사하고 이해하는 가장 큰 목적은 우리 인간이 살아가는 지구는 다른 행성과는 다르게 계절의 변화에 따라 기후대가 존재한다는 점이며, 서로 다른 기후대에 살아가는 인간들은 직·간접적으로 그 지역내의 기후적 특성에 따라 생활양식, 문화, 관습뿐만 아니라 생김새나 발음 등이 상이하기 때문이다. 이와 같은 인간의 지역적인 생활환경의 차이점을 이해하기 위하여 기후학자들은 기후요소와 기후인자 간의 특성을 조사하여 지역적 기후환경을 이해하고, 지역간의 기후적 차이를 비교 분석하는 것이다. 또한 지구가 생성된 이래로 지구상에 발생하였던 몇 번의 큰 빙하기의 형성과정이나, 최근에 발생되는 이상기후의 원인과 영향에 따른 기후변동의 이론적 배경을 고찰함으로써 변동주기를 파악하여 생태계에 미칠 수 있는 영향을 최소화하고자 한다.

    특히 자연적인 환경에 의한 기후적 변화는 불가피하지만, 인간활동에 의해서 야기된 기후적 변동은 그 영향을 감소시킬 수 있다. 따라서 산업혁명 이후의 인간활동에 의해서 초래된 기후환경의 변화 사례를 기반으로 하여 인간은 기후를 어떻게 변화시킬 수 있으며, 그로 인하여 기후는 인간에게 어떠한 영향을 미칠 것인가를 분석함으로써 인간활동에 의한 기후변동이 생태계에 미칠 수 있는 극단적인 영향을 최소화시켜 쾌적하고 풍요로운 삶의 터전을 영위하고자 하는 데 있다.

1. 기후

하나의 용어를 정확하게 정의하기는 상당히 어려운 문제이다. 이는 학문적 연구의 발전에 고려해야 할 요소가 그만큼 증가되기 때문이다. 현재적인 의미에서 기후를 가장 잘 정의하고 있는 것은 '기후란 어떤 장소에서 매년 되풀이 되는 정상 상태에 있는 대기 현상의 종합된 평균 상태이다'라는 한(J. Hann)의 표현이다. 더불어 대기 현상의 종합된 결과를 인간생활 또는 활동과 결부시켜 나타내는 것이며, 지역에 따라서 항상 다른 특성을 나타내게 된다.

기후의 어원은 동서양에서 표현하는 의미가 다르다. 동양에서는 일찍이 계절을 구분하여 사용한 중국에서 그 어원을 볼 수 있으며, 황도상을 공전하는 지구의 위치와 관련된 24절기와 각 절기는 5일 간격으로 3후로 나누어 사용하였다. 따라서 기후는 자연이나 동식물의 경관 및 현상과 결부시켜 계절의 변화성에 중점을 두고 구분하였다. 반면에 서양에서의 기후는 그리스어의 '기울어지다(clinein)'에서 유래하였으며, 의미는 정확하지 않으나 자연 자체는 자전축의 경사나 태양고도와 지면의 경사, 자연지형의 기울어짐 등이 나타나므로, 이러한 것으로 보아 기울어짐에서 발생한다고 생각한 것이다.

기후학이 과학적인 체계를 정립하기 시작한 것은 각종 관측기구의 발명과 더불어 고층기상관측이 진전된 2차 세계대전 이후부터로 그리 오래되지는 않았다. 한(J. Hann, 1839~1921)에 의해서 처음 과학적인 체계가 이루어졌으며, 쾨펜(W. Köppen), 주우판(A. Supan), 손스웨이트(C. W. Thornthwaite), 그리고 플론(H. Flohn) 등의 학자들에 의해서 비약적으로 발전하였다. 근래에 들어서 기후학은 기후요소의 개별적인 분석보다는 종합적인 상태를 대기대순환의 입장에서 이해하는 종관기후학적 방법과 물리적인 법칙을 이용하여 설명하는 동기후학직인 방법으로 연구하고 있다.

2. 대기권과 에너지

대기권의 한계는 여러 관측기구를 이용하여 조사하여 보면, 수소원자의 범위를 이용하면 35,000km 고도까지 이르지만, 일반적으로 1,000km까지로 표현된다. 그러나 상층의 공기는 매우 희박하며, 6km구간에 지구대기의 50%가, 32km구간에 99%의 공기가 존재하고 있어 공기의 밀도는 상층으로 갈수록 매우 낮아진다.

1) 대기권의 수직구조와 구성물질

(1) 대기권의 수직구조

대기권의 수직구조를 구분하는 기준은 일반적으로 고도에 따른 기온분포와 변화율을 이용하여 크게 4개 층으로 구분하며, 층과 층 사이에 온도 변화율이 매우 적은 구간에는 계면이 존재한다.

지면에서 평균 11km까지의 기온이 낮아지는 대기하층은 대류권이라 한다. 이 층은 고도에 따른 기온 체감률이 6.5℃/km로 불안정하여 대류작용에 따른 눈이나 비와 같은 기상 현상이 발생한다. 대류권의 높이는 적도지방에서는 17~18km로 높게 나타나지만, 극지방은 5~6km로 낮다.

성층권은 대류권계면 이상에서 약 50km 구간으로 고도 증가에 따라 기온이 상승하여 대기상태가 매우 안정한 층이다. 이 층에는 태양광선에서 유입되는 유해한 자외선을 흡수하는 오존(O_3)층이 형성되어 있으며, 이로 인하여 고도에 따라 기온이 상승한다. 오존층은 25~40km 구간에 약 90%가 밀집되어 있다.

성층권계면 위에서 80km 고도까지는 대기상태가 불안정한 층으로 대류 현상은 발생하지만, 공기가 희박하기 때문에 기상 현상은 발생하지 않는 중간권이 존재한다. 중간권 상층에는 고도에 따라 기온이 상승하는 열권이 존재한다. 이 층은 낮과 밤의 온도차가 1,000℃ 이상으로 일교차가 매우 큰 곳이며, 현대 통신기술과 관련하여 매우 중요한 층으로 전파를 반사시켜 주는 전리층이 존재한다.

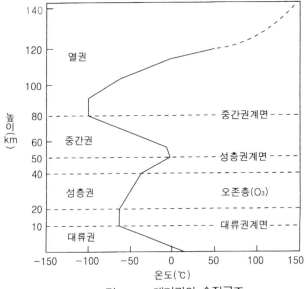

<그림 2-1> 대기권의 수직구조

<표 2-1> 건조공기 성분비

성분	질소	산소	아르곤	이산화탄소	네온	헬륨	크립톤	크세논
	N2	O2	Ar	CO2	Ne	He	Kr	Xe
성분비(%)	78.08	20.95	0.93	0.03				

(2) 대기권의 구성물질

대기권의 성분은 지상에서 대략 80km(또는 100km)까지는 여러 기체의 성분비가 일정한 층이 있으며, 이를 균질권(또는 등질권), 그 이상의 높이는 성분비가 일정하지 않는 층으로 비균질권(또는 이질권)이라 한다. 균질권내의 건조공기에 대한 성분비는 <표 2-1>과 같다. 습윤한 공기인 수증기의 경우는 시간과 장소에 따라 항상 변화되기 때문에 공기 속에 구성비는 일정하지 않다.

균질권내에서의 공기 속의 성분비가 일정한 이유는 대규모의 난류, 대류 및 순환에 의한 혼합작용과 확산작용으로 대기의 수직적인 혼합이 이루어지기 때문이다. 비균질권은 성분비가 높이에 따라 감소하여 일정하지 않은 층이며, 80~200km 구간은 질소분자, 200~600km 구간은 산소원자, 600~1000km 구간에는 헬륨원자, 수소원자가 층화되어 있다.

2) 태양에너지와 지구 대기

(1) 태양에서의 입사량

지구를 둘러싸고 있는 대기권에서는 여러 가지 현상이 일어나며, 그 원동력은 열에너지이다. 이 열에너지는 대기의 온도뿐만 아니라 바람이나 대규모의 대기의 순환, 그리고 수증기와 합하여 여러 가지 대기 현상을 유발한다. 이와 같은 열에너지의 근원으로는 지구 입사에너지량의 거의 99.999%를 차지하는 태양복사에너지와 지구내부에너지(지열) 그리고 항성이 방출하는 복사에너지 등이 있다. 그러나 지열이나 항성이 방출하는 복사에너지는 거의 무시해도 좋을 정도로 미약하다.

태양의 표면온도는 약 6,000°K이며, 3×10^5km/s의 속도로 태양 표면으로부터 사방으로 방출되며, 지구에 도달하는 데는 9분 20초 정도가 소요된다. 태양복사의 스펙트럼은 전체 에너지의 9%가 X선과 감마(γ)선 및 자외선이며, 약 50%는 가시광선으로 되며, 나머지는 적외선과 전파로 구성된다.

태양에너지는 내부로부터 복사와 대류에 의해 밖으로 방출된다. 그래서 빛의 생산량은 일정하며, 태양에서 일정한 거리에 위치하고, 태양광선에 직각으로 놓여 있는

면이 받는 태양복사에너지량은 항상 일정하다. 태양이 방출하는 에너지량은 지구 대기권 밖에서 태양광선에 수직인 면 $1cm^2$ 면적이 1분(min)간 받는 태양상수(I)를 이용하며, 이 값은 $2.00cal/cm^2 \cdot min$으로 표시한다. 태양이 1분간 방출하는 총에너지량에 비하여 지구가 받는 총에너지량은 약 20억분의 1정도에 불과하다.

* 태양이 1분간 방출하는 총에너지량$=4\pi R2 \cdot I$ cal/min
* 지구가 1분간 흡수하는 총에너지량$=\pi Re2 \cdot I$ cal/min
여기서 R은 지구와 태양 간의 평균거리이고, Re는 지구의 반지름, I는 태양상수이다.

(2) 지구의 운동과 입사량의 변화

지구는 태양을 하나의 초점으로 하여 둘레를 약 365일을 주기로 타원궤도를 그리면서 공전하고 있다. 이 중에서 태양과의 거리가 가장 가까운 근일점은 1월 3일로 1.47억km이고, 가장 멀리 떨어진 원일점은 7월 3일로 1.52억km이다. 북반구를 기준으로 하여 태양에서 가장 멀 때가 여름이고, 근일점일 때가 겨울이다는 사실은 태양과의 거리가 지구의 온도에 크게 영향을 미치지 않는다는 것을 나타낸다.

중요한 것은 지구가 공전함과 동시에 24시간의 주기로 자전운동과 지구 자전축이 황도면에 대하여 66.5°의 각을 이루는 것이다. 사계절의 변화와 일사 시간의 길이는 태양의 입사각의 변화에 따라 달라지므로 지구상에서 받는 태양열은 위도에 따라 달라진다. 하지 때에는 북반구의 23.5°지방에 태양에너지가 수직으로 입사되므로 낮 일사 시간이 가장 길며, 66.5°N 이상의 지방은 하루 종일 태양을 관찰하는 백야현상이 나타난다.

(3) 대기권에 의한 태양열의 감쇠(weakening)

태양복사에너지는 대기권을 통과할 때 에너지량이 약화하게 된다. 약화가 되는 원인은 대기권이 태양으로부터 입사되는 빛을 산란, 확산반사, 흡수하기 때문이다. 산란은 태양의 복사선이 대기의 분자나 극히 미세한 물질에 부딪혀 사방으로 흩어지는 현상으로 말하며, 맑은 날 하늘 빛이 푸른 것은 단파장의 푸른 복사선이 산란되어 나타나는 것이다. 확산반사는 대기 중의 구름, 수증기, 먼지, 염분 등이 파장에 관계없이 복사선을 흩어버리고 반사시키는 현상을 말하며, 확산반사되는 복사열의 일부는 지구 밖의 우주로 되돌아가고, 일부는 지구에 도달한다. 또한 태양복사열은 대기권을 통과할 때 대기 중에 포함된 수증기, 탄산가스, 먼지 등에 의해서 장파장의 에너지가 흡수되고, 열권의 전리층이나 성층권의 오존층에서 단파장의 X선, 감마선, 자

<표 2-2> 지표물질의 형태에 따른 반사율

지표면의 형태	침엽수림	활엽수림	곡물	초지	나지	건조한 모래	습윤한 모래	오래된 눈	새로운 눈	얼음
반사율(%)	5~15	10~20	15~25	15~30	7~20	35~40	20~30	50~70	75~90	50~70

외선의 에너지가 **흡수**된다. 흡수에 있어서 주요한 것은 수증기이며, 시간과 장소에 따라서 변화율이 매우 크다. 사막에서는 0.02%로 매우 낮지만 습윤한 적도지방에서는 1.8%까지도 **흡수**한다.

　흡수는 대기의 하층에서 대부분 일어나기 때문에 지표의 환경에 따라 크게 달라진다. 모든 형태의 맑고 건조한 대기에서 약 10%, 구름이 있는 날은 30%가 일어나는 것으로 추정된다. 따라서 맑은 날과 구름이 있는 날의 열손실은 크게 달라진다. 맑은 날의 경우는 대기권에 입사된 에너지량의 80%가 지면까지 도달하지만, 구름이 있는 날은 45~50%밖에 지면에 도달되지 않는다.

　지면에 도달된 에너지 중에서 일부는 지면반사에 의해서 대기나 우주공간 밖으로 재방출되며, 입사된 전체량에 대한 반사량의 비율을 반사율(albedo)이라 한다. 해수면에서는 반사율이 2%로 매우 낮으나, 얼음이나 눈은 45~85%로 매우 높다. 반사율의 다소(多少)는 기온의 고저(高低)를 좌우하기 때문에 중요한 기후인자가 된다. 지구 전체의 반사율은 30%이며, 지표물질의 형태에 따른 반사율은 <표 2-2>와 같다.

(4) 위도에 따른 에너지량의 변화

　앞에서 설명한 여러 원인들에 의하여 위도에 따라 지면이 받는 에너지량이 다르게 된다. 그 원인 중에 첫번째는 태양광선과 지면이 이루는 각에 따라 달라진다. 수직으로 입사할 때가 가장 작은 면적에 입사되기 때문이다. 따라서 고위도로 갈수록 입사되는 면적이 넓어지기 때문에 단위 에너지량이 감소하게 된다. 두번째는 대기층의 통과 길이도 영향을 미친다. 적도지방에서 극지방으로 갈수록 통과하는 대기층이 길어지기 때문에 대기의 구성물질에 따른 변화를 야기한다. 셋째는 자전축의 경사로 인하여 계절에 따른 입사각과 일사량이 달라진다. 이는 남북회귀선내에서는 태양의 고도가 높기 때문에 연변화 즉, 계절적인 차이가 크지 않다. 마지막으로 공전궤도의 모양이 타원궤도이기 때문에 거리에 따른 차이가 생기지만 앞에서 설명한 바와 같이 영향이 크지는 않다.

(5) 지구의 에너지 수지

열을 가지고 있는 모든 물질은 열을 밖으로 내보내고 있다. 태양복사에너지가 지구 표면에 도달하면 이를 흡수하여 지면이 더워지고, 더워진 열을 외부로 복사하고 있다. 이를 지구복사라 한다. 지구로부터 복사된 에너지는 대기에 의해서 쉽게 흡수된다. 왜냐하면 지구복사열은 장파장에 해당하여 대기 중의 수증기나 탄산가스, 먼지 등에 쉽게 흡수되기 때문이다. 그러므로 이들 대기 중의 물질들은 마치 이불과 같은 역할을 하여 밤이나 겨울과 같이 입사되는 에너지량이 없거나 적을 때에도 대기권이 열을 보유하게 하여 지구를 보온시킴으로써 온도가 급속히 낮아지는 것을 조절하고 있다.

지구의 표면이 대기권으로 열을 전달하는 방법에는 복사 이외에도 증발과 응결에 의해서 일어나는 잠열과 온난한 공기의 상승으로 야기되는 대류가 있다. 에너지(열) 수지는 어느 정도의 열이 어떠한 형태로 지면에 들어오고, 어느 정도 열이 어떤 형태로 다시 지면에서 나가는가를 계산하는 것을 말한다. 물론 열의 수지형태의 비율은 학자에 따라 다르다.

3) 기후요소와 기후인자

기후를 연구하는 데 있어서 종합적이고 전체적인 결과를 분석하는 것은 실제로 매우 어려운 일이다. 따라서 기후를 구성하는 하나하나의 요소를 분석하고 그것을 종합하여 분석하는 것이 상대적으로 용이하게 된다. 이와 같이 기후를 구성하는 하나하나의 요소들을 기후요소라 하며, 기온·강수·바람 등을 기후의 3요소라 한다. 그 밖에 직·간접적으로 좌우하는 일사, 습도, 운량, 일조, 증발, 기압 등과 기타 여러 가지 새로운 개념이 고려되어 있다.

기후의 분포나 변화는 여러 가지 지리적 원인에 의하여 영향을 받는다. 예를 들면 기온분포는 위도나 높이, 그 외의 여러 가지가 중요한 요인이 되고 있음을 알 수 있다. 이들 기후의 분포, 변화 등을 일으키는 요인을 기후인자라 한다. 즉 기후요소의 시간적 변화와 지역적 차이를 일으키는 기후인자로는 위도, 수륙분포, 지리적 위치, 고도, 지형, 지면 피복상태, 해류 등이 있다.

(1) 지리적 기후인자

위도

모든 대기 현상의 근원은 태양에너지이며, 이와 같은 태양에너지의 입사량은 적도에서 고위도로 갈수록 감소하게 된다. 위도에 따른 에너지량의 차이는 지구 자전축의 경사, 자전과 공전과 대기권의 통과 길이 때문이다.

자전과 공전에 의해 지구상에는 낮과 밤, 계절의 변화가 생기며, 자전축의 경사 때문에 태양의 고도각이 위도와 시간에 따라 달라지며, 에너지를 받을 수 있는 낮의 길이도 달라진다. 따라서 고위도로 갈수록 입사량의 감소로 기온이 감소하게 되며, 위도를 이용한 대표적인 기후 구분은 열대, 온대, 냉대, 한대 기후로 표현된다.

수륙분포

지표면 자체는 크게 육지와 바다로 구성되어 있다. 따라서 비열차에 의하여 같은 위도라 할지라도 대륙내부와 해안지방 또는 해양 도서지역은 기후가 상당히 차이가 난다. 등온선의 분포를 보면 대륙과 해안에서 위도에 평행하지 않고, 하계에는 대륙 쪽이 높아지고 동계에는 바다 쪽이 높게 구부러지는 것은 기온을 지배하는 인자로서 대륙과 해양의 영향을 받기 때문이다. 따라서 대륙의 영향을 크게 받는 대륙 내부지역에서는 연교차가 크고 건조한 대륙성 기후가 나타나고, 해양에서는 연교차가 작고 습윤한 해양성 기후가 나타난다.

지리적 위치

같은 위도상의 대륙지역에 분포하더라도 대륙의 동안과 서안에서도 기후적으로 큰 차이가 난다. 대륙 서안은 편서풍과 난류의 영향을 받는 하계에는 선선하고 동계에는 온화한 해양성 기후의 특성을 보이는 서안기후가 나타나며, 동쪽은 계절풍과 대륙의 영향으로 여름에 덥고 겨울이 추운 대륙성 기후의 특성을 보이는 동안기후가 나타난다. 강수량의 특성에서도 서안기후는 연중 일정한 양이 내리지만, 동안기후는 여름에는 계절풍의 영향으로 하계 집중적인 강수 특성을 보이지만 겨울에는 대륙의 영향을 받기 때문에 건조한 특성을 보인다.

이와 같이 지리적 위치는 위도로 표현되는 수리적 위치와 같이 주요한 기후인자이며, 지리적 위치에 따라 탁월풍의 영향도 달라지며, 바다나 대륙의 영향도 상이하게 작용한다.

해발고도

기후는 높이에 따라서도 크게 작용한다. 기온은 고도가 높아짐에 따라 100m당 0.5~0.6℃씩 낮아진다. 고위도로 갈수록 100km당 1℃ 이하로 감소하는 것에 비하면 높이에 따른 영향은 상당히 크다. 그러나 높이에 따른 기후의 영향은 고산지역에 국한된다. 주로 인간생활과 관련하여서는 열대 고산지역과 일부 온대 고산지역에서 수직적인 분포가 중요할 뿐이다. 강수량은 고도 1,500~3,500m까지는 많지만, 그 이상의 높이에서는 감소하게 된다.

지형

지형은 여러 기후요소 중에서 특히 강수량에 크게 영향을 미친다. 산맥이 형성된 경우에는 산맥양안의 기후가 매우 상이한 분포를 보이게 된다. 산맥과 같은 대지형 외에도 분지, 하곡사면과 같은 소지형에서도 국지적인 기후차를 나타낸다. 분지는 여름에 고온이고, 겨울에 매우 추운 대륙적인 특성을 보인다. 골짜기와 사면에 있어서도 기온, 강수량, 바람 등이 다르며, 같은 경사면에서도 양지와 음지가 서로 다르게 된다.

지면의 상태

지표면은 크게 대륙과 해양으로 구성되며, 이 중에서 해양은 거의 균질적인 물질로 구성되어 있지만, 대륙은 지역마다 표면상태가 다르다. 같은 대륙이라 할지라도 식물이 있는 피복지인가 나지인가 또한 피복지의 경우는 어떤 식물이 분포하는가 즉, 초지인가, 농경지인가, 산림지인가에 따라 다르고, 나지의 경우도 나지의 구성물질이 암석인가 토양인가 더불어 어떤 종류인가에 따라서 기후는 다르게 나타난다.

해류

해류는 크게 이동하는 방향에 따라 저위도에서 고위도로 이동하는 해류는 난류이고, 반대로 이동하는 것은 한류이다. 난류는 기후를 온화하게 하고, 한류는 냉량하게 한다. 난류나 한류에 의한 기온조절은 해류 자체가 지후를 좌우한다기보다는 해류위를 이동해 오는 기단의 영향에 의한 경우가 많다.

또한 강수량에 큰 영향을 미쳐 대체로 난류에 접한 육지에서는 강수량이 많고, 한류에 접하는 곳은 강수량이 적다. 따라서 한류가 통과하는 부근에는 강수량의 절대 부족으로 인하여 사막이 발달하기도 한다.

<표 2-3> 기온 특이일 현상

특 이 일	특 징	발생지역	발생시기
꽃샘추위	겨울이 끝나고 봄의 기온으로 상승하는 동안에 갑자기 기온이 하강	한국	3월 중순 ~하순
January Thaw	한겨울에 눈과 얼음을 녹일만큼 기온이 상승	미국 북동부 해안	1월 20일 ~25일
Ice Saint	따뜻한 봄으로 과실이 성장하는 기간에 기온이 하강하여 서리가 내리는 기간	서·중유럽	5월
Indian Summer	초겨울로 기온이 하강하는 동안에 따뜻한 가을날씨 나타내는 기간	미국 중동부	10월 말 ~11월 초
Altweibsommer	가을에 갑자기 여름처럼 따뜻하여 기온이 상승	독일	9월 말 ~10월 초
Weihnachtstau-wetter	성탄절 무렵에 눈을 녹일정도 따뜻한 기간	독일	12월 20일 ~30일

(2) 기온의 일반적 특성

기온은 하루동안 측정을 해보면 시간에 따라 끊임없이 변화하고 있으며, 이러한 변화를 기온의 일변화라고 한다. 기온의 일변화는 최고기온과 최저기온의 출현시간과 일교차에 대하여 분석하게 된다. 일최저기온의 출현은 일출전이 되며, 일최고기온은 태양이 남중한 후 1~3시간 후가 된다. 일교차는 일사강도나 시간 또는 지면의 반사율과 관련되어 달라진다. 일교차의 일반적인 특징은 맑은 날일수록 크고, 고위도로 갈수록 크며, 해안보다는 내륙에서, 내륙 중에서는 식생이 없는 지역에서는 사막과 같이 건조한 모래에서 크며, 표고가 높을수록 작아진다.

기온의 연변화는 월별 평균기온으로 나타내며, 최난월과 최한월의 횟수와 발생시기 그리고 연교차의 특징으로 표현된다. 일반적으로 열대지방은 최난월과 최한월의 발생시기가 연 2회, 그 밖의 지역은 1회씩 나타나며, 연교차는 고위도일수록 크고, 해안지역보나는 내륙지역에서 크게 나타난다.

또한 어느 지역에서간에 1년을 주기로 변화하는 것 이외에 보다 짧은 기간인 순별(10일 단위)이나 반순별(5일 단위) 기간에 대한 평균 변화를 조사하여 보면 매우 높은 확률로 규칙적으로 반복되는 현상이 나타나는데, 이를 기온 특이일이라 한다. 특이일은 기온이 상승하거나 하강하는 시기에 갑자기 저온 또는 고온의 기간이 나타나는 것이다. 몇몇 지역에서 나타나는 특이일 현상을 나타내면 <표 2-3>과 같다.

또한 높이에 따른 대기권의 온도분포를 관측하여 보면 정상 상태에 있어서 대류권의 기온은 고도가 높아짐에 따라 점점 하강한다. 대류권내에서 기온이 하강하는 이유는 대기가 입사되는 태양에너지를 직접적으로 흡수하지 못하고, 지면복사에 의해서 방출되는 열에너지를 **흡수**하는 것과 지면 부근의 수증기나 여러 부유물질이 다량으로 함유되어 열을 흡수하는 능력이 크기 때문이다.

그러나 특수한 경우에는 기온이 고도에 따라 높아지는 경우도 나타나며, 이를 기온역전이라 한다. 이러한 현상은 기온이 매우 낮은 겨울의 새벽녘, 바람이 약한 날, 지면이 눈이나 얼음으로 덮여 있는 날에 발생빈도가 높다. 극지방은 항상 지면이 결빙되어 있기에 이러한 현상이 정상적이 되며, 지역에 따라서는 발생시간에 차이가 나타난다. 기온역전 현상이 봄이나 초가을에 발생하는 경우에는 상해에 의해서 많은 곡물에 영향을 미치게 되며, 또한 대기 오염물질의 집적으로 인하여 스모그의 발생빈도가 높아져 인간생활에 큰 영향을 미치게 된다.

기온의 위도별 분포는 태양에너지량이 고위도로 갈수록 감소하기 때문에 위도에 평행하게 고위도로 갈수록 낮아진다. 그러나 계절적인 분포 특성을 보면 수륙분포에 따른 비열차의 영향을 받아 여름에는 동위도의 해안보다 대륙에서 높게 나타나고, 1월에는 해안에서 높게 나타난다. 특히 기온이 가장 높은 곳은 적도 부근이 아니라 북위 4° 부근에서 나타나며, 이것을 열적도라 한다. 열적도가 적도상에 위치하지 않은 것은 북반구의 대륙면적이 넓고, 난류의 영향을 받고, 또한 적도지방은 주변 지역에 비하여 강수량이 많아 태양열의 입사량이 주변보다 작아지는 것에 기인한다.

기온의 특성은 고위도로 갈수록 기온이 감소하여 열대, 온대, 냉대, 한대 등의 기후대가 나타난다. 수륙분포에 따른 특성은 대륙과 해양의 비열차에 따라서 대륙성 기후와 해양성 기후가 발생하게 되며, 지리적인 위치에 따라서 기류 이동방향과 관련하여 동안기후와 서안기후가 발생되며, 고도에 따라 기온이 감소한다. 그리고 지형적으로는 산맥의 주향이 남북 또는 동서에 따라 차이를 가져오게 되며, 특히 기류의 이동방향에 따라 높새나 푄과 같은 현상이 발생하여 기온차를 유발하게 된다. 그 밖에 지표면의 상태에 따른 물질의 흡수, 전도, 반사에 따라 차이가 생기며, 난류와 한류의 통과 여부에 따라서도 다른 분포를 보인다.

(3) 대기의 수분

습도

공기 속에는 어느 정도의 수분은 항상 포함되어 있다. 공기 속에 수증기의 양을 표현하는 방법은 단위체적내에 포함되어 있는 수분의 절대량을 중량(g/m3)이나 압력(mb)으로 표시하는 절대습도와 기후요소로 보통 이용되며 백분률(%)로 표시되는 상대습도가 있다. 대기 중에 포함될 수 있는 수증기의 양은 기온에 따라서 각각 다르

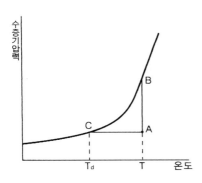

건조한(불포화) 공기(A)가 응결되는 과
정은 그래프에서 보는 것처럼 A상태의
공기가 B 나 C 로 상태변화하여 이루어
진다. 이중에서 A→B 과정에 의한 냉각
에 의한 포화과정이며, A→C로 상태변
화하는 경우는 수증기량의 증가에 의한
포화과정이다.

<그림 2-2> 포화수증기압 곡선

다. 상대습도는 공기의 온도에 따른 포화수
증기압에 대한 현재 수증기압의 비율로써 표
시된다. 포화수증기압은 온도에 비례한다.

단열변화

공기는 수증기를 무한히 포함할 수는 없으며
포화상태에 달하면 응결하게 된다. 일반적으
로 건조한 상태의 공기가 물방울(응결)이 되
는 방법은 아래 <그림 2-2>에서 보는 바와
같이 냉각과 수증기량의 증가에 의해서 이루
어진다. 수증기량의 증가에 의한 응결은 증
발에 의해서 이루어지며, 냉각에 의한 응결
과정은 공기가 상승할 때의 단열팽창과정에
의해서와 찬 물체에 접촉하였을 때 이루어진
다. 단열팽창이란 공기가 상승하게 되면 밀
도가 감소하면서 부피가 팽창하여 내부에너지를 잃게 되어 온도가 하강하여 응결이
이루어진다. 응결이 이루어질 때의 온도를 이슬점이라 한다.

건조한 공기가 물방울로 상태변화하기 위해서는 중간에 매개체로써 응결핵(먼지, 그
을음, 염분 등)이 필요하다. 응결핵은 대기 중에 무한정하게 많으며, 특히 도시내의 오염
물질이나 화산폭발에 의한 화산분진과 화산재, 산불에 의한 재 등이 이에 속한다.

따라서 냉각에 의해서 응결이 발생하여 구름이 생성되기 위해서는 필수적으로 공기
가 상승해야 하며, 공기가 상승하기 위한 방법으로는 주변보다 온도가 높거나 지형적
인 장애로 산맥을 넘는 경우가 있다. 주변보다 기온이 높아서 공기가 상승하는 경우는
대류과정에 의한 상승하거나 전선이 발달할 때 또는 저기압이 발생하였을 때이다. 이
러한 원인에 의해서 발생되는 강수의 유형으로는 대류순환에 의해서 발생되는 대류성
강수, 찬공기와 따뜻한 공기가 만나서 발생되는 전선성 강수, 저기압의 중심이나 기압
골의 발달로 상승기류가 발생하여 생성되는 저기압성 강수, 지형적인 장애로 공기가
산맥을 강제로 상승할 때 발생되는 지형성 강수 등이 있다.

공기가 단열변화할 때에는 고도에 따라 기온이 일정하게 감소하는데 이를 단열체
감률이라고 한다. 공기가 상승할 때의 변화인 단열팽창에서는 건조한 공기의 경우는
1℃/100m이고, 습윤한 공기는 0.5℃/100m이다. 단열압축과정이 일어나는 동안은 -
1℃/100m이다.

구름의 형성고도와 범위

구름이 형성되는 과정은 앞에서 설명한 바와 같이 주변보다 공기의 온도가 높아서 상승하는 경우와 지형적 장애로 공기가 강제 상승하는 경우 즉, 산맥을 넘는 경우이다. 주변보다 기온이 높아서 공기가 상승하게 되면 단열팽창과정에 따라서 상승하는 공기의 온도는 1℃/100m의 비율의 건조단열체감에 따라 기온은 낮아지게 되며, 상승하는 공기의 온도가 이슬점 온도(체감률은 0.2℃/100m)와 같아지는 높이에서 응결이 시작되며, 이와 같이 구름이 형성되기 시작하는 고도를 응결고도라 하며, 응결고도 (h)를 구하는 식은 다음과 같다.

$$h(m) = 125(t - t_d)$$ 여기서   t는 공기의 현재 온도이며, t_d는 이슬점 온도이다.

응결이 시작되는 높이에서부터 공기가 지속적으로 상승하게 되면 공기는 습윤단열체감률에 따라 기온이 감소하게 되며 주변의 온도와 같아지는 높이까지 상승하게 된다. 따라서 응결고도에서부터 주변의 온도가 같아지는 높이까지가 구름이 형성될 수 있는 범위가 된다.

그리고 지형적인 장애로 공기가 상승하는 경우는 푄 현상이라 한다. 우리나라에서는 높새바람이 이에 해당한다. 푄 또는 높새바람은 산맥을 넘는 동안에 건조단열체감률에 따라 기온이 감소하며, 산의 높이가 응결고도보다 낮게 되면 응결점에 도달하여 구름이 정상까지의 범위에 형성되어 지형성 강수를 내리게 되며, 반대쪽 사면을 따라 내려오는 동안에는 단열압축변화하기 때문에 1℃/100m씩 기온이 상승하게 된다. 따라서 풍하 쪽 사면을 타고 내려온 공기는 고온 건조한 상태로 변화된다.

(4) 강수 이론

빙정설은 구름의 온도가 0℃이하인 상태에서 발생하는 과정을 말하며, 성장원인은 과냉각된 물의 포화수증기압이 빙정에 대한 포화수증기압보다 크기 때문이다. 포화수증기압차는 온도에 따라 다르며, 최대차는 -12℃에서 0.27mb이다. 따라서 상층의 구름 속에 과냉각된 물과 빙정이 공존하여 인접한 상태가 되면, 빙정이 과포화상태일 때에 물방울은 불포화상태가 되기 때문에 대기 속의 수증기는 빙정으로 승화하여 빙정은 점점 성장하게 되며, 주변의 대기는 빙정에 대하여 포화를 이루려고 한다.

한편 온도가 다른 물방울이 공존하는 경우에는 고온의 물방울보다 저온의 물방울에 대한 포화수증기압이 작으므로 역시 수증기압차에 의해 저온의 물방울이 점점 성장하게 된다. 이러한 빙정설은 온대를 중심으로 한 중위도나 고위도 지방의 강수를

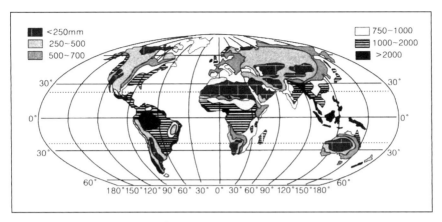

<그림 2-3> 세계의 강수량 분포도

설명하는데 유리하다.

열대지방에서는 구름 전체의 온도가 0℃ 이상인데도 세찬 비가 내리는 경우가 많아 빙정설을 적용할 수가 없다. 따라서 열대지방과 같이 구름의 온도가 높은 경우는 구름 속의 물방울의 입자크기가 서로 다르기 때문에 물방울이 성장할 수 있다고 본다. 다시 말하면 물방울의 크기가 다르기 때문에 불안정한 구름 속에서의 구름입자간의 상하(수직)운동에 따른 운동량이 다르게 되어 큰 물방울 입자가 빠르게 낙하하면서 작은 물방울과 병합하여 성장한다는 것인데, 이를 병합설이라 한다. 실제로 열대지방 대기 중에는 거대한 응결핵이 많이 존재한다.

한편 비와 눈이 섞여서 내리는 것을 진눈깨비라 하며, 빗방울이 내려오는 도중에 얼게 되면 빙우(氷雨)라고 하고, 눈과 달리 빙구(氷球)가 되어 내리는 것을 싸라기눈과 우박이라고 부른다.

(5) 대기의 운동

기압

기압은 지표상의 각 지점에서 측정한 값을 해수면 기준으로 보정하여 사용하며, 단위는 hPa을 사용한다. 대기의 운동, 즉 바람이 부는 것은 이와 같이 측정한 기압이 두 지점에 따라서 다르게 때문이다. 기압이 두 지점간에 달라지는 원인은 각 지점간의 에너지량차와 비열차에 의해서 지표면이 불균등하게 가열되는 것에 기인한다. 공기는 가열되면 부피가 팽창하여 밀도가 작아져 상승하게 되며, 냉각되면 부피 수축

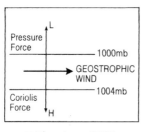 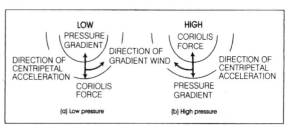

<그림 2-4> 지균풍 　　　　　　　<그림 2-5> 경도풍

으로 밀도가 커져 상승하기 때문에 시·공간적으로 항상 변화된다.

바람

　바람의 방향은 기압이 높은 곳(고기압)에서 낮은 곳(저기압)으로 이동하게 되며, 풍향은 바람이 불어오는 방향에 따라서 부른다. 즉 남쪽에서 불어와 북쪽으로 불어가는 바람은 남풍이다. 그리고 특정 지역에 불어오는 빈도가 가장 높은 바람을 탁월풍이라 하고, 풍향은 나침반의 32방향으로 표시하지만, 일반적인 경우는 8방향이나 16방향으로 표시한다. 바람의 세기는 등압선의 간격이 좁은 곳일수록 기압경도가 크기 때문에 강하며, 간격이 넓을수록 약하다.

　바람의 방향과 세기에 작용하는 힘은 크게 네 가지를 들 수 있다. 첫째로 기압경도력이다. 이 힘은 풍속과 풍향에 영향을 주는 것으로 풍속은 기압경도에 비례한다. 다시 말해서 등압선의 간격이 넓으면 풍속이 느리고, 등압선의 간격이 좁으면 기압경도가 크므로 풍속은 빠르다. 기압경도력의 작용방향은 고기압에서 저기압으로 등압선에 직각으로 작용한다.

　둘째로 풍향에만 작용하는 힘으로 전향력 또는 코리올리 힘이다. 적도를 제외하고는 지구상에서는 바람이나 운동하는 모든 물체는 지구의 자전에 따른 영향으로 북반구에서는 운동방향의 시계방향으로, 남반구에서는 반시계방향으로 편향된다. 이 전향력은 실제로 존재하는 것이 아니고, 회전하고 있는 지구상의 사람은 다른 물체의 운동을 볼 때 물체가 방향을 변화한 것같이 느낀다. 전향력의 크기(F=$2\rho v \omega \sin \theta$, θ는 위도)는 풍속과 위도에 따라 좌우되어, 극에서 최대이고 적도에서는 0이 된다. 전향력의 작용방향은 움직이는 물체의 오른쪽 90°이다.

　셋째로 풍속과 풍향에 영향을 주는 또 하나의 힘은 마찰력이다. 마찰력은 지면에서 1km정도까지만 영향을 미치기 때문이며, 그 이상은 자유대기층으로 마찰력이 작용하지 않는다. 지구의 대륙과 바다의 표면은 공기의 움직임을 느리게 한다. 이것은

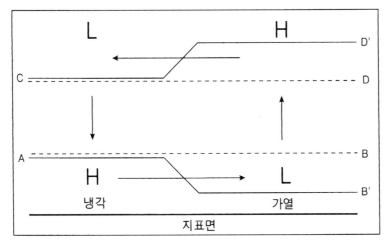

<그림 2-6> 대류운동과정

대류순환 발달과정

1. 초기의 지상의 기압배치가 A-B와 같다고 하면, 두 지점 중에서 한 지점(B)이 가열(에너지량차 또는 비열차)되면 가열된 지점(B)은 상승기류가 발생하게 된다.

2. B지점의 공기가 상승하게 되면 이 지점의 공기가 희박해지며, B지점은 기압이 낮아지게 되어 기압 배치는 A-B'로 변화하게 되므로, A지점은 상대적으로 기압이 높게 되며, B지점은 저기압이 된다.

3. 바람의 방향은 항상 고기압에서 저기압으로 운동하기 때문에 A→B 쪽으로 향하게 된다.

4. 상층의 경우는 D지점에서 C지점으로 대기가 운동하게 된다.

공기의 교란이나 수직적인 운동을 야기하며, 풍향도 대류에서는 20~45°, 해양에서는 10°가량 등압선과 각을 이루게 된다. 마찰력의 작용방향은 바람방향의 정반대 쪽이다. 네번째는 등압선이 곡률일 때 작용하는 힘이다.

이와 같은 힘에 의해서 발생되는 바람으로는 마찰층내에서 등압선이 직선일 때 부는 지상풍과 상층에서는 등압선이 직선일 때 등압선과 평행하게 부는 지균풍이 있다. 또한 등압선이 곡률일 때 부는 바람은 경도풍이라 한다. 중심이 고기압일 때에는 바람은 시계방향으로 이동하며, 저기압일 때는 반시계방향으로 이동한다. 따라서 상층에서는 등압선과 평행하게 곡률에 따라 운동하지만 지상에서는 고기압의 경우 발산하며, 저기압일 때에는 수렴하게 된다.

대류운동

기압차에 의한 대기의 운동은 서로 다른 지표면의 상태나 지형 등의 영향을 받아서 각 지역에 내리는 강수의 원인이 되기 때문에, 대기의 운동은 기류 이동과 관련하여 자체적으로 뿐만 아니라 지역적인 강수의 원인을 설명하기 위하여 중요한 요소가 된다.

바람은 대류순환에 의해서 주로 형성되며, 규모에 따라서 해륙풍, 산곡풍, 계절풍, 대기대순환 등이 있으며, 그 밖에 각 지역에서 독특하게 발생되는 지방풍 등이 있다. 첫째로 대류순환에 대한 바람을 도식적으로 설명하면 <그림 2-6>과 같다.

이와 같은 대류순환은 주기에 따라 하루 주기의 해륙풍과 산곡풍, 일년 주기의 대기대순환의 무역풍과 극동풍, 계절풍 등이 있다.

대기대순환

기후 인자에 따른 특성을 보면, 위도에 따른 일사량의 차이에 따라 적도지방은 남·북반구의 무역풍이 수렴하여 상승기류가 발달하기 때문에 저기압으로 열대 수렴대를 이룬다. 30°대는 적도에서 상승한 공기가 하강하는 고기압대의 셀이 발달하여 중위도 고압대가 형성되어 있다. 60°대에는 남쪽에서의 온난한 편서풍과 극에서 내려오는 극풍이 만나는 저기압으로 고위도 저압대 또는 한 대 전선대가 형성되어 있다. 위도별로 보았을 때 남위 40° 이상의 해양에서는 대륙이 적기 때문에 마찰력의 영향이 적다. 따라서 등압선의 간격이 좁게 형성되어 바람이 강하게 형성된다. 따라서 남극의 이와 같은 해역을 통과하는 항해자들에게 있어서 바람은 위도대에 따라서 다른 표현으로 풍속의 차이를 나타내고 있다. 수륙분포에 따른 특징은 해양의 비열이 크기 때문에 북반구를 기준으로 계절적으로 기압배치가 다르게 분포한다. 대륙은 하계에 저기압이 형성되며, 내륙 중심으로 갈수록 기압이 낮아지며, 동계에는 고기압이 형성되며, 내륙 쪽일수록 높아진다.

대기가 열과 운동을 전달하는 방법에는 두 가지가 있다. 하나는 <그림 2-7>에서 보는 바와 같이 3개의 자오선 순환을 보여주는 것과 같은 수직적인 순환이다. 저위

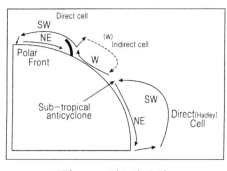

<그림 2-7> 자오선 순환

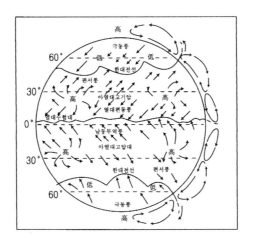

<그림 2-8> 세계의 풍계

도의 순환(Hadley Cell)은 대류순환으로 발생되며, 발생원인이 열에 의해서 직접 이루어지기 때문에 직접순환이라고도 한다. 적도 부근의 온난한 공기가 상승하게 되면 적도 쪽으로 저기압의 흐름이 생성되고, 지구 자전의 영향으로 북반구에서는 북동무역풍이, 남반구에서는 남동 무역풍이 형성된다. 또 하나의 직접순환은 고위도에서 발생하며, 이는 극고압대로부터 이동하여 온 한랭하고 밀도가 높은 흐름으로 발생된다. 중위도지방은 간접적인 순환이 발생하며, 이는 저위도와 고위도 순환에 의해서 저절로 순환하게 되어 있다.

또 하나는 동서지수로 표현되는 순환으로 저위도지방은 지상이나 상층의 경우 모두 편동풍이 불고 있으며, 중위도지방은 지상과 상층 모두 편서풍이 형성되어 있다. 그러나 고위도지방은 지상은 편동풍이 상층은 편서풍이 형성되어 있다.

(5) 편서풍 파동과 대기순환

<그림 2-9>는 상층 편서풍의 셀 패턴의 발달과정을 나타낸 것이다. 보통 3~8주 주기로 발생되며, 특히 북반구에서는 2월에서 3월에 활동성이 크다. 통계적인 연구에서는 이와 같은 결과에 대한 어떤 규칙적인 주기성은 없는 것으로 조사되었다

그림 (A)는 동서순환이 매우 강하게 발달한 경우를 나타낸 것으로 제트기류와 편서풍이 정상적인 위치보다 북쪽에 놓여 있다. 이때의 편서풍은 강하고 기압계는 동-서 주향이 우세하며, 남북간의 기단의 이동은 거의 나타나지 않는다. 그림 (B)와 (C)는 제트기류가 확장되고 속도가 증가하고 있는 것을 나타낸 것으로 진동이 점점 크

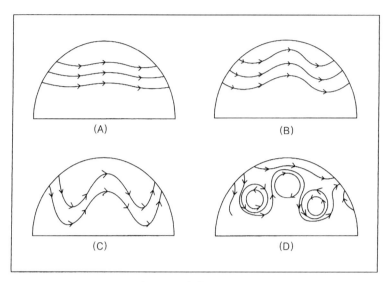

<그림 2-9> 편서풍의 발달과정

게 굽이치고 있는 과정이다. 그림 (D)는 동서 순환이 매우 약화된 상태로써 동서 서
풍순환의 완전한 차단과 셀로 분리된 상태가 되며, 중위도 아래쪽까지 폐색된 한랭
한 저기압과 고위도에는 깊은 곳까지 온난한 정체성 고기압이 정체상태로 형성된다.
이러한 분리는 일반적으로 동쪽에서 시작하여 일주일당 경도 약 60°의 비율로 서쪽
으로부터 확장된다.

4) 기단과 전선

(1) 기단
지구상에서의 다우지역은 근본적으로 앞에서 설명한 바와 같이 상승기류가 활발
한 곳이나 전선이 발달한 곳 또는 저기압의 발생지역과 일치되므로, 기상변화를 살
피는 데는 전선이나 저기압의 발생지가 문제된다. 이러한 전선이나 저기압의 발생지
는 기단과 관련되므로 우선 기단부터 살펴보면 다음과 같다.

일반적 특성
지구표면은 동위도일지라도 대륙과 해양, 지면의 건습, 식물의 존재 유무 등에 따
라 열적 상태가 따르다. 넓은 대륙이나 넓은 해양과 같이 특수한 성질을 갖는 지역이
넓게 펼쳐져 있을 때, 그 위에 오랫동안 놓인 대기 하층의 공기는 지표면의 영향을

받아 수평적으로 상당한 범위에 걸쳐 대체로 비슷한 온도와 습도, 안정도 등의 독특한 수직분포를 유지하는 있는 공기 덩어리를 발견할 수 있는데, 이를 기단이라 한다.

일상적인 공간범위는 1,000km 이상의 범위를 갖게 된다. 따라서 기단이 형성되기 위해서는 지표면이 거의 동질의 상태로 상당히 넓게 펼쳐져 있어야 하며, 대기 이류(移流)가 없고 대기의 움직임이 미약한 곳으로 장시간 정체해 있어야 한다. 이와 같은 조건에 놓여진 대기는 차차 지표면으로부터 열이나 수증기를 공급받거나 빼앗기기도 하여 그 땅에 상응하는 특성을 갖는 기단이 된다. 그리고 이러한 기단은 대륙이나 해양의 고기압 발생지와 거의 일치한다. 따라서 이상적인 기단 발생지로는 빙설로 뒤덮힌 캐나다, 시베리아 평원, 열대 해양, 여름의 사하라 사막 등이 이에 속한다.

기단의 분류와 종류

기단의 분류에는 발생지를 뜻하는 지리적 분류와 열역학적 분류가 병용된다. 먼저 발생지에 따른 1차적 구분은 온도적인 측면을 고려하여 한랭한 특성을 갖는 한대기단(P)과 온난한 특성을 갖는 열대기단(T)으로 구분한다. 학자에 따라서는 한랭한 기단을 다시 북극기단(A)과 한대기단(P)으로 세분하고, 온난한 기단을 열대기단(T)과 적도기단(E)으로 세분하기도 한다. A기단은 북극 고기압지, P는 아한대 고기압지, T는 아열대 고기압지, E는 무역풍대의 적도면에 각각 해당한다. 2차적으로는 발생지를 다시 습도에 따라 대륙과 해양에 따라 건조한 대륙성 기단(c)과 습윤한 해양성 기단(m)으로 세분한다. 습윤한 해양성 기단은 응결해서 강수를 이루기 쉬운데 반하여, 건조한 대륙성 기단은 강수를 이루기는 어렵다. 따라서 기단은 그 발원지에 의해 cP, mP, cT, mT의 4개로 분류된다.

이러한 기단은 발원지를 떠나 이동을 하게 되면, 그 경로의 지표상태의 변화에 따라 변질을 하게 된다. 기단이 받는 3차적으로 주요한 영향은 열적변화이다. 열적변화란 기단이 덮고 있는 지표면으로부터 열을 받는 것인데, 원래 발원지보다 고온인 곳으로 이동하여 지표를 덮으면 기단의 하층이 열을 받아 기온체감률이 증가되고 불안정해진다. 반대로 기단이 차가운 곳으로 이동하면 상층과의 기온차가 적어져 안정된다. 자연적으로 한대기단은 발원지보다 따뜻한 곳으로 열대기단은 고위도로 이동하면 이와 같은 열적변화를 받게 된다. 이와 같은 특성은 W와 K의 기호로 표시된다. W는 기단이 아래 지면보다 고온임을 의미하고, K는 기단이 아래 지면보다 한랭함을 의미한다. 여기에서 고온이다, 한랭하다 함은 아래 지면과 비교하여 상대적으로 표현되는 것이다.

4차적으로는 물리적인 것으로 대기의 난류, 수렴과 발산, 환류 등이 기단의 안정성을 좌우한다. 지면의 마찰에 의해서 일어나는 대기의 난류는 대기를 수직적으로 혼합하기 때문에 열과 수분을 지면에서 위쪽으로 운반하므로 상당한 두께의 대기층이 변화를 일으켜 불안정해진다. 더욱 중요한 것은 상당한 두께를 갖는 대규모의 수평적인 수렴과 발산이다. 발산을 하면 상층의 공기가 아래로 침강하므로 구름이나 비는 형성하기 어려운 조건이 되어 더욱 안정도를 갖는다. 이것은 산맥의 풍하 쪽은 바람이 하강하여 비가 적은 것과 같다. 반대로 대기가 수렴하면 대기는 상승하여 구름과 비를 형성하므로 안정도는 낮다. 이와 같이 안정성을 표시하는 데는 안정한 경우를 s(stable), 불안정한 경우는 u(unstable)로 나타낸다. 그러므로 기단은 4개의 기호를 종합하여 그 유형을 특색으로 나타내고 있다.

기단의 변질

기단이 발원지를 이동하는 경우 그 경로를 따라 그 원래의 성질이 없어지고 변질된다. 또는 일단 어떤 특성을 가진 기단도 지표면의 성질이 시간에 따라 변하면 기단 역시 변질된다. 태양열로 하층의 기온이 높아지거나 따뜻한 장소로 이동하면 온도의 수직 체감률이 커져 불한정한 상태가 된다. 그 때문에 난류나 대류가 왕성해져서 적란운, 적운 등의 대류형의 구름이 발생하기 쉽고 때로는 뇌우가 발생한다. 그러나 대기 중의 먼지는 상공으로 운반되어 일반적으로 시정이 좋은 편이다. 반대로 기단이 냉각되면 기온의 수직 체감률이 감소하고 때로는 역전 현상이 일어나며, 때때로 층운이나 안개가 발생하여 시정은 나빠진다.

우리나라의 경우는 시베리아 기단이 겨울철에 황해상을 통과하게 되면 황해로부터 열과 수증기를 공급받기 때문에 하층이 불안정해지면서 적운형 구름이 형성되며, 특히 충청, 호남 해안지방에 강수를 내리게 되며, 동해상을 통과하는 동안에도 열과 수증기를 공급받기 때문에 울릉도에 많은 겨울 강수를 내리게 된다. 반면에 여름에 북태평양 기단이 이동하여 오게되면 기단의 특성이 고온다습하여 찬 대륙에 도달하게 될 때, 하층의 찬 공기의 영향을 받아 안정한 상태가 되며, 지면의 냉각에 의해서 해무가 형성되거나 층운이 형성된다. 특히 영동 북부지방에서는 이와 같은 영향에 태백산맥의 지형적인 영향을 받기 때문에 강수 현상이 빈번하다.

(2) 전선

기온, 풍향, 습도와 여타 물리적 현상이 서로 다른 이질적인 기단이 접촉하게 되면 그 사이에는 기압의 불연속면이 형성된다. 이와 같은 불연속면을 전선면이라 하며, 여러 가지 상태로 접하게 된다. 전선은 이와 같이 형성된 전선면이 지표면과 접하는

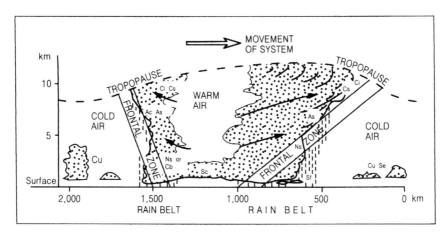

<그림 2-10> 활승온난전선

선을 말하며, 일기도상에서는 확실한 경계선으로 표현된다. 전선의 부근에서는 기온의 급변뿐만 아니라 풍향과 풍속의 변화도 쉽게 관측되며, 한랭한 공기와 온난한 공기의 접촉 때문에 열역학적 특성이나 대기의 운동 등에 따라 여러 유형의 전선이 형성된다.

전선은 위도 35~60°에 걸친 중위도 지방의 편서풍대에서 발생되는 온대성 저기압의 이동과 관련되어 생성된다. 저기압의 발달은 성질이 서로 다른 기단의 수렴과 관련되어 발생되며, 파동이 발달하는 경계면 사이에는 저기압 중심점이 형성된다. 이러한 파동의 발달은 전면에 변질된 찬 공기와 후면에 신선한 찬 공기 사이로 온난한 기단이 끼어 들어 찬 공기와 따뜻한 공기 사이에 전선이 형성된다. 파동의 형성에 따라 두 개의 불연속면을 형성하게 되므로, 파동의 앞쪽에 온난전선과 후면에 찬 공기에 의해서 형성되는 한랭전선이 발생된다.

온난전선

온난전선은 파동의 전면에 발달한 것으로 앞쪽의 위치한 찬 공기를 뒤(서쪽)에서 이동하여 온 따뜻한 공기가 상승하면서 전선면을 이룬다. 전선면의 기울기는 매우 완만하며(1/150~1/300정도), 전선 앞쪽에서는 12시간 이상 정도 상층에서부터 구름이 발생한다. 첫번째 구름은 얇고 엷은 권운, 다음으로는 권운과 권층운, 그리고 고층운이 차례로 발생된다. 태양은 고층운과 같이 두꺼운 구름이 발생하면 보이지 않으며, 이슬비나 비가 내리기 시작하며, 지속적인 강수는 전선면 가까이에서 종종 대류권

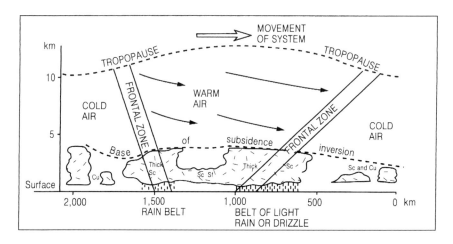

<그림 2-11> 활강온난전선(kata-warm front)

전체 범위에서 발생되는 난층운에 의해서 일반적으로 나타난다. 일부 온난전선 전면에 형성되는 층운 조각들은 강수 자체가 증발과 공기의 빠른 포화과정에 의해서 형성되어 내리기 때문에 차가운 공기구간에서 형성된다(<그림 2-10>).

활강온난전선의 하강하는 따뜻한 공기는 중층운과 고층운의 구름 발달을 크게 억제시킨다. 전선상의 구름은 주로 층적운이며, 두 기단간의 침강역전의 결과로써 층후가 두껍게 발달하지 않는다(<그림 2-11>). 강수는 결빙고도가 역전고도이상에서 나타나기 때문에 특히 여름철에 병합과정에 의해서 형성되는 가는 비나 이슬비가 종종 내린다.

온난전선과 관련된 강수대의 범위를 예측하는 것은 대부분이 전선들이 대류권에서 전선의 길이나 심지어 모든 고도상에서 활승전선 또는 활강전선이 아니라는 사실 때문에 복잡하다. 이러한 이유 때문에 기상레이다의 사용빈도가 점점 높아지고 있으며, 기상레이다의 사용은 우선 강수대의 정확한 범위를 직접적인 방법으로 결정할 수 있으며, 심지어 강수강도에 차이까지 규명하는 것이 가능하다. 온난전선이 통과할 때에는 풍향이 변화하고, 기온은 상승하며 기압은 감소한다. 온난구역에서는 강수는 간헐적이거나 멈추게 되며, 층적운층은 사라지게 된다.

한랭전선

한랭전선에서 관찰되는 기상조건은 온난구역의 공기의 안정도와 전선대와 관련된 수직적인 운동에 좌우되기 때문에 동등하게 변덕스럽다. 한랭전선상에서 구름은 대개 적란운이 형성되고, 빈도가 낮지만 온난구역에 공기가 불안정한 경우에는 난층운

의 빈도가 높다(<그림 2-10>). 활강한랭전선에서 구름은 일반적으로 충적운이며,
가는 비가 내린다(<그림 2-11>). 활승한랭전선에는 단시간에 많은 비를 내리는 소
나기가 내리며 종종 천둥을 동반한다. 활승한랭전선에서는 전선면의 기울기가 1/5
0~1/100 정도로 급하며, 전선면의 기울기가 급하다는 것은 기상조건이 나쁜 기간이
온난전선에서보다 짧다는 것을 의미한다. 한랭전선이 통과하게 되면, 풍향과 풍속이
변화하며, 기압은 증가하며, 기온은 하강한다. 날씨는 매우 맑게 개인다.

한랭전선의 후면의 공기는 일상적으로 고기압의 궤도를 가지기 때문에 지균풍보
다 빠른 속도로 이동한다. 궁극적으로 한랭전선 후면의 찬 공기는 속도가 빠르기 때
문에 마찰층내에서 지면의 찬 공기는 전면의 따뜻한 공기를 추월하게 되어 온난구역
은 없어지며, 폐색 단계로 변화된다.

5) 기후변화

지질시대 동안에 대한 기후변동이 어떻게 변화하였는가를 확실하게 추정할 수 있
는 기간은 신생대 이후이다. 다만 지질시대 동안의 기후상태는 지층 속에 존재하는
화석을 이용하여 복원하지만, 고생대 이전은 생물체의 존재가 적어 확실한 기후적
자료가 불충분하다. 다만 지층의 상태에서 특색을 추정하고 있다.

지질시대의 여러 기후적 환경을 표현할 수 있는 지표로는 각 지층 속에 분포하는
화석, 간빙기와 빙하기 연구에 많이 이용되는 화분, 고토양층, 조립질과 세립질의 줄
무의 형상으로 과거 연수를 파악하거나 층후로 한랭기를 조사하는 데 이용되는 호상
점토, 빙하지형, 강수량의 시계열적인 분포 특성을 파악하는 데 이용되는 나이테, 그
리고 동위원소인 ^{18}O와 ^{16}O을 이용한 고수온의 측정 등이 있다.

(1) 지질시대의 기후변동

시생대와 원생대

육지상에 생물체가 나타나지 않았던 시기로 대부분 토양층과 암석을 이용하여 추
론된다. 지구의 초기에는 따뜻하였던 것으로 보여지며, 원생대 동안에는 반건조 또
는 건조한 사막기후로 추정되며, 말기에는 빙하의 형성으로 한랭한 것으로 보여진다.
사막기후였다는 흔적은 원생대 상부층에서 발견되는 적색사암과 풍식력을 통하여
알 수 있고, 말기에 발생하였던 빙하는 세계 각지에 산재된 빙하력과 빙성층의 발달
로 알 수 있다.

고생대

생물의 출현이 많아짐으로써 화석이 많아 시생대나 원생대에 비하여 화석을 이용한 기후적 관측이 용이해졌다. 그러나 고생대에도 육상에 생물체가 번성하기 시작한 실루리아기와 데본기에 이르러서야 기후상태를 좀더 명확하게 추정하고 있다. 데본기 말에 출현한 양서류의 화석이 그린란드 동안에서 발견되는 것으로 보아 아열대 및 열대의 기후가 고위도까지 분포하는 것으로 추정되며, 석탄기의 봉인목이나 인목 등의 화석은 현재 열대와 같은 환경에서 자라는 식물로 분포면적이 전세계적인 것으로 미루어 열대성 기후가 넓게 차지하고 있었음을 증명하고 있다.

중생대

중생대는 육상의 공룡류와 암모나이트 등의 화석 크기가 현생에 비하여 월등히 크기 때문에 생물체가 서식하는 데 필요한 기후적 조건이 최적상태로 보여지는 시대로 전반적으로 매우 온난한 시대로 보여지며, 일부 내륙지역에서는 사막기후의 발달이 넓게 나타나는 것으로 추정된다. 중생대 쥐라기의 식물화석을 보면 지표에 4계절의 구별과 기후대가 나타나기 시작하는 것으로 추정한다. 고생대 석탄기의 식물화석의 분포는 전세계의 곳곳에서 발견되는 데에 비하여(이는 지표면의 기후가 동일함을 의미) 쥐라기에 번성하였던 겉씨식물은 지표에 4계절의 구별이 있음을 나타내며, 식물의 화석군도 중생대 말엽에는 위도에 평행한 분포를 나타낸다.

신생대

격렬한 조산운동의 발생으로 지표면의 자연환경에 변화가 심한 시기로, 생물체의 경우도 급변하여 중생대에 번성하였던 파충류가 쇠퇴하고 포유류가 급속한 전성시대를 맞이하는 시기이다. 또한 조류가 대단히 번성하였다. 그러나 기후는 짧은 순간 일시적인 변동은 있었으리라 추정되지만 큰 변화 없이 신생대로 접어들었다. 신생대 초기는 약간 신선한 시기가 있었고 대체로 온화한 기후였다. 전체적으로 신생대 3기는 온화한 시대이고 4기는 빙하시대가 닥쳐왔다. 전체적으로는 대체로 온화한 기간이었으나 중간 중간에 한랭한 기후가 몇 번씩 되풀이되었다.

특히 신생대 4기에는 4번의 빙하기 즉 귄쯔(Günz), 민델(Mindel), 리스(Riss), 뷔름(Würm) 빙하기가 있었다. 빙기와 빙기사이를 간빙기라 하며, 4번의 빙하기 동안의 온도변화를 자세히 관찰하여 보면 동일하지 않고, 짧은 주기의 변화가 중첩되어 있으며, 빙하기내에서도 소빙기와 소간빙기가 구분된다. 또한 간빙기 동안에도 전후의 2번의 간빙기는 고온다우한 상태였지만, 중간은 저온으로 눈이 적었다.

(2) 역사시대의 기후변동

인류의 역사가 기록된 시대에서 근대적인 관측이 시작된 시대까지의 기간으로 시간적으로는 수천 년의 짧은 기간 동안이다.

기원전경에 빙하는 후퇴하고 있었으나, 철기시대의 초기에 해당하는 B.C. 900~450년경에는 후빙기의 재현이라고 할 정도의 한랭한 기후가 나타난다. 이 시기에 유럽에서는 곳곳에 고산빙하가 발달하고 해수면이 하강하여, 해안에는 새로운 육지가 생성되어 이른바 천지창조의 신화를 낳게 하였던 것이다. 역사적으로는 이 시기에 철기문화를 가진 히타이트 족이 남쪽으로 이동해오면서 유럽에서는 민족의 대이동이 일어나게 되고, 서로마제국이 멸망하는 계기가 된 시기이다. 이후에는 기후가 회복되어 B.C. 100년경에는 상당히 따뜻한 기후가 나타난다. 증거로는 당시 이태리의 포도와 올리브의 산지가 북쪽으로 확대되었으며, 이스라엘을 중심으로 하는 지역은 현재보다 수자원이 풍부하였다. 또한 레바논 지역에서는 삼나무 산지로 알려졌고, 목재가 이집트에서 널리 이용되었다.

기원 원년에는 로마시대로 현재보다도 추웠으며, 1세기경에는 따뜻하였으며, 중앙아시아는 습윤한 시기로 실크로드(silk road)를 따라 주변에 많은 오아시스가 존재하였고 수량이 풍부하여 도로를 따라 도시가 번창하였다. 2~3세기에는 다시 한랭한 기후로 보였으며, 4~6세기에는 범세계적으로 온난한 시기에 해당한다. 이후 중세기 동안은 온난한 시기에 해당하며, 특히 1000~1200년경에는 최적기후시대라 불리울 만큼 온난한 기간이었다. B.C. 5000년보다는 짧고 온난화의 정도가 미약하였지만, 영국의 남부에서 포도가 재배되고 그린란드에 식민지를 개척하였다. 당시의 그린란드는 문자 그대로 녹색의 섬이어서 바이킹인 노르만 인이 건너와 밭을 갈고 목장을 세워 정주생활을 할 수 있었다. 역사적으로는 이 시기가 중세 봉건시대이다. 현대인들의 시각으로 보면 봉건체제는 많은 모순이 있음에도 상당히 오랜 기간 유지가 되었으며, 이러한 배경에는 농민들이 살기에 적합하도록 온난한 시기가 지속되었기 때문에 봉건체제가 유지될 수 있었던 것으로 보여진다. 어느 나라에서든 역사적으로 국민들의 봉기가 발생하는 시점을 보면, 이상기후와 관련하여 곡물수확량의 급속한 감소가 원인이 되고 있으며, 중세 봉건제도가 붕괴된 원인도 다음의 소빙기라 불리우는 한랭화의 원인으로 여겨진다.

근세에 들어와서의 대표적인 현상은 1430~1850년경에는 소빙기라고 불리우는 한랭한 기후가 북반구에 나타났으며, 특히 16세기에는 유사 이래 최악의 기후였다. 이 소빙기 동안에 북빙양의 어름이 확대되어 그린란드나 이이슬란드는 한랭한 기후로 변화하였고, 수온이 현재보다 1~3℃ 낮았다. 이러한 변화에 대한 증거는 유럽 고

지의 삼림이 파괴되고 아이슬란드 등의 고온기에 서식하였던 삼림이 모두 소멸되었으며, 스코틀랜드의 대서양변의 삼림이 동사하였다. 또한 이디오피아의 산악지역은 겨울 내내 눈으로 덮여있었다. 이러한 현상은 현재로서는 볼 수 없는 기후상황이다. 19세기 말엽부터 기온은 다시 상승하여 1940년까지 온난화 현상이 지속되었으나, 이후 세계기온은 하강하기 시작하였다.

(3) 관측시대의 기후변동

관측시대란 여러 장비를 이용하여 관측을 시작한 이후의 기간을 의미하며, 근대적인 기상관측기구'인 온도계가 발명된 것이 1597년이다. 이후 과학적인 관측이 행해진 것은 서구에서는 약 200여 년 정도이며, 우리나라에서는 1904년부터 서울에서 관측한 것이 시초이다. 따라서 세계적인 기후변동을 파악한 것은 최근 80년 동안의 일에 불과하다.

1940년 이후는 고위도에서부터 기온이 하강하기 시작하여 1960년대에는 현저한 한랭화를 초래하였다. 대표적인 변화는 고위도지방의 빙설면적의 확대이다. 이러한 증거는 1968년 이래 인공위성의 사진에서 쉽게 관찰되며, 또한 대서양 북서부에 있어서 유빙의 수가 증가하였다. 이러한 유빙의 증가는 해수온도의 저하를 초래하고 이상저온의 기상이나 기후를 나타내는 원인이 되기도 한다.

1970년대 중반 이후에 북반구는 다시 서서히 기온이 상승하여 온난화가 시작하였다. 또한 강수량의 변화도 뚜렷하게 나타난다. 특히 강수량은 기온의 변화에 비하여 변동폭이 큰 것이 특색이다. 1963~1972년과 1973~1982년의 강수량은 유럽과 아시아는 증가하였으나, 호주의 경우는 감소한 것으로 조사되었다.

이와 같은 온난화의 지속은 인류생활에 가장 중요한 강수량의 변화를 야기하여 소우(少雨) 현상이 동반되어 식량생산에 위협받는 것이다. 이러한 온난화로 인하여 현재 지구상에서는 서서히 건조지역으로 변화하는 사막화 현상이 나타나며, 가장 심각한 지역은 아프리카와 호주 지역이다.

6) 기후변화 및 이상기상의 원인

기후변화와 이상기상의 원인에 대하여 그 명확한 결론을 내리기는 매우 어렵다. 더군다나 과거의 기후는 자료가 충분하지 못하기 때문이며, 또한 기후변화나 이상기상은 여러 원인이 복합적으로 연관되어 발생되기 때문에 더욱 규명하기가 어렵다. 기후변화에 관여하는 여러 원인에는 천문적, 지구적, 인간활동 등이 있다.

(1) 천문적인 원인

태양의 흑점수는 11년 주기와 80년 주기로 변화하며, 극대기일 때는 지구에 입사되는 에너지량이 감소하고, 극소기 때에는 증가한다. 이러한 태양활동의 변하는 지구기후에 영향을 미치며, 일반적인 특징은 극값을 보이는 시기를 전후로 강수량이 많다는 것이다. 두번째로 고려되는 원인은 황극을 중심으로 지구의 북극이 시계방향으로 지심점을 축으로 26,000년의 주기를 가지고 원뿔운동하는 세차운동이다. 이 운동은 남극과 북극의 어느 쪽이 태양과의 거리가 가깝게 위치하는가의 변화이다. 현재는 남극이 가깝기 때문에 근일점에 지구가 위치할 때 북반구는 1월로 겨울이고, 남반구는 여름이다. 따라서 남반구의 여름은 북반구의 여름보다 태양과의 거리가 가깝기 때문에 남반구가 북반구보다 태양에너지를 7%만큼 많이 받게 된다. 그러므로 1만 년 전에는 북반구의 여름이 근일점에 위치하였기 때문에 북반구가 따뜻하였다.

셋째는 지구 자전축의 경사변화이다. 현재는 지구 자전축이 황극에 대하여 66.33′(황도경사는 23.27′)기울어져 있으나 41,000년의 주기를 가지고 변화된다. 이러한 자전축의 경사가 변화되면 각 위도에 따른 1일 복사량이 변동되고, 그에 따라 기온에 영향을 미친다. 학자에 따라 의견이 다르지만 22°6′에서 24°51′의 범위로 변화한다고 본다. 자전축의 경사가 현재보다 작아지면 저위도지방은 입사량이 많아져 기온이 상승하게 되고, 극지방은 입사량이 감소하여 더욱 기온이 낮아지게 된다.

마지막으로 지구 공전궤도의 이심률의 변화이다. 지구의 공전궤도는 거의 원에 가까운 타원이며, 태양은 하나의 초점에 위치하고 있다. 따라서 근일점과 원일점에서 지구가 받는 에너지량은 차이가 나타난다. 그런데 현재보다 이심율이 증가하여 최대일 때에는 타원이 납작해지므로 인하여 근일점에 비하여 원일점의 입사량은 ⅓ 정도밖에 되지 않는다. 이와 같이 이심율이 증가하면 원일점이 겨울이 되는 반구에서는 겨울이 더욱 길어지고 기온이 하강하며, 여름은 짧으나 고온을 나타내게 된다. 이와 같은 이심률의 변화로 인한 최대 에너지량의 차이는 3%에 해당한다. 변화주기는 이견이 있으나 84,000~100,000년 정도이다.

(2) 지구적인 원인

첫번째는 대륙의 분포(육지의 변화)이다. 조산운동이나 조륙운동, 해수면 변동 등에 의해서 변화된 수륙분포는 열수지가 달라지게 되어 기후변화를 초래한다. 대표적인 학설로는 신생대 4기 동안의 빙하기는 전세계적으로 육지가 융기하여 확대한 후에 발생되었고, 대륙의 고도 증가에 따라 기온이 저하되고, 지형적인 강수의 발생이 증가하여 빙하가 발달하였으며, 대륙면적이나 고도의 증가는 지구의 기후를 더욱 대륙성으로 만들었기 때문에 겨울이 몹시 추워져서 빙하기가 형성되었다고 설명하고 있다.

두번째는 지각의 변동이 심할 때는 화산활동도 활발하여 화산가스나 화산쇄설물인 화산분진이나 화산재가 대기 중에 유입되어 대기성분의 변화를 초래하고, 일사를 방해함으로써 장기간보다는 단기간에 기온이 감소하게 된다. 대표적인 화산은 1980년에 분출하였던 세인트 루이스(St. Luis) 화산으로 중위도 지방에서 분출하여 대기 중으로 다량의 화산분진이 공급되었고, 편서풍의 영향으로 중위도 전역이 빠른 속도로 확산되어 중위도 전역의 온도가 2~3° 감소하여 전세계 식량생산량이 50% 이하로 감소하였다. 중위도는 인구밀도가 가장 높아 경작지가 많은 지역이기 때문에, 이러한 현상이 나타나면 곡물생산량이 현저하게 감소하여 인구 부양력에 지대한 영향을 미치게 된다.

다음으로는 최근에 들어서 이상기상의 원인으로 설명되는 엘리뇨 현상이다. 아직까지는 정확한 원인은 알려지지 않은 현상으로 페루와 에콰도르 국경인 과야킬만(2°S) 부근에서 12월경 북쪽에서 난류가 유입되어 수온이 상승하는 현상인데, 계절적인 현상을 크리스마스와 연관시켜 엘리뇨라 부르고 있다. 스페인어로 El Ninõ는 '남자아이'란 단어에 정관사를 붙인 말이며, 성탄절을 전후로 하여 발생되기 때문에 '아들 예수 그리스도'를 지칭한다. 엘리뇨는 최근의 기후이상에 크게 영향을 미치는 원인으로 설명되고 있으며, 발생정도는 수년에 1회 발생되며, 지속기간은 1년에서 1년 6개월간이다. 1950년 이후에 관측된 엘리뇨 현상은 14회이다.

엘리뇨 현상이 나타나게 되면 전세계의 여러 지역에서 기온의 변화뿐만 아니라 상승·하강기류의 위치변화, 즉 적도 부근의 기압배치가 변화되어 강수량에 크게 영향을 미친다. 1982~1983년에 발생한 경우를 예로 들면 페루는 연평균 강수량이 150㎜에 불과한 지역이지만 이 기간에 3,300㎜가 내렸으며, 국민총생산(GDP)이 12%나 감소하였다. 인도는 혹한에 시달리고 남극대륙에서는 비가 내렸으며, 모스크바에서는 27℃까지 기온이 상승하였다. 그 밖에도 한국은 88년에 태풍이 한 번도 발생하지 않아 강수량이 60% 정도밖에는 내리지 않았으며, 북한의 이상기상이나 1997년에 인도네시아의 스콜이 발생되지 않고 맑은 날씨가 지속되어 전국적인 산불이 발생하여 많은 피해를 입었다.

이러한 이상기상은 특히 농작물의 생산량에 많은 영향을 미쳤다. 1997년의 작물생산현황을 보면, 호주의 소맥은 30%, 필리핀의 쌀은 20%, 인도네시아의 커피는 20~25%, 코코아는 10%, 미국의 옥수수는 30% 감소하는 대흉작을 맞았다. 그 밖에 콜롬비아의 코카인의 생산량이 감소하였으며, 캐나다의 로키산맥은 눈이 내리지 않아 스키장을 운영할 수 없게 되어 관광산업에 막대한 피해를 끼쳤다. 반면에 샌드백

제조업이나 지붕 제조업자들과 같은 복구산업의 종사자들이 호황을 누렸다.

3. 인간활동에 따른 기후변화

인간활동은 매우 사소한 것부터 대규모적으로 기후에 영향을 미치고 있다. 크게 인간활동과 관련하여 고의적으로 기후를 변화시키는 것과 과실에 의해서 변화되는 것으로 크게 구분하여 볼 수 있다.

1) 고의에 의한 기후변화

인간에 의한 고의적인 경우는 미치는 정도에 따라 소·중·대규모로 구분하여 나타낼 수 있다. 소규모적인 기후변화는 대부분이 생활 속의 경험을 바탕으로 이루어지는 것으로 농작물의 재배화와 정착화 이래부터 꾸준히 이루어져 왔다. 몇 가지 사례를 들어보면 경작지의 토양을 생육에 알맞게 갈아주는 행동은 지온의 변화를 초래하게 되며, 관개시설을 행함으로써 물이 지속적으로 공급되고 이는 지면의 반사와 흡수에 영향을 미치기 때문에 열수지에 영향을 미치게 된다. 또한 온실의 설치는 초기에 재배작물을 추위로부터 보호하는 기능을 가졌으나 현재는 기후요소를 조절 통제하는 단계에 이르렀으며, 그 밖에 상해방지를 위하여 거적을 덮거나 인공바람을 형성, 산수(散水)빙결법을 이용하여 기온이 하강하는 것을 방지하거나, 방풍림을 조성하여 강풍지역이나 해안 또는 사막 주변에서 모래나 눈의 쌓임을 방지하는 등의 활동이 있다.

중규모의 기후변화는 국지적으로 기후를 변화시키려는 것인데, 대표적으로 인공강우가 있다. 과거의 기우제에 비하여 과학적인 방법이며, 1946년 11월 13일에 뉴욕의 교외에서 처음 실험하여 성공하였다. 초기에는 주로 드라이아이스를 구름 속으로 투하하는 방법을 이용하였으나, 최근에는 요오드은화법을 이용하여 지상에서 쏘아올리는 간편한 방법으로 행하고 있다. 이러한 방법은 강수를 내리게 하는 것 외에도 태풍의 진로변경과 강도 감소에도 이용하려는 연구가 진행되고 있다. 태풍이 대륙에 도달하기 전에 인공강우 방법을 이용하여 바다에 많은 비를 내리게 하여 태풍의 세력을 약화시키려는 것인데, 아직까지는 6~12시간 정도 기간에 대하여 일시적으로 감소하여 완전한 실효를 거두지는 못하고 있다. 그 밖에 공항에서 주로 이용되는 안

개의 인공적 제거나 스키장에서 주로 이용하는 인공강설 등이 이에 속한다.

대규모의 기후변화로는 전세계적으로 이미 행해진 또는 계획하고 있는 댐 건설이나 수로 변경에 따른 것이다. 대표적으로 실행된 사업으로는 미국의 콜로라도 강 유역개발에 따라 건설된 후커 댐과 파커 댐 그리고 이집트 나일강 유역개발에 따라 건설된 아스완 댐이 있다. 계획단계에 머물러 실행에 옮기지 않았던 사업으로는 첫째, 구소련의 시베리아 개발계획과 관련된 베링해협 댐 공사(1959)는 유라시아와 북미사이의 베링해협에 댐을 건설하여 북극해의 냉수를 태평양으로 이동시키면 북극해의 수위가 낮아지고 이에 따라 대서양상에 멕시코 난류가 북극해로 유입시킴으로써 북극해의 온도를 상승시키려는 계획(얼음은 반사율이 높으나 물은 흡수율이 높아지므로 온난화 된다)으로, 완공 후의 평가는 시베리아의 여름 온도가 10~20℃, 겨울에는 5~10℃로 유지되어 농업생산성의 증대를 도모하려는 계획이었다. 둘째로, 아프리카 사하라 사막의 남부에 위치하는 챠드 호의 확장계획으로 세계 최대 유출량을 갖는 콩고 강에 댐을 건설하여 유역변경식 방법으로 북부의 챠드 호로 유입시켜 챠드 해를 조성하여 사하라 사막의 남부지역을 관개하려는 계획으로 완성 후에는 약 6,000만ha의 농경지가 조성되고 습윤지역으로 변화시키려는 계획이었다. 댐 건설에 따른 지질조사중에 지하자원의 매장량이 많아 발굴이 진행되고 있어 아직은 계획이 보류된 상태이다. 셋째로, 오스트레일리아의 스노이 마운데인 개발계획이나 에어 호 확장계획 등이 있다.

그러나 중·대규모적인 인간활동에 따라 기후를 변화시키는 것은 기후를 개량시키는 것이 아니라는 점이다. 왜냐하면 특정한 지역의 기후를 광범위하게 변화시키게 되면 열원의 변동에 따라 지구상의 어디선가는 경험하지 못했던 기후적 현상이 발생하기 때문에, 환경에 잘 적응하면서 살아온 인류에게 있어서 기후개조의 규모가 크면 클수록 지구 전체에 대한 기후에 커다란 영향을 미쳐 인류에게는 예상하지 못한 엄청난 재앙을 초래하게 된다.

2) 과실에 의한 기후변화

인간 활동과정에서 과실에 의해 발생하는 기후변화는 인류전체가 이러한 변화 사실을 인지하고 있다면 변화를 감소시킬 수 있게 된다는 점에서 자제인식을 상기시키기 위하여 연구가 계속되고 있다.

<표 2-4> 도시기후의 특징

기후요소		교외와의 비교	기후요소		교외와의 비교
기온	연평균기온 연평균최저기온 연평균최고기온	0.5~3.0℃증가 1.0~2.0℃증가 1.0~3.0℃증가	복사	전천 자외선(겨울) 자외선(여름)	15~20% 감소 30% 감소 5% 감소
상대습도	연평균 습도 겨울평균습도 여름평균습도	6% 감소 2% 감소 8% 감소	풍속	연평균 풍속 순간최대풍속 정온일수	20~30% 감소 10~20% 감소 5~20% 증가
구름	운량 안개(겨울) 안개(여름)	5~10% 증가 100% 증가 30% 증가	강수	연강수량 5㎜ 이하 강수일수 강설량 천둥·번개	5~10% 증가 10% 증가 5~10% 감소 10~15% 증가

(1) 도시기후

먼저 도시기후라는 독특한 기후 현상이다. 도시가 형성되면서 집중된 열원 특히 난방, 아스팔트로의 포장과 건물로 인하여 지면부근에 수증기가 감소되어 지면에서 증발량이 현저하게 감소하기 때문에, 기온이나 강수 현상이 농촌지역에 비하여 크게 변화된 것을 말한다. 대표적인 변화양상을 보면 <표 2-4>과 같다.

기온은 전체적으로 상승하게 되는데, 이는 도시내의 지표를 덮고 있는 물질이 변화되고 여러 가지 인공열의 방출과 도시 상층을 덮고 있는 오염물질에 의한 것이다. 특히 도시 내부에 대한 등온선의 분포를 조사하여 보면 대체로 동심원상의 구조를 나타내며, 도심지는 고온지대가 형성되는 열섬(heat island) 현상이 나타난다. 도시발달과 기온과의 관계는 도시의 면적에 비례하지만 일정 면적 이상에서는 한계치를 나타내며, 인구수에 비례하여 일반적으로 높게 나타나며, 인구밀도가 높을수록 기온의 상승률이 크게 나타난다.

일사량이나 복사량은 전체적으로 감소하며, 특히 겨울철에는 오염물질이나 가스입자 또는 에어로졸이 대기 중에 다량으로 방출되어 감소률이 높다.

도시내는 지표면이 포장되고 건물이 입지하면서 절대습도가 감소하고 상대적으로 기온이 증가하여 상대습도도 감소하게 된다. 그러나 강수량과 강수일수는 대기 중에 증가된 에어로졸이 응결핵의 역할을 하여 응결이 잘 이루어지고, 또한 도시 내부의 온도상승으로 따뜻한 공기가 상승할 수 있어 대류운동이 활발하기 때문에 증가하였다. 안개의 발생빈도는 아직 논쟁의 여지가 남아 있다. 그 이유는 에어로졸의 지면부근의 농도가 높으면 안개 발생이 잘 일어날 수도 있지만, 지면가열로 인하여 수증기량이 적기 때문에 발생빈도가 감소하기 때문이다.

바람은 도시내에서는 인공적인 구조물에 부딪히기 때문에 감소하게 된다. 그러나 도시내의 도로나 빌딩사이를 통과할 때의 풍속은 순간적으로 강하게 나타나 도로풍이나 빌딩풍이 형성되기도 한다.

(2) 에어로졸의 증가

대기를 오염시키는 것이 현대의 문명이라고도 할 수 있다. 따라서 현대의 문명의 진보상태가 존재하는 한 앞으로도 점점 대기는 오염될 것이고, 이것이 도시기후, 국지기후, 범기후를 바꾸어 결국은 지구전체의 기후에도 큰 영향을 미칠 것이다. 문명의 진보에 동반하는 대기의 오염물질에는 여러 가지가 있지만, 기후변화에 현재 영향이 인정되고 있는 가장 주요한 것은 분진과 CO_2의 증가이며, 이들의 기후에의 영향은 각각 다르다.

공장이나 발전소 등의 굴뚝으로부터 배출되는 연기, 난방으로 배출되는 연기, 자동차의 배기가스, 화산먼지나 화산재, 화전에 의해서 발생되는 연기와 재, 산불에 의한 경우나 사막의 폭풍에 의한 경우이다. 그러나 자연적으로 발생되는 경우는 인공적으로 발생되는 에어로졸에 비하면 그 영향은 매우 작은 편이다. 따라서 자연적으로 발생되는 분진보다는 인공적으로 발생되는 에어로졸이 기후변화에 크게 영향을 미치게 된다. 특히, 직경 1미크론보다 작은 에어로졸은 공중에서 부유하여 잘 낙하하지 않으므로, 인간활동이 증대함에 따라 대기 중에 축적되어 계속적으로 증가하게 된다.

분진이나 에어로졸에 의해 대기가 오염되면 지구의 기후가 어떻게 변할 것인가. 물리적인 고찰에서는 일사량 감소를 유발하여 한랭화나 온난화를 발생시킨다. 현재는 온난화 현상이 지배적이지만 70년대에는 한랭화의 의견이 지배적이었다. 다량의 에어로졸이 대기 중에 부유하게 되면 일사량을 차단하는 우산효과를 유발하기 때문에 기온이 하강하게 된다.

대기 중에 분진이 많아지면 일사량의 감소로 지면온도가 하강하고, 그로 인하여 빙하면적이 확장하게 되고, 알베도가 증가하므로 기온은 더욱 내려가게 된다. 이러한 연쇄반응에 의해 가속도적으로 기온이 내려가게 되어 5℃ 이상 하강하게 되면 빙하기에 가까운 기후가 될 것이다. 그 밖에 대기 중에 분진이 많아지면 구름의 양이 증가하며, 연구결과에 따르면 하층운이 1% 증가하면 지면온도가 0.8℃, 중층운의 경우에는 0.4℃ 하강하게 되어 한랭화를 가속시키게 된다.

또한 대류권계면을 이동하는 항공기나 초음속기에 의한 배출가스는 성층권에 구름이나 연무를 증가시킴으로서 우산효과를 생성시키며 동시에 입사되는 단파장을 차단하여 지표에 도달하는 자외선량을 감소시키기 때문에 지상 생물체에 영향을 미치게 된다. 이러한 성층권의 변화는 오존량의 밸런스를 깨트리는 일이 되어 의외적인 기상변화가 일어날지도 모른다.

(3) 대기조성의 변화

에어로졸보다 기후적으로 훨씬 중요한 요소는 대기조성의 변화를 야기하는 CO_2의 증가이다. 에어로졸은 가시적이지만 CO_2는 농도가 높아지는 현상은 비가시적이기 때문에 은밀하게 매우 위험한 것이다.

대기 중의 CO_2의 증가를 주목하는 가장 큰 이유는 온실효과를 유발하는 주요 기체이기 때문이다. 온실효과란 대기 중의 CO_2와 H_2O는 태양으로부터 입사되는 복사는 잘 통과시키지만 지구에서 방출되는 복사는 흡수하여 다시 지면으로 반사시키는 것으로 지구의 온도를 높이기 현상이다. H_2O는 지구상에서 상태변화를 할 뿐 그 양의 변화가 없기 때문에 큰 문제가 되지 않지만, CO_2는 화석연료의 연소에 따라 대기 중에 지속적으로 공급되기 때문에 산업의 발달과 더불어 온실효과의 영향이 증대하여 온도가 계속 상승할 것으로 여겨진다. 지구 평균온도의 상승은 빙하면적을 감소시켜 해수면의 상승을 초래하여 해안도시나 저지대의 침수가 염려되고 있다. 연구결과에 의하면 현재 CO_2의 농도(약 350ppm)에 비하여 2배 이상이 되면 평균적으로 1.5~3℃ 증가하게 빙상이 녹아 해수면이 70cm 이상 상승할 것이라고 여겨진다. 그 밖에 대륙상에 강수량이 지역적으로 변화되어 생태계의 변화를 야기하게 되고, 이어서 농업생산지대의 중심이 이동되어 인간생활에 많은 영향을 미칠 것으로 여겨진다. 반대로 55~60% 감소하면 중위도 기온이 4~5℃ 감소를 초래할 것으로 고찰되며, 고위도는 빙하기가 도래한다고 추정하고 있다.

그러나 CO_2의 증가가 온실효과를 유발하여 지구의 온난화를 유발시킨다는 이론에 대하여 반대적인 논의도 상당히 제기되고 있다. 실제 1980년대 이후의 지구온도가 상승하였다고 하지만, 인공위성을 이용한 1978년부터의 측정에서는 기온이 상승하였다는 증거를 찾지 못하여 기존의 기온측정방법의 신뢰성에 대하여 의문을 제기하고 있다. 즉 기술적 부분의 결함이나 백엽상의 창문 방향이나 뚜껑의 존재여부가 세계적으로 일치되지 않는 관측장치의 문제점이 있다. 또한 현재 일기예보가 최첨단 슈퍼컴퓨터를 이용하더라도 5일 후의 예측도 어려운 실정이기 때문에 컴퓨터 모델링에 대한 신뢰성은 아직까지는 문제가 많다는 것이다.

그리고 1970년대에 과학자들은 지금과 다르게 빙하기를 염려하였다는 점에서 볼 때 온난화가 먼저인가 아니면 CO_2의 증가가 먼저인가 하는 문제가 생기며, 실제로 지구 온난화는 과거 기온변동의 역사를 볼 때, 기온의 주기적인 변동의 결과일 뿐 CO_2의 증가가 영향을 미친다고 보기 어렵다는 것이다. 왜냐하면 CO_2의 대기 중 함량은 0.03%이며, 이 중에서 화석연료의 연소에 의해서 공급된 양은 2.7%밖에는 되지 않는 것으로 추정되기 때문이다.

그 외에 지구기온이 상승하면 해수면의 높이가 정말로 상승할 것인지도 논쟁의 여지가 남아 있다. 기온이 상승하면 바다로부터 상승한 수증기량이 극지방으로 이동하여 적설량으로 쌓이기 때문에 빙하가 성장할 수도 있다는 점이다. 그리고 CO_2의 증가는 한편으로 인간에게 이롭다. CO_2의 증가는 식물의 광합성작용을 돕기 때문에 실험결과에 따르면 곡물의 생산량이 30% 증가하였다. 식물 성장에 적합한 이산화탄소의 농도는 1,000ppm으로 추정되는데, 현재 350~400ppm에 불과하다는 점이다. 마지막으로 온난화보다 중요한 환경문제가 더욱 많으며, 에너지 사용의 억제는 개발도상국이나 후진국의 경제에 너무나 큰 충격이 되므로 CO_2의 문제를 너무 부각하는 것이 바람직하지 않다고 주장하고 있다.

기타 미량의 기체이면서 온실효과에 영향을 미치는 것으로는 인공비료를 투여할 때 주로 발생되는 N_2O, 냉매제로부터 발생되는 프레온가스와 여러 산업활동에 따라 발생되는 산업배기가스인 메탄이나 아황산가스, 암모니아 등이 있다.

■ 참고문헌

고의장·최무웅·정상림. 1992, 『지구과학』, 자유출판사.
김연옥. 1995, 『기후학개론』, 정익사.
김종규. 1997, 『기상학개론』, 한얼.
_____. 1998, 『기후변동론』, 한울.
한국자연지리연구회. 2000, 『자연환경과 인간』, 한울.
한국지구과학회. 1996, 『지구환경과학(Ⅰ, Ⅱ)』, 대한교과서주식회사.
大尾後報. 1970, 『氣候와 文明』.
Barry, R. G. and Chorley, R. J. 1995, *Atmosphere*, Westher and Climate, Methuen.

제3강 기후와 지형

1. 풍화작용

기존 지형의 변화나 새로운 지형이 발달하는 데 가장 기본이 되는 작용이 풍화작용이다. 풍화작용이란 암석이 물리적 작용과 화학적 작용을 통해서 붕괴되는 현상을 말한다. 지표를 덮고 있는 토양층은 바로 암석의 풍화를 통해서 생성된 물질로 이루어진 것이다.

1) 기계적 풍화작용

기계적 풍화작용이란 암석이 물리적인 작용, 또는 기계적인 작용을 통해서 붕괴되는 현상을 말한다. 이러한 경우 암석의 부피, 무게, 비중, 공극 등의 물리적인 측면은 변화하지만, 조암 광물들의 화학적 조성과 같은 화학적 성질은 변화하지 않는다. 기계적 풍화는 화학적 풍화작용에도 영향을 미치는데, 암석을 붕괴시켜 암편으로 만들어 화학작용을 촉진시키는 역할을 하기도 한다.

기계적 풍화작용의 대표적인 현상으로는 하중의 제거에 따른 차별적 팽창에 의한 현상, 암석의 틈에 이질 결정체가 성장함에 의해 나타나는 현상, 암석에 가열과 냉각이 반복적으로 가해질 때 역시 반복적인 암석의 팽창과 수축으로 인한 현상 등이 대표적인 것이다.

2) 화학적 풍화작용

화학적 풍화작용은 화학적 작용을 일으키는 매개물이 암석의 조직에 침투하여 암석의 구성광물들을 화학적으로 변화시켜서 암석을 붕괴시키는 작용이다.

물리적 풍화작용은 암석의 물리적인 측면, 즉, 형태, 부피, 중량, 비중 등을 변화시키지만 암석 본래의 성질, 즉 화학적 성질은 변화시키지 않는다. 그러나 산화작용, 용해작용, 가수분해작용, 수화작용과 같은 화학적 풍화작용은 물리적인 측면은 물론이고, 암석 본래의 성질까지도 변화시켜서 기존의 암석과는 전혀 다른 풍화산물을 만들어 낸다.

화학적 풍화작용은 음식물이 부패하는 것과 유사한 원리이다. 따라서 적당한 수분과 온도의 유지가 필요하다. 물론 수분이 풍부하고 항상 고온의 기온이 유지되는 열대습윤지역에서 보다 활발하게 나타나게 된다. 또한 화학적 풍화작용과 기계적 풍화작용은 서로 보완 관계를 맺고 있다. 즉, 기계적 풍화작용 결과 화학적 풍화작용이 촉진되고, 그 반대의 현상도 나타나는 것이다.

3) 풍화에 의한 지형 발달

(1) 입상붕괴에 의한 지형

규산염광물의 결정체인 화강암 계통의 암석은 가수분해작용과 수화작용을 통해서 암석의 입상붕괴 현상이 잘 나타나 지표에 풍화산물이 쌓인다. 산지의 절개면 등에서 관찰할 수 있는 풍화산물의 층은 손으로 만져도 무너질 정도로 결속력이 거의 없는 상태이며, 이러한 풍화산물을 새프롤라이트(saprolite)라고 한다.

기반암의 풍화는 지표에서만 진행되는 것은 아니다. 기반암에 절리가 많이 발달해 있으면, 절리를 따라서 물이 지하로 침투하여 지하에서도 가수분해, 수화작용이 진행된다. 그 결과 새프롤라이트 층이 두껍게 형성되는 곳도 있는데, 특히 고온다습한 열대습윤기후 지역에서 잘 나타난다.

한편, 지하 깊은 곳에서는 주로 절리를 따라서 물이 이동하여 절리면을 따라서 풍화가 진행되는데, 특히 절리가 교차하는 모서리 부분이 풍화를 많이 받아서 네 곳의 모서리에 두꺼운 풍화층이 만들어져서 중앙의 풍화가 덜 된 암괴를 둘러싼 형태가 만들어진다. 그 결과 기반암의 심층부에는 수직, 수평의 절리면을 경계로 하여 한 블록마다 풍화층으로 둘러싸인 둥글둥글한 핵석(core stone)이 형성된다.

이러한 현상을 구상풍화(spheroidal weathering)라 하고, 지하 깊은 곳에서 형성되

<그림 3-1> 핵석

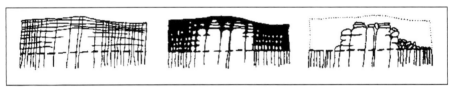

<그림 3-2> tor와 Bornhardt의 발달과정

는 특징을 강조하여 심층풍화(deep weathering)라고도 한다.

한편 이러한 풍화작용이 진행되는 과정에서 풍화물질인 새프롤라이트가 제거되고 핵석들이 지표에 노출되면 그 규모에 따라서 토어(tor), 보른하르트(bornhardt 또는 domed inselberg)와 같은 잔유 암괴지형이 발달하게 된다. 화강암이 넓게 분포하는 우리나라에서도 이러한 풍화와 관련된 지형들이 많이 관찰된다.

(2) 암반에 발달하는 풍화혈(weathering pit)

풍화혈은 주로 노출된 기반암의 상부 평탄면상에, 또는 암석의 하상면에 발달한다. 암석 하상을 제외한 암반 위에 수직방향으로 형성된 풍화혈을 그나마(gnamma)라고 한다. 이는 형태적인 특징을 나타내는 용어이며, 화학적 풍화작용이 진행된 결과 형성되었다는 의미로서 성인적 용어로는 솔루션팬(solution pans) 또는 솔루션피

<그림 3-3> gnama(죽도)

트(solution pit)라고 한다.

평면 형태는 원형이나 타원형을 이루며 직경에 비해 깊이가 얕다. 암반 상부면에 주로 절리와 같은 소규모의 요지(凹地)에 물이 고이면서 화학적 풍화작용 결과 형성되는 것으로 알려졌다.

암석 하상이나 해안의 암반 위에 하천의 침식작용이나 해수의 침식작용이 풍화작용에 뒤를 이어 발달하는 것으로는 포트홀(pot hole)이 있다. 이것은 주로 기계적 풍화작용의 결과 형성되는 것으로, 하상이나 해안의 소규모의 와지(窪地)에 자갈이나 모래가 들어가서 물이 흐를 때 그 안에서 와동류(sprial current)가 발생하여 자갈이나 모래도 따라서 회전운동을 하면서 와지를 마식하면서 규모가 점차 커지며 발달하는 것이다.

<그림 3-3>에서 보는 것과 같이 평면형은 역시 원형이나 타원형이며, 직경에 비해서 깊이가 매우 깊은 것도 많아 원통형이나 항아리 형태를 띄는 것도 많이 관찰된다. 같은 암석 하상이지만 폭포 밑에 형성되는 비교적 큰 규모의 것은 폭호(plunge pool)라고 한다. 이것은 물이 폭포의 상부에서 하부의 하상으로 원추류 형태로 흐르며 진행하는 기계적 풍화작용으로 형성된 것이다. 한편 암석 해안에 발달한 것은 마린 포트홀(marine pot hole)이라 하여 별도로 구분한다.

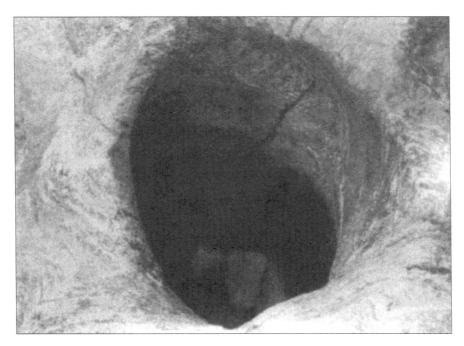

<그림 3-4> pot hole(가평천)

<그림 3-5> tafoni(양양 죽도)

　이상의 지형이 암반상부에서 수직적인 중력 방향으로 발달하는 반면에 암반의 측면에서 중력방향과 수직적인 방향으로 마치 소규모의 동굴 형태로 발달하는 것도 있는데, 이러한 풍화혈을 타포니(tafoni)라고 한다.

　성인적 측면을 강조할 때는 염분의 작용과 관련시켜서 솔트웨더링(salt weathering)이라고도 한다. 그러나 모든 타포니의 성인에 염의 결정이 관련된 것은 아니다. 어떤 경우라도 타포니는 입상붕괴 현상이나 플레킹(flaking) 현상에 의해서 그 규모가 발달하게 된다.

　특히 열대 및 아열대기후 지역에서 잘 발달하는 것으로 알려져 있으나, 우리나라에서도 흔히 관찰되는 지형이다.

　노출된 기반암의 암벽면을 따라서 위에서 아래로 마치 밭고랑 형태로 발달한 풍화혈을 그루브(grooves)라고 한다. 암벽면의 경사가 비교적 급사면인 경우에 발달하는 것을 말하며, 완경사의 경우에는 tunnels, gutters라고 한다.

　이것은 유수의 물리, 화학적 풍화작용과 침식작용이 복합되어 발달하나, 생화학적 측면도 강조되어 특히 암벽면에 서식하는 지의류의 영향도 중요시하고 있다.

(3) 풍화된 암설들의 지형

　지표에 노출된 기반암의 주변에 기계적 풍화작용 결과 모암에서 떨어져 나온 암설들이 쌓여서 이루어진 지형으로는 애추(talus)와 암괴원(block field), 암괴류(block stream)와 같이 주로 경사면에 일정한 범위에 걸쳐서 발달한 지형이 있다.

　애추(talus)는 기반암으로 이루어진 단애면 기저부의 경사지에 단애면에서 떨어져 나온 암설이 쌓여 발달하는 지형이며, 암설의 크기에 따라서 분급이 이루어지는데, 경사면의 상부에 작은 것이, 하부에 큰 것이 쌓인다.

　단애면의 풍화에는 단애면에 발달한 절리가 중요한 역할을 한 것이며, 대체로 기온의 연교차와 일교차가 심한 주빙하기후 상태에서 잘 발달한다. 따라서 현재 주빙하기후가 아닌 지역에 발달해 있는 것은 일종의 화석지형(fossil landform)이다.

　암괴원은 역시 암설이 경사지의 일정한 범위에 걸쳐 쌓여 형성된 지형으로 주빙하기후 지역에서 잘 발달한다. 애추와 다른 점은 단애면이 나타나지 않는 다는 것이며, 암설의 직경이 30cm 이상으로 비교적 크다는 것이다. 성인으로는 주빙하기후 상태에서의 지상풍화작용, 지중풍화에 의해 핵석이 형성된 다음 새프롤라이트 층이 제거된 후에 지표에 노출되어 형성되는 것으로 볼 수 있다.

　암괴류는 암설물들이 암괴원보다는 좁고 길게 사면을 따라서 쌓여있는 지형이다.

<그림 3-6> grooves(불암산)

(4) 박리작용(exfoliation)

지표에 노출된 기반암의 표면에 평행하게 박리면이 형성되고, 그곳으로부터 판상의 암편이 분리되어 나오는 현상을 박리작용이라고 한다. 마치 양파의 껍질이 벗겨지듯이 판상으로 암편이 분리되며, 암괴에 여러 개의 동심원상의 절리가 발달해 있는 경우 그 단면을 보면, 양파와 같이 박리면이 여러 겹 형성되어 있는 것이 관찰된다. 박리면 사이의 간격은 수cm~수m로 다양하며, 거대한 암체에서 이러한 현상이 일어나 암편이 제거되면 박리 돔(dome)이 형성되기도 한다. 박리현상이 일어나는 원인으로는 마그마로부터 암석으로 고하될 때 형성된 유리구조의 흔적이거나, 마그마가 냉각, 수축될 때 형성된 절리를 따라서 일어나는 현상, 지표부근의 암층이 제거되고 지하의 암층이 노출될 때 내리누르던 하중의 제거로 인한 절리의 형성에 따른 현상, 지표에 노출된 암체가 낮과 밤의 기온의 차이에 의해 팽창과 수축을 반복하여 형성된 절리의 형성에 따른 현상 등이 있다.

한편 박리현상의 한 종류로서 비교적 소규모로 일어나며, 박리면의 구분이 약간 불분명하게 일어나는 현상을 플레킹(flaking)이라 한다.

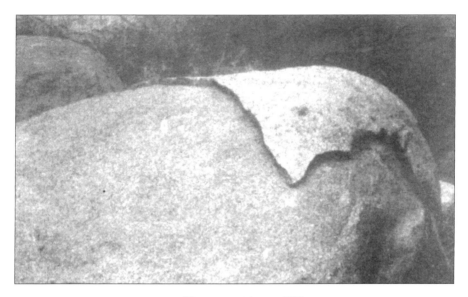

<그림 3-7> exfoliation(양평)

2. 하천의 작용과 지형 발달

습윤기후 지역에서 지표를 침식하고 침식된 물질을 운반하고 퇴적시키는 지형 형성 작용을 행하는 대표적인 것이 지표상의 유수의 작용이며, 유수의 작용 중 가장 일반적인 것이 하천의 작용이다.

1) 침식작용

지표의 침식작용이란 풍화작용에 의해 약해진 지표의 표층 부분을 제거해내는 작용이다. 하도내에서 물이 흐르면서 행하는 침식의 유형은 다음과 같이 세 가지로 분류된다.

하천은 일정한 하도내에서 일정한 방향으로 물의 흐름을 말한다. 따라서 하도를 흐르는 물은 많고 적음에 따라서 다른 정도의 압력을 하도의 전표면에 미치며, 하도의 전표면과 마찰을 일으키며 흐르는데, 이때 가해진 수압과 마찰에 의해서 하도가 토양층에 발달해 있을 경우에는 토사를 흡취하여 침식하고, 하도가 기반암층에 발달해 있을 경우에는 기반암괴를 하상에서 뜯어내는 작용이 행해진다. 이러한 침식을 굴식(掘蝕, plucking)이라고 한다.

하천은 많은 물질들을 운반하며 흐른다. 운반되는 물질 중에서 자갈이나 모래는 주로 하상 위를 구르거나 또는 부유 상태로 하천에 의해 운반되는 도중에 하도의 표면과 마찰을 일으키면서 약한 부분을 침식한다. 이러한 침식의 형태를 마식(磨蝕, abrasion, corrasion)이라고 한다.

한편 하천의 물 속에 포함되어 있는 여러 가지 화학성분 중에는 기반암을 용해하는 성질을 나타내는 것이 있다. 예를 들면 탄산칼슘으로 이루어진 석회암은 물 속에 탄산이온과 반응하면 용해되는 성질이 있다. 이렇게 기반암이 물에 의해 용해되어 제거되는 형태의 침식을 용식(溶蝕, corrosion)이라고 한다.

하천의 침식작용은 하도내에서 세 방향으로 행해진다. 그 방향에 따라서 하방침식, 측방침식, 두부침식 등으로 구분된다.

하방침식이란 하상에 대해 중력 방향으로 가해지는 침식작용이다. 하방침식이 활발하게 진행되면 하도가 깊이 파이고, 따라서 하곡이 깊어지며, 하천 양안의 경사가 급하게 발달하게 된다. 일명 V자 곡이 발달하게 된다. 주로 하천의 상류지역에서 활발한 현상이다. 하천의 하방침식은 무한정 진행되는 것이 아니고 하상이 침식기준면에 도달할 때까지 활발하게 진행된다. 침식기준면은 하천의 최상류에서 하구까지 연결된 하상의 종단곡선으로, 이론상으로는 매끄러운 포물선을 이룬다. 대체로 하천 하구의 해수면의 높이가 침식기준면의 기준이 된다. 그리고 침식기준면은 고정된 것이 아니다. 지각변동이 일어나 육지가 융기하여 해수면에 비해서 하상면이 높아지게 되면 해수면의 높이에 맞추기 위해서 하천은 하방침식을 하게 된다. 반대로 기후의 변화로 인해서 해수면이 내려가도 상대적으로 하상면이 해수면보다 높게 되기 때문에 역시 해수면의 높이에 맞추기 위해서 하방침식작용이 활발해진다.

측방침식은 하상의 측면을 침식하는 작용이다. 따라서 하도를 넓히며 결국 하곡을 넓게 하는 작용이다. 일반적으로 하방침식작용이 진행되어 하상이 침식기준면에 도달하여 평형하천으로 발달하면 측방침식작용이 활발해진다. 하상 경사가 완만한 넓은 범람원 상을 흐르는 하천의 경우, 측방침식작용이 활발하게 진행되면 하도가 심하게 굴곡하여 곡류하도가 발달하고 하도의 측면 이동이 활발하게 일어나는데, 이러한 하천을 자유곡류하천이라고 한다.

두부침식은 하천의 하상 종단면 상에서 하상 경사도의 차이가 매우 심하게 나타나는 천이점에서 일어난다. 하상 종단면 중 천이점이 나타나는 부분에서는 폭포가 발달하게 되는데, 폭포를 하천의 상류 쪽으로 후퇴시키는 침식작용이 두부침식이다. 두부침식작용이 최상류까지 진행되면, 천이점은 없어지고 하상 종단면은 다시 매끄러운 포물선을 이룬다.

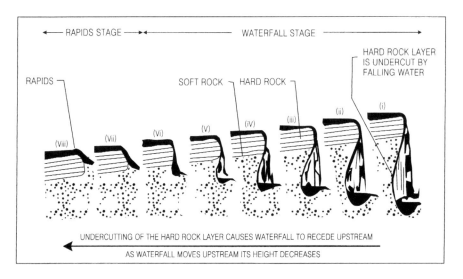

RAPIDS STAGE ← → WATERFALL STAGE

HARD ROCK LAYER
IS UNDERCUT BY
FALLING WATER

RAPIDS

SOFT ROCK HARD ROCK

(viii) (vii) (vi) (V) (iv) (iii) (ii) (i)

UNDERCUTTING OF THE HARD ROCK LAYER CAUSES WATERFALL TO RECEDE UPSTREAM

AS WATERFALL MOVES UPSTREAM ITS HEIGHT DECREASES

<그림 3-8> 두부침식과 폭포의 발달

2) 운반작용과 퇴적작용

흐르는 물은 운동에너지를 갖게 되는데 침식작용도 운동에너지를 소비하기 위한
작용이고, 토사를 비롯한 하천이 침식한 물질을 운반하는 작용도 에너지를 소비하는
작용이다. 한편 물이 흐르는 속도가 감소하거나 물의 양이 줄어 운동에너지가 감소
하면 운반되던 하중들은 중량이 큰 것부터 차례로 가라앉게 되는데, 이러한 작용을
퇴적작용이라고 한다.

운반되는 물질 중에는 부유 상태로 운반되는 부유 하중, 하상 위를 구르며 운반되
는 하상 하중, 물에 녹은 상태로 운반되는 용해 하중 등이 있다. 이러 하천의 운반작
용과 퇴적작용은 유속, 유량, 하중의 규모 등에 따라서 다른 형태로 나타난다.

대체로 하상의 모래(입경이 0.2~0.5㎜)가 운반되기 위해서는 10~18m/sec의 유속으
로 흘러야 한다. 그러나 이보다 작은 점토나 실트를 운반하기 위해서는 더 빠른 유속
이 필요하다. 이것은 물과 모래, 점토와의 사이에서 일어나는 마찰력과의 관계, 그리
고 모래나 점토의 응집력 등의 상대적인 관계에서 비롯된 것이다. 이러한 특수한 경
우를 제외하고는 일반적으로 보다 큰 하중을 운반하기 위해서는 보다 빠른 유속과
보다 많은 유량이 요구된다.

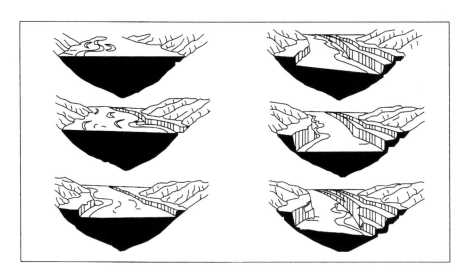

<그림 3-9> 하안단구의 발달 단계

3) 하안단구와 감입곡류 하천

하안단구(river terrace)와 감입곡류(incised meander)는 하천의 침식윤회가 진행되
는 도중에 지각운동이나 기후변화에 의한 해수면 승강운동으로 인하여 하천의 침식
기준면이 하강하면 하천이 회춘하는 과정, 즉 하방침식을 왕성하게 진행하는 과정에
서 주로 발달한다.

(1) 하안단구
침식윤회 과정에서 하곡이 넓어지고 범람원이 형성된 상태에서 침식기준면의 하
강으로 하천의 회춘이 일어나면 하천은 하방침식을 통해서 깊은 하곡을 형성하며,
하도의 양안에는 과거 범람원의 흔적이 남아있게 되며, 하천의 홍수시에도 과거의
범람원까지는 범람이 일어나지 않는다. 이러한 과거의 범람원의 흔적이 하도 양안에
마치 계단 형태로 발달하게 되며, 이를 하안단구라고 한다. 특히 하천의 침식작용을
강조하여 침식단구라고도 한다.
그러나 하안단구의 형성이 반드시 침식기준면의 변동에 의해서 형성되는 것은 아
니다. 기후변동으로 인한 하천의 유량의 변화와 이에 따른 하천의 운반력과 침식력
의 차이에 의해서 형성되는 경우도 있다. 이런 경우 하천의 유량이 줄어들어 운반력
이 줄어들면 하곡에는 충적작용이 활발해서 넓은 충적층이 형성되며, 다시 기후가

<그림 3-10> 산간지역에 발달한 감입곡류

변하여 유량이 증가하면 하천은 하방침식을 활발하게 하여 그 양안에 단구를 형성하
게 된다. 이같은 단구는 단구면 위에 충적층이 비교적 두껍게 형성되어 충적단구
(alluvial terrace)라 하고, 또한 기후변화에 따른 성인을 강조하여 기후단구(climatic
terrace)라고 한다.

(2) 감입곡류

감입곡류는 주로 산간 지역에서 잘 나타난다. 감입곡류 현상의 성인에 관해서는
넓은 범람원을 흐르던 자유곡류 하천 상태에서 침식기준면의 하강으로 인하여 하천
이 하방침식을 진행할 때 자유곡류 하도를 따라서 침식을 진행하면서 계승적으로 발
달한다는 이론과 하도가 심하게 굴곡하지 않던 하천이 하방침식을 하는 과정에서 기
반암의 지질구조적이 원인, 즉 기반암의 배열과 조직 그리고 기반암에 발달한 지질
구조선 등에 영향을 받아 곡류 현상이 일어난다는 이론이 있다. 어떤 경우이던간에
감입곡류 하천은 산지 사이를 흐르게 마련이다. 우리나라의 경우 대하천의 중·상류
구간에서 산지 사이를 감입곡류하는 하천을 쉽게 관찰할 수 있다.

한편 감입곡류 하천은 하곡 횡단면의 대칭성에 따라서, 하곡의 횡단면이 급사면으
로 대칭을 이루면 굴착곡류 하천(entrenched meander), 하곡의 횡단면이 한쪽은 완사
면, 한쪽은 급사면을 이루면 생육곡류 하천(ingrown meander)으로 구분하기도 한다.

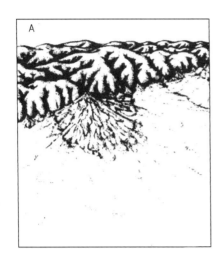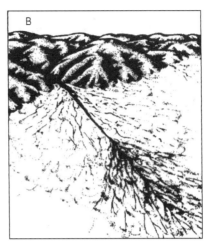

<그림 3-11> 선상지의 발달과정

일반적으로 전자의 것은 하방침식이 빠르게 진행된 경우에 발달하고, 후자의 경우는 하방침식이 느리게 진행되는 도중에 측방침식작용이 가세하여 발달하게 된다.

4) 하천에 의한 퇴적지형

(1) 선상지

선상지(alluvial fan)는 경사가 급한 산지와 평지가 만나는 지점에 발달하는데, 하천이 산지 사이를 빠르게 흐르다가 평지로 흘러나오면서 유속의 급격한 감소로 인해서 운반력이 급격히 줄어서 하천에 의해 운반되던 많은 토사와 암설물 등이 곡구를 중심으로 해서 마치 부채 모양으로 퇴적되어 형성된 지형이다.

퇴적층으로 피복된 부분은 곡구를 중심으로 해서 말단 부분으로 가면서 선정, 선앙, 선단으로 구분하는데, 선정이 가장 높은 부분이며, 퇴적층도 가장 두껍다. 선단으로 가면서 퇴적층이 얇아져서 결국 선단을 지나면 퇴적층이 없이 원지형면으로 이어진다. 하천의 상·중·하류 중에서 상류 구간에 속하는 지역에 발달하는 지형이다.

퇴적물은 토사와 암설물 모두 입경이 큰 것들이 퇴적된다. 따라서 퇴적입자 사이의 공극이 비교적 커서 물의 투수가 잘 일어나, 하천이 곡구를 벗어나 선정을 지나고 선앙을 흐르면서 지하로 스며들어, 지표에서는 하천의 물이 사라지고 지하로 복류를 하게된다.

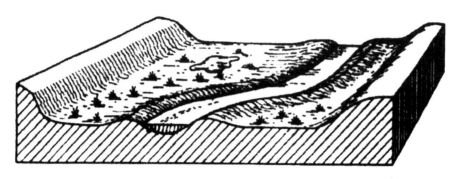

<그림 3-12> 범람원상의 자연제방과 배후습지

퇴적층의 피복이 사라지는 선단에서는 복류하던 하천이 지표로 흘러나오는 용천이 발달하게 된다. 용수 구득이 가능한 선정과 선단에는 각각 괴촌과 열촌의 발달하며, 경지는 논으로 이용되지만 선앙에서는 용수 구득이 어려워 촌락의 발달되지 않고 주로 밭으로 이용된다.

(2) 범람원

하천의 중·하류 구간은 하방침식보다는 측방침식이 활발하여 하곡이 넓게 발달하며, 홍수시에 하도를 범람한 하천의 물은 넓은 하곡을 메워 흐르며, 퇴적작용이 활발하게 일어난다. 이렇게 하천의 물이 범람하는 범위의 하곡을 범람원(flood plain)이라한다. 여러 차례의 범람이 발생한 후에는 범람원에 자연제방(natural levee)과 배후습지(backmarsh, backswamp)라는 지형이 발달하게 된다.

자연제방은 하도 양안에 인접해서 발달하는 제방 형태의 지형으로 배후습지보다는 상대적으로 고도가 높다. 퇴적물은 주로 세사와 실트이며, 범람한 하천의 물이 줄어들며 하도로 되돌아오는 과정에서 하도 양안에 많은 퇴적물이 쌓이게 되어 형성된다. 주변보다 고도가 높은 지형이어서 홍수의 피해를 피할 수 있고, 배수가 잘 되어밭농사가 이루어지고 촌락의 발달이 나타난다.

배후습지는 하천에서 보면 자연제방의 배후에 발달하는 지형으로, 자연제방보다고도가 낮아 범람했던 하천의 물이 고여 있는 것이 일반적인 지형이다. 지하수면이높게 나타나서 갈수기에 말라 있다가도 비가 내려 하천의 수위가 조금만 높아지면배후습지에 물이 차게 된다. 그리고 하천의 하도와 연결되는 자연수로가 발달해 있어서 하천의 유량이 증가할 경우 하천의 물이 역류해 들어오기도 한다. 따라서 자연상태로는 인간의 생활에 부적당한 지형이다. 이곳을 인공적으로 매립하여 논으로 개간하거나, 저수지로 이용하는 경우가 많다.

(3) 삼각주

하천이 바다나 호수로 흘러 들어가는 하구에 하천의 퇴적작용 결과 발달하는 평면 형태가 삼각형에 가까운 지형을 삼각주(delta)라 한다. 하천의 하구까지 운반되는 물질은 대체로 선상지나 범람원에 비해서 가장 입경이 작은 입자로 구성되어 있다. 삼각주 내에 여러 갈래의 분류 하도가 발달하게 되며, 이 분류 하도의 양안에도 자연제방이 발달하게 되고 범람원으로 이어진다

특히 하천이 바다로 유입하는 하구에 발달하는 경우에는 하구 일대의 자연 조건이 삼각주의 발달에 영향을 미친다. 하구 일대에서 조차가 크게 나타난다면 조류가 비교적 빠르게 흐를 것이고, 따라서 하천이 운반 퇴적한 물질들은 급조류에 의해 다시 침식되어 삼각주의 발달이 어렵게 된다. 그러나 조차가 크게 나타나지만 하구까지 운반되는 토사의 양이 워낙 많으면 삼각주가 발달하기도 한다. 우리나라의 서해안의 여러 하천의 하구에 삼각주의 발달이 없는 것도 하구 일대의 큰 조차가 주요 원인이다.

한편 삼각주는 평면 형태에 따라서 원호상 삼각주, 조족상 삼각주, 첨각상 삼각주 등의 종류가 있다.

3. 카르스트 지형

습윤기후 지역이면서 기반암이 석회암으로 이루어진 지역에서는 석회암이 물에 용식(溶蝕)되는 성질 때문에 카르스트 지형이 발달한다. 석회암의 주요 구성광물인 방해석은 칼슘이 주성분인데, 이것이 물 속의 탄산 성분에 쉽게 용해되기 때문에 형성되는 지형으로 지표에 발달하는 지형과 지하에 발달하는 지형으로 구분된다.

또한 석회암이 용식되어 나타난 지형을 1차지형이라 하고, 물에 용해되어 있던 탄산칼슘이 침전되어 형성된 지형을 2차지형이라 한다.

칼슘은 대체로 저온의 물에 포함된 탄산에 잘 용해되지만, 물 속에 용해되어 있는 탄산가스농도가 수온보다 석회암의 용식에 더 큰 영향을 미치는 변수가 된다. 따라서 물이 지표에서 지하로 투수되며 토양층을 통과할 때 흡수되는 이산화탄소의 양이 중요한 변수로 작용한다. 결과적으로 식물의 뿌리에서 이산화탄소의 배출량이 많은 열대·아열대기후 지역에서 석회암의 용식이 더 잘 일어나며, 냉대·온대기후 지역보다 카르스트 지형의 규모가 더 크게 발달되어 있다.

<그림 3-13> 석회암지역의 돌리네

1) 지표의 지형

석회암의 용식으로 지표에 발달하는 지형은 요지(凹地)와 철지(凸地)로 구분된다. 요지에 속하는 지형은 돌리네(doline), 우발라(uvala), 폴리예(polié)가 있다. 이들 지형은 평면 형태가 모두 원형, 타원형 또는 장방형으로 나타나는 공통점이 있다.

규모에 있어서 차이가 나타나는데, 돌리네가 가장 작은 규모로 발달하며, 평면 형태의 직경이 수m~수십m로 나타난다. 깊이는 대체로 1m 내외가 대부분이다. 대체로 용식작용을 받아서 발달한 용식돌리네는 깊이가 1m 이내이고 가장자리의 사면의 기울기도 완만하지만 지하 동굴의 함몰에 의해서 발달한 함몰돌리네는 사면의 경사가 수직에 가깝고, 깊이도 1m 이상인 것도 있다. 여러 개의 돌리네가 집중되어 있을 경우 평면적으로 확대되어 2개 이상의 돌리네가 합쳐져서 평면적이 넓게 발달한 것을 우발라라고 한다. 이 경우에 깊이도 훨씬 깊어져서 구릉으로 둘러싸인 형태를 나타낸다. 폴리예는 우발라보다 평면적이 더 넓어 마치 분지를 연상케 할 정도이다. 폴리예는 단순히 용식작용에 의해 발달하기보다는 지질구조의 특징이 반영된 것으로 용식분지를 이룬다.

이러한 요지의 형태를 나타내는 지형들은 배수구가 발달해 있는 것이 특징인데, 돌리네 중앙에 낙수혈(sinkhole)이라고 하는 배수구가 발달하기도 한다. 돌리네 자체를 낙수혈이라고도 한다. 폴리예의 경우 용식분지를 흐르는 하천이 포노르(ponor)라고 하는 배수구를 통해서 지하로 스며들어 지하로 흐르게 되는데, 이러한 하천을 싱킹크리크(sinking creek)라고 한다.

<그림 3-14> 석회암지역의 카렌펠트

싱킹크리크는 지하로 흐르면서 석회동굴의 발달에 영향을 미친다. 지표를 흐르던 하천의 물이 지하로 스며들어 싱킹크리크와 같이 지하로 흐르게 되면 지표의 하곡은 물이 말라 건곡(dry valley)으로 변화한다. 지하로 흐르면서 동굴을 발달시킨 싱킹크리크는 하천 쟁탈에 의해 유로가 변경되면 동굴내에 물이 흐르지 않게 되고, 이 동굴의 천장 부분이 붕괴되면 일종의 골짜기를 형성하는데, 이때 천장의 일부가 좁은 폭으로 골짜기 위에 남아, 마치 골짜기 양쪽을 연결하는 다리 모양을 이루는데, 이러한 지형을 자연교(natural bridge)라고 한다.

지표에는 이러한 요지의 지형이 발달하는 한편 석회암의 암주들이 산재하는 철지(凸地)의 지형도 발달하게 되는데, 지표상에 노출되어 산재해 있는 석회암의 암주들을 카렌(karren) 또는 라피에(lapiés)라고 한다. 이들은 석회암의 용식과정에서 용식에 비교적 강한 부분이 약한 부분에 대해서 일종의 차별용식을 받아서 형성된 것이다. 이러한 카렌들이 산재하는 일정한 범위의 지역을 카렌펠트(karren feld) 또는 라피아(lapiaz)라고 한다.

석회암의 용식과정에서 남은 불순물이 산화되어 형성된 토양을 테라로사(terra rossa)라고 하는데, 이러한 토양이 석회암층을 비교적 두껍게 피복하여 카렌을 거의 덮고 있거나 상부만 지표에 노출되어 있는 경우를 피복카르스트라고 하며, 토양층이 거의 제거되어 석회암층이 노출되어 있는 경우를 나출카르스트라고 한다.

석회암 지역의 용식과정 중에서 요지가 점차 확대되어 가면 요지 사이의 원추형의 잔구가 발달하게 되는데, 이러한 지형을 원추카르스트라고 한다. 이와는 별도로 규

모가 매우 큰 카렌의 형태로서 수직의 절벽으로 둘러싸인 산봉우리들이 발달하기도
하는데, 이런 지형을 탑카르스트라고 한다. 이러한 지형들은 주로 석회암의 용식작
용이 활발하게 진행되는 열대기후 또는 아열대기후 지역에서 잘 나타난다.

  2) 지하의 지형

  석회암 지역의 지하에는 지하수의 용식작용으로 인한 지하수계의 발달이 다양한
규모의 동굴 발달을 가져온다. 동굴을 이루는 터널은 바로 지하수가 흐르던 유로의
흔적이다.
  지하 수계가 새로운 유로를 발달시키며 계속 확장되면서 뒤에 남게 되는 구 유로
가 바로 동굴인 것이다. 동굴이 발달한 후에 지하수면이 낮아지고 건조하게 되면 용
식작용이 거의 중단되기 때문에 dead cave라고 하며, 지하수면 아래에 위치하여 계
속 용식작용이 진행되고 있는 것을 active riner cave라고 한다.
  동굴 내부에는 건조하거나, 지하수가 차있거나, 물 속에 용해된 칼슘과 이산화탄소
가 결합해 이루어진 탄산칼슘이 침전하여 이루어진 지형이 복잡하게 발달하게 된다.
지하수의 용식작용으로 이루어진 동굴 전체를 1차지형이라 하고, 탄산칼슘이 동굴
내부에 침전되어 형성된 지형을 2차지형이라고 한다.
  2차지형은 종유석(stalacite), 석순(stalagmite), 석주(column)를 비롯하여 석회커튼(drip
curtain), 석회화단구(travertine terrace), 짚종유석(straw stalacite), 림스톤(rimstone), 림
스톤폰드(rimstone pond), 곡석(helicite), 석화(anthodite), 동굴산호(cave coral) 등 다양
한 종류가 발달하는데, 이를 총칭하여 스펠레오뎀(speleothem)이라고 한다.
  종유석은 동굴 천정에 탄산칼슘이 침전되어 중력 방향으로 발달하는 것이고, 석순
은 동굴 바닥으로부터 위로 발달하는 것이다. 이 두 가지가 만나면 석주가 된다. 석
회커튼은 종유석이 횡적으로 길게 펼쳐진 형태로 발달한 것이다. 석회화단구는 바닥
이나 벽에 탄산칼슘의 침전으로 단상의 지형이 발달한 것이고, 석회화단구면 둘레에
탄산칼슘이 침전되어 마치 성벽처럼 발달한 것이 림스톤이다. 그 안쪽에 물이 고이
면 림스톤 폰드라 한다. 짚종유석은 종유석 발달의 초기 형태라고 할 수 있는데, 말
그대로 짚과 같이 가늘고 가운데가 비어 있는 기다란 관 형태로 발달한 것이다.
  물속에 용해되어 있던 탄산칼슘 이외에 공기 중의 수중기에 포함되어 있던 탄산칼
슘이 침전하면 곡석(helicite), 석화(anthodite)라고 하는 신비한 형태의 스펠레오뎀이
형성되기도 한다.

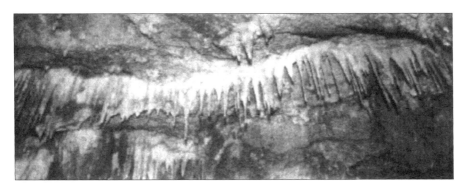

<그림 3-15> 석회 동굴에 발달한 짚종유석

4. 건조기후 지역의 지형

건조기후 지역은 사막과 스텝을 포함하며, 이곳에서는 습윤 지역에서 중요한 지형 형성 영력인 유수의 작용은 매우 드문 현상이며, 바람의 작용이 더 활발하다. 강수량이 매우 적어 식생피복이 거의 없는 상태이며, 지표가 항상 말라 있기 때문에 습윤기후 지역보다 바람에 의한 침식이나 운반작용이 더 용이하게 일어 날 수 있다. 또한 건조기후의 특징인 매우 큰 기온의 일교차 때문에 기계적 풍화작용이 활발하게 진행된다.

유수의 작용은 드물게 나타나지만, 식생피복 없이 노출되고 기계적 풍화작용이 활발한 지표에서 일어나기 때문에 매우 왕성하게 이루어진다.

1) 바람에 의한 지형

건조기후 지역은 특히 기계적 풍화작용이 활발하고, 연중 지표가 메말라 있기 때문에, 특히 바람에 의한 침식과 운반, 퇴적작용이 활발하게 진행된다.

건조지형 중 특히 바람에 의해 형성되는 지형을 풍성지형(aeolian landforms)이라고 하는데, 바람은 주로 취식(deflation)이나 마식(sand blast action)작용에 의해서 지표면을 침식하며, 침식한 물질들은 또 바람에 의해 운반, 퇴적되어 지형을 발달시킨다.

기계적 풍화작용이 진행된 암석이 다양한 크기의 암설물로 분해되어 지표를 피복하고 있는 경우에 취식작용이 가해지면 세립질은 바람에 날려 제거되고, 자갈과 같은 큰 입자의 암설들이 남게 된다. 이렇게 비교적 큰 자갈들이 지표를 덮고 있는 지

<그림 3-16> 버섯바위

형을 사막포도(砂漠鋪道)라고 한다. 지표를 덮고 있는 역들은 그 밑의 미립물질층의 침식을 보호하는 작용도 한다. 그리고 미립물질층의 모세관 현상에 의해 지하에서 올라온 수분이 이들 자갈을 통과하면서 그 표면에서 증발되는데, 이때 물에 용해되어 있던 철분이나 망간 성분이 역의 표면에 침전하여 산화철이나, 산화망간의 각을 이루게 되는데, 이러한 각을 사막칠(desert varnish)이라고 하며, 색깔은 초콜릿색이나 흑색을 띠며, 단단하고 표면은 윤택이 나는 것이 일반적이다.

마식작용은 바람 자체의 작용보다는 바람에 의해 운반되는 모래의 작용이 중요하다. 바람에 의해 운반되는 모래가 암석과 마찰하여 약화된 암석을 침식하는 것이다. 마식은 취식에 비해 활발하지 못하지만 지형 발달에는 중요한 역할을 한다.

지표면에 노출된 거대한 암석이 마식작용을 계속 받으면 암석 경, 연 부위의 차별적인 침식에 의해 버섯바위(mushroom rock)가 발달하고, 바람에 의해서 움직이지 않을 정도의 역들이 계속 마식을 받으면 풍식력이 발달하는데, 풍식력은 대체로 그 지역에 나타나는 탁월풍의 풍향을 반영하는 매끄러운 마식면과 날카로운 능선이 발달한다. 그리고 일반적으로 3개의 마식면과 능선이 잘 나타나 삼릉석(dreikanter, venti-fact) 이라고 한다.

건조기후 지역을 설명할 때 사막을 빼놓을 수 없다. 사막이라고 하면 일반적으로

<그림 3-17> 바르한의 발달

모래가 덮여 있는 사막을 상상하기 쉽다. 그러나 실제로 지구상의 사막은 대부분이 사막포도가 발달하고, 기반암이 지표에 노출되어 버섯바위나 삼릉석이 산재하여 있다. 이러한 사막을 각각 자갈사막, 암석사막이라고 한다. 모래가 덮여있는 사막은 지구상의 전체 사막의 일부분에 지나지 않는다.

모래가 피복된 사막은 결국 암석의 풍화물 중에서 바람의 취식작용에 의해 침식 운반된 미립물질, 즉 모래가 쌓여서 형성된 것이다. 모래사막에서는 모래가 운반 퇴적되는 과정에서 구릉 형태로 발달하는 것을 사구(sand dune)라고 한다.

사구의 가장 기본적인 형태는 바르한(barchan)이라고 하는 독립적인 소규모 사구이다. 평면 형태는 초승달 모양으로 가운데는 폭이 넓으나 양쪽 측면으로 가면서 폭이 좁아지는 형태를 나타내며, 측면 형태는 바람을 맞는 사면은 완경사를 이루고 그 반대쪽은 급경사를 이루는 형태를 나타낸다. 높이는 가운데에서 양쪽 측면으로 가면서 낮아진다.

모래의 공급량이 매우 많아서 바르한이 좌우로 연결되면 풍향에 대해서 수직 방향으로 횡사구(transvers dune)가 형성된다. 우리가 사진이나 화면상으로 흔히 보는 사막은, 이러한 횡사구들이 여러 개 발달하여 마치 바다에서 파랑이 이는 형태를 나타낸다. 이러한 사막을 특히 사하라에서는 에르그(erg)라고 한다.

한편 바르한이 풍향과 평행한 방향으로 연결된 형태가 세이프(sief) 사구이다. 횡사구에 상대되는 개념으로 종사구(longitudinal dune)라고도 불린다.

이상의 사구들은 모두 탁월풍이 잘 나타나는 지역에서 발달히 현저한데, 따라서 지역에 따라 정도의 차이는 있지만 바람이 불어 가는 방향으로 이동하는 것이 특징이다. 이에 대해서 탁월풍이 뚜렷하지 않고 상승기류의 작용이 활발한 지역에서는 중앙의 봉우리로부터 몇 갈래의 능선이 사방으로 발달한, 평면 형태가 마치 별 형태의 사구가 발달하는데, 이것을 성사구(star dune)라고 한다. 탁월풍이 없기 때문에 성사구는 거의 이동을 하지 않는다. 따라서 예로부터 사막을 왕래하는 대상들이 길을 찾아가는데 이정표로 삼아왔다.

해안지역에서는 해풍의 영향으로 바르한이 파괴되면 평면 형태가 바르한의 정 반대인 U자형 사구가 발달하기도 한다. 이러한 형태를 헤어핀 사구(hairpin dune)라고 부르기도 한다.

2) 유수에 의한 지형

건조기후 지역에서의 유수의 작용은 빈도가 낮고 일시적이지만, 오히려 습윤 지역 유수의 작용보다 활발하게 진행된다. 강수 현상이 아주 드물게 집중호우로 나타나기 때문에 한번에 1년 내지 몇 년 강수량이 쏟아지는 경우가 흔하다. 따라서 비가 내리고 나면 하도가 따로 없이 일정한 지역을 덮어서 면 적인 유수의 작용이 행해지는데 이러한 현상을 포상홍수(sheet flood)라고 한다. 비가 그치고 유량이 점차 줄어들면 유수의 작용은 비가 내리기 전에 말라있던 곡지에 국한되어 나타난다. 이 곡지는 평시에는 말라있고 비가 내릴 때만 하도로 변하는데, 와디(wadi) 즉 건천(乾川)이라고 한다.

사막을 관류하면서 항상 유수의 작용을 나타내는 하천은 건천과는 달리 사막 주변의 습윤기후 지역에서 발원하여 사막을 관류하는 것으로서, 이러한 하천을 외래하천(exotic sream)이라고 한다.

한편 건조기후 지역에는 구조적 작용으로 발달한 구조분지가 많이 발달하는데, 이러한 분지의 둘레, 산지에 비가 내리면 포상홍수의 작용을 통해서 많은 암설물을 운반하여 분지내의 산지와 평탄지의 경계 부근에 퇴적시켜 결국 선상지가 발달하게 된다. 선상지는 분지를 둘러싸고 있는 산지를 따라 횡적으로 연결되어서 발달하는데, 이러한 지형이 바하다(bajada)라고 하는 합류선상지이다.

바하다로 둘러싸인 구조분지의 중앙부는 물론 충적평야가 발달하며, 특히 비가 내릴 때에는 주변 산지로부터 흘러든 물이 고여 호수를 이루는데, 이것을 플라야(playa)라고 한다. 플라야는 비가 그치고 시간이 지나면 물이 증발되어 말라버리고 알칼리각(alkali crust)이 바닥에 형성되어 호적평야가 발달된다. 이러한 일련의 지형이 발달한 구조 분지를 볼손(bolson)이라고 한다.

건조기후 지역의 산지는 기반암이 노출되어 있는 것이 일반적이다. 이러한 산지들은 시간이 흐르면서 해체되고 주변 지역과의 기복이 점차 감소하게 된다. 이 과정에서 산지로부터 생성된 풍화, 침식 물질은 분지로 운반, 퇴적되며, 산지에는 하곡이 형성되고 곡구에는 선상지가 발달하는 것이다. 이러한 상태가 계속되면 산지의 해체와 함께 급경사의 산사면은 후퇴하고 지형이 평탄화되어간다. 이렇게 산사면이 후퇴되어 가면 선상지와 산지 사면 사이에 완경사의 기반암 침식면이 발달하게 되는데, 이것을 페디먼트(pediment)라고 한다. 대체로 페디멘트와 산지의 경계는 경사 급변점으로 나타나고, 페디먼트 표면에는 산지에서 유수의 작용에 의해 침식되어 공급된 암설물들이 엷게 피복되어 있다.

계속된 산지 해체작용으로 페디먼트가 산지 쪽으로 확장되어 결국 산지 양 사면의 페디먼트가 만나 합쳐지게 되고 완경사의 암석침식평원이 발달하게 되는데, 이 침식평원을 페디플레인(pediplain)이라 한다. 대체로 페디플레인 중앙에는 산지가 풍화 침식되는 과정에서 침식에 견디어 남아 있는 잔구 형태의 지형을 볼 수 있는데, 이것을 인셀베르그(inselberg)라고 한다.

5. 한랭한 기후의 지형

1) 빙하(glacier)의 형성

빙하는 단순히 물이 냉각하여 동결되어 형성된 것은 아니다. 빙하의 형성은 강설에 의한 눈으로부터 시작된다. 일반적으로 지표에 내린 눈은 비중이 0.1~0.3 정도되지만, 눈이 녹지 않고 계속 쌓이게 되면 하부층은 상부층의 하중만큼 압력을 받게된다. 이렇게 되면 공극이 적은 단단한 입상의 눈으로 변하며 비중은 증가하며, 밀도가 커지고 마침내 0.9 정도의 비중을 갖는 얼음과 같은 형태의 빙괴로 변하게 된다. 가소성을 갖게 되면 중력 방향으로 이동을 하게 된다. 이렇게 중력 방향으로 유동하는 빙괴를 빙하라고 하는 것이다. 여기서 빙하를 구성하는 얼음과 같은 다져진 눈을 빙하빙(glacier ice)라고 한다.

빙하가 비교적 평탄한 지역에 덮여 있을 경우, 그 규모가 상당히 크고 또 빙하의 두께도 두꺼운 것을 대륙빙하(continental glacier) 또는 빙상(ice sheet)이라고 한다. 이보다 규모가 작아서 대략 면적이 5만㎢ 이하로 나타나는 것을 빙모(ice cap)라고 한다. 그리고 이들 빙하로 덮인 사이사이에 노출된 암봉이나 산봉우리를 누나탁(nunatak)이라고 한다. 빙상이 해안까지 연결되어 그 말단부가 바다로 흘러나오게 되면 빙붕(ice shelf)을 형성하게 된다. 빙붕에서 빙괴가 분리되어 바다에 떠 있는 경우

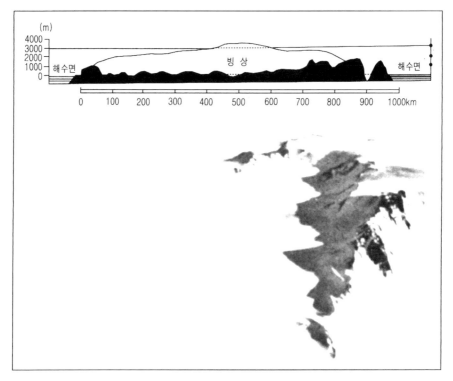

<그림 3-18> 대륙빙상과 누나탁

를 빙산(iceberg)이라고 한다.

빙하는 산지에서도 형성되어 산 정상부터 계곡을 향하여 이동하는 경우가 있는데 이것을 산악빙하라고 하며, 빙하가 이동하면서 깊은 곡지를 형성하기 때문에 곡빙하 (valley ice)라고도 한다.

2) 빙하 침식지형

빙하는 중력방향으로 이동하면서 하중에 의한 지표면과의 마찰력으로 침식작용을 하게 되는데, 마식작용과 굴식작용이 주로 행해진다.

곡빙하의 경우 빙하에 의한 침식작용 결과 빙하 침식지형이 많이 발달하여 있다. 빙하가 덮여 있는 산정부에는 빙하의 이동에 따라 설식(nivation)으로 형성된 반원형 의 와지가 발달해 있는데 이것을 권곡(circue)이라고 하고, 이곳에 덮여 있는 빙하를 권곡빙하(circue glacier)라고 한다. 권곡빙하 자체도 침식작용을 계속하여 권곡을 확

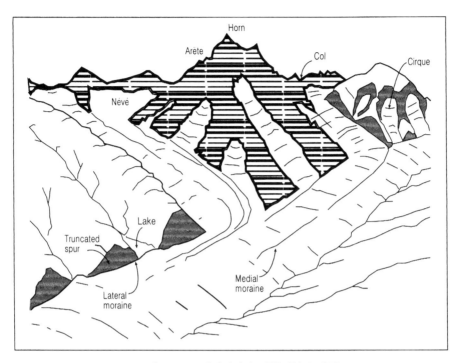

<그림 3-19> 산악빙하와 빙식지형의 발달

대시키기도 한다.

　권곡이 산릉의 양쪽 사면으로 계속 확대되어 가고, 동시에 권곡 벽이 산정부로 후퇴되어 가면 빙식 이전의 산지는 파괴되어 권곡사이의 산릉은 날카로운 톱니모양의 산릉으로 발달하는데, 이것을 즐형산릉(櫛形山稜, comb ridge)이라고 한다. 이때 특정 산봉우리를 중심으로 사방에서 권곡이 확장되고, 권곡벽이 산정부로 후퇴하여 한 지점에서 만날 경우 뾰족한 첨봉이 발달하는데 이를 호른(horn)이라고 한다.

　한편 하식으로 인해 발달해 있는 곡지가 빙하의 이동에 의해 침식을 받으면 빙하침식곡(glacier trough)이 발달하는데, 그 횡단면이 U자 형태를 나타내어 U자 곡이라고도 한다. 빙식곡의 곡벽은 그 단면 형태가 삼각형의 절단산각(切斷山脚, truncate spur)이 나타나는 것이 일반적이다. 하천의 지류와 본류가 만나는 것처럼 곡빙하의 경우도 규모가 큰 주류빙하와 규모가 작은 지류빙하가 만나는 경우가 있는데, 이 경우 하천과는 달리 불협화적으로 만나게 된다. 그 결과 지류빙하가 주류빙하의 곡벽 위에 걸려있는 형태를 나타낸다. 이러한 지형을 현곡(懸谷, hanging trough)이라고 하며, 대체로 폭포가 발달하게 된다.

U자 곡이 해안으로 발달한 후에 침수되어 이 곡지에 해수가 밀려들면 곡지를 따라서 좁고 긴 협만(峽灣, fjord)이 발달하게 된다.

대륙빙하의 경우 빙상의 침식작용에 의해 빙식평원(ice scoured plained)이 발달한다. 빙식평원은 기반암이 노출되어 있는 것이 일반적이며, 기반암상에는 일종의 차별침식으로 와지가 산재해 발달한다. 이러한 와지에 물이 고인 것이 빙하호이다. 차별침식으로 발달한 것으로는 그 외에도 양배암(glaciated knobs)이라는 기반암의 돌기군이 있다. 빙식평야상에 다수 산재해 있으면 마치 숲 사이에 양떼들이 흩어져 있는 모양과 같다는 데서 유래한 용어이다.

3) 빙하 퇴적지형

빙하 퇴적지형은 빙하가 직접 침식, 운반하여 퇴적시켜 발달한 지형이 있고, 빙하의 융해로 인한 융빙수가 흐르면서 운반, 퇴적시켜 발달한 지형이 있다.

빙하가 직접 운반, 퇴적시킨 것으로 퇴석(moraine)이나 표석(erratic boulder)이 있다. 퇴석은 빙하에 의해 운반되어 퇴적된 다양한 크기의 암설물을 총체적으로 지칭한다. 빙하의 말단 부분에 퇴적된 것을 종퇴석, 곡빙하의 경우 빙하의 측면 즉 곡벽쪽으로 발달한 것을 측퇴석, 빙하의 밑면에 퇴적된 것을 저퇴석이라고 한다. 퇴석을 빙력토라고도 한다. 표석은 비교적 먼 거리를 이동되어 온 것으로 대체로 암괴나 거력으로 되어 있으며, 그 지역의 기반암과 다른 암석으로 되어 있다.

기후가 온난해지면 빙하의 이동이 정지되며 빙하의 밑면에서는 융빙수가 흘러나오게 된다. 이때 융빙수에 의해 운반되던 빙력토들이 빙하의 이동 방향으로 퇴적되고, 빙하가 완전히 제거되면 지면에는 마치 제방 모양의 빙력토 퇴적지형이 발달하게 되는데, 이것을 에스커(esker)라고 한다. 빙퇴석은 대체로 분급이 안된 상태이지만 에스커는 융빙수에 의해 운반 퇴적되어 분급이 양호한 상태를 나타낸다.

한편 융빙수의 작용이 빙하의 앞쪽으로 하천 형태로 이어지면, 퇴적작용으로 빙식평야의 전면에는 빙력토가 퇴적된 빙력토평야(till plain)가 발달한다. 이것을 빙하성 유수퇴적평야(outwash plain)라고도 한다. 빙력토평야는 주로 저퇴석이 퇴적되어 있으며, 퇴적층이 두꺼운 경우 기복이 매우 적게 나타나고 있다.

빙력토평야에는 종퇴석 가까이에 드럼린이라고 하는 퇴석구가 발달하기도 한다. 평면형태가 마치 숟가락을 엎어놓은 모양이며, 장축 방향이 빙하의 이동 방향을 가리킨다. 양배암과 마찬가지로 여러 개 산재해 발달한다.

빙하가 이동하다가 기존 수계를 차단하면 주변호소(marginal lake)라고 하는 빙하

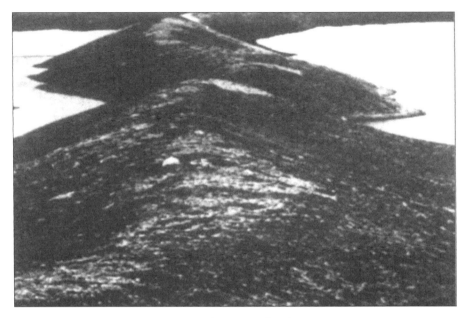

<그림 3-20> 에스커

성 호소가 발달하는 경우가 있다. 이들 호소의 바닥에는 유입되는 융빙수 하천이 운반한 토사가 퇴적되며, 빙하가 소멸되면 호소의 물이 소실되고 빙하성 호소퇴적평야가 노출된다. 이들 퇴적층은 실트와 점토가 서로 호층을 이루고 있다. 실트층은 봄과 여름에, 점토층은 가을과 겨울에 퇴적된 것으로, 이 두 층으로 구성된 한쌍의 퇴적층은 1년간의 퇴적량을 나타낸다. 이와 같이 시기를 달리하는 두 층이 규칙적으로 누적되어 형성된 퇴적물의 단면을 빙호(varves)라고 하며, 이들 빙호로 구성된 호저퇴적물을 빙호점토(varved clay)라고 한다.

4) 주빙하지형(periglacieral landforms)

빙하가 덮여 있는 지역의 주변, 즉 위도상 또는 해발 고도상으로 만년설선 이남이나 그 아래의 지역은 연중 동결되어 있는 상태가 아니고 동결과 융해 작용이 반복되어 행해진다. 이러한 기후를 주빙하기후라고 하며, 주빙하지형이란 주로 토양 속의 수분이 기후의 특징에 따라서 동결과 융해작용을 반복한 결과 형성된 지형이다.
　주빙하기후 지역의 토양층에 나타나는 일반적인 특징은, 지표에서 일정 깊이까지는 토양 중의 수분이 대기온도의 변화에 따라서 동결과 융해를 반복하는 활동층

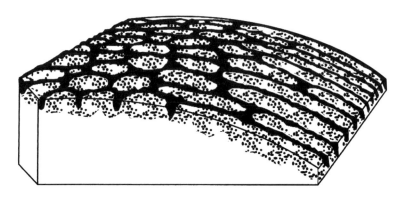

<그림 3-21> 구조토

(active layer), 그리고 그 하부층은 기온의 변화에 관계없이 계속 동결되어 있는 영구 동토층(permafrost layer)으로 구성되어 있는 것이다. 활동층의 깊이는 지역에 따라서 다양하게 나타나고 있다.

토양 속의 수분의 동결과 융해의 반복작용과 관련이 있는 지형으로 구조토 (patterned grouned)가 있다. 구조토는 다양한 크기의 암설들이 지표면을 덮고 있을 경 우에 토양 속의 수분의 동결에 따른 서릿발 작용이 이루어져서 표토의 요동 현상이 일 어나며, 이에 따라서 암설들의 분급작용이 일어나게 되는데, 이러한 일련의 작용이 여 러 차례 반복되어 <그림 3-21>와 같은 암설물의 분포를 나타내는 지형을 말한다. 가 운데에는 미립질이 분포하고 주변에 역을 포함한 조립질의 암설이 분포하게 되어 평 면형태가 다양하게 나타난다.

주로 식물피복이 없는 비교적 평탄한 지역에는 암설물이 다각형이나, 원형으로 분급된 원형구조토(stone circle), 다각구조토(stone polygon)가 발달하고, 경사진 급사 면에서는 다각형이 경사방향으로 길게 연장되어 나타난 호상구조토(stone stripe)가 발달하게된다. 식물피복이 나타나는 미립퇴적물의 지역에서는 분급이 일어나지 않는 유상구조토(earth hummock, tufur)가 발달하게 된다.

토빙(ground ice)과 빙구(ground ice mound) 역시 토양 속의 수분의 동결과 융해 작용과 관련된 대표적인 주빙하지형이다. 토빙은 대기의 온도의 변화에 따라서 토양 속의 수분이 동결되어 나타나는 얼음인데, 경우에 따라서는 얼음쐐기(ice niddle) 작 용을 하여 토양층을 들어 올리기도 한다. 일반적으로 대기의 기온 변화에 따라서 생 성 소멸되는 것이 일반적이지만, 여러 해 계속 동결된 상태로 남아 영구동토층이 되 기도 한다.

　토양 속의 수분이 한 곳에 모여 동결하는 경우에는 토양층과 평행한 형태로 나타
나거나 위로 볼록하게 동결되어 마치 렌즈모양으로 나타나게 되는데, 이를 빙구라고
한다. 에스키모어로는 핑고(pingo)라고 한다.

　주빙하기후 특색이 나타나는 타이가 삼림지대에서 인위적으로 삼림이 벌채되거나,
자연적으로 삼림이 소실되면, 태양광선이 지표에 직접 도달하게 되고 따라서 영구동
토층이 융해된다. 이때 융해된 영구동토층의 상부 표층은 함몰되어 요지(凹地)가 형
성되는데, 이것을 시베리아 동부 지역에서는 알라스(alas)라고 한다. 이러한 곳에 물
이 고여 형성된 호소를 융해호소(thaw lake)라고 한다.

■ 참고 문헌

권혁재. 1985, 『자연지리학』, 법문사.
＿＿＿. 1991, 『지형학』, 법문사.
김주환·권동희·김창환. 1994, 『지구환경』, 신라출판사.
井上修次 外. 1980, 『自然地理學』, 동경: 地人書館.
J. ピューデル 著. 1985, 平川一臣 譯, 『氣候地形學』, 東京: 古今書院.
Strahler, Arthur N. 1975, *Physical Geography*, John Wiley & Sons, Inc.
Hails, John R. 1977, *Applied Geomorphology*, New York: Elsvier Scientific Publishing Co.

제4강 구조지형의 이해

신현종

　현재의 지표 기복은 그 정도는 다르지만 지구 내부의 운동과 관련 있는 경우가 많다. 지구 내부의 운동을 일으키는 원동력은 지구 내부의 열순환으로, 이들 열순환에 의해 조륙운동이나 조산운동이 발생하고, 그로 인해 지표면에는 무수히 많은 지질구조가 형성된다. 이와 같은 지질구조가 오랜 세월동안 다양한 외적 영력과 풍화작용을 받아 각종 지형이 발달하는데, 이를 구조지형이라 한다.

　구조지형은 지표의 기본적인 기복을 이루기 때문에 1차적인 지형이라고도 한다. 구조지형이라는 용어는 두 가지 개념이 포함되어 있는데, 첫째는 지각 변동에 의해 형성된 지질구조를 반영하는 지형이며, 두번째는 지표의 풍화와 침식에 영향을 미치는 지층이나 기반 암석의 지질구조를 반영하여 형성된 지형이다. 지판의 운동과 결부되어 형성된 알프스·히말라야·로키·안데스 산맥과 같은 대규모 산맥이나 필리핀 해구, 마리아나 해구 등의 해저지형을 비롯해서 백두산이나 한라산, 한탄강 일대에서 찾아 볼 수 있는 화산지형 등이 전자에 속한다. 일반적인 의미에서의 구조지형은 양자의 개념이 혼합된 의미로 사용된다.

　동일한 기후하에서 화강암 산지와 석회암 지역의 지형이 뚜렷한 차이를 보이며 발달한다거나, 단층선을 따라 흐르는 하천의 유로가 일직선상으로 발달하는 경우 등은 후자에 속한다고 할 수 있다.

　이 장에서는 구조지형과 관련하여 지구의 내부 구조와 판구조론, 대표적인 구조현상인 습곡, 단층, 화산활동과 이에 의해 형성되는 지형에 대해 살펴보고자 한다.

1. 지각의 구성과 대륙의 이동

1) 지각의 구성

(1) 지구의 내부구조

지구의 내부구조는 직접 볼 수는 없으나 암석의 밀도가 깊이에 따라 달라진다는 사실을 지진파의 측정에 의해서 알 수 있게 되었다. 지진파는 밀도가 낮은 암석에서 보다 밀도가 높은 암석에서 더 빠르게 통과하므로, 지구를 통과하는 지진파의 속도를 측정하면 지구의 내부구조를 파악할 수 있다.

지구는 구성 성분상 3개의 층을 가진다. 3개의 층 중 밀도가 가장 크며 철과 니켈이 주성분인 핵이 중앙에 위치한다.

핵내에는 압력이 매우 커서 높은 온도에도 불구하고, 철이 고체 상태로 존재하는 내부영역이 있다. 고체로 된 지구의 중심부가 내핵이며, 내핵을 둘러싸고 있는 주위에는 철이 녹아 액체상태로 존재할 수 있을 정도로 온도와 압력이 균형을 이루고 있는 영역을 외핵이라 한다.

핵을 둘러싸고 있으며 밀도가 높은 암석으로 된 두꺼운 층을 맨틀이라 한다. 맨틀은 핵보다 밀도가 낮지만 가장 바깥에 있는 지각보다는 밀도가 높다.

지구 내부의 온도와 압력의 차이에 근거하여 맨틀과 지각을 중간권, 연약권, 암석권의 세 영역으로 나눈다. 맨틀 하부는 고온이지만 높은 압력을 받고 있기 때문에 상당한 강도를 갖는다. 이렇듯 고온 고압하에 높은 강도를 갖는 고체영역이 핵과 맨틀의 경계에서부터 350km깊이까지의 맨틀 내에 존재하며, 이를 중간권이라 한다. 연약권은 지표로부터 100km 내지 200km깊이에서 350km깊이까지의 영역으로, 연약권의 암석은 중간권의 암석처럼 강하지 않고, 가소성을 갖는다. 연약권 위의 가장 바깥에 존재하는 암석권은 연약권보다 온도가 낮고 단단하며 여러 개의 판(plate)으로 나뉘어져 있다.

핵과 맨틀이 거의 일정한 두께를 가지고 있는 반면, 지각은 장소에 따라 그 두께에 있어 9배의 차이가 난다. 해양지각은 평균 8km의 두께를 가지는데 비해 대륙지각의 평균 두께는 45km이며, 지역에 따라 30km~70km의 차이를 보인다.

(2) 지각의 구성물질

지각은 암석으로 구성되어 있으며, 암석은 여러 종류의 광물의 집합체로 구성되어 있고, 이들 광물은 다시 여러 종류의 원소의 화합물로 이루어진다. 현재까지 발견된

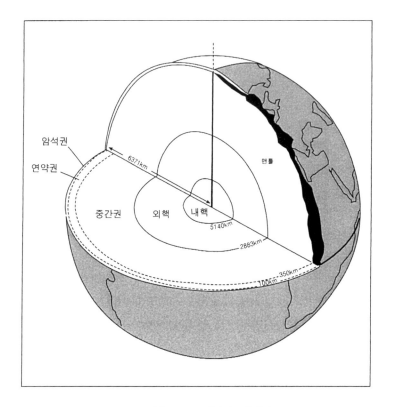

<그림 4-1> 지구의 내부구조

원소의 수는 105종이며, 이들 중 지각을 구성하는 중요 원소는 O, Si, Al, Fe, Ca, Mg, Na, K의 8종이다. 이것들은 각각 지각 구성 성분의 1%이상을 차지하므로 지각을 구성하는 8대 원소라고 하며, 이 밖의 다른 원소들은 각각 1%이하에 불과하다.

지각을 구성한 원소들의 무게로 볼 때, 산소는 45.2%로 거의 반을 차지하나 부피로 따지면 암석권의 약 92%를 차지하여 암석은 거의가 산소로 이루어져 있다고 볼 수 있다.

광물은 지각을 이루는 암석의 단위 물질로서 1종 또는 그 이상의 원소의 화합물로 이루어져 있다. 지금까지 발견된 광물의 종류는 2,500여 종에 달하나 암석 중에서 발견되는 광물의 대부분은 장석·석영·운모·각섬석·휘석·방해석·점토광물 등 10여종 정도이고, 암석을 만드는 주성분으로서의 조암광물은 30여 종을 들 수 있다. 그러나 광상(鑛床)이나 변성작용을 받은 암석 중에는 여러 종류의 광물이 나타나는 경우가 많아 100종류 이상의 광물도 흔하게 찾아 볼 수 있다.

<표 4-1> 지각을 구성하는 주요 광물

광물	O	Si	Al	Fe	Ca	Mg	Na	K	기타	합계
백분율(%)	45.20	27.20	8.00	5.80	5.06	2.77	2.32	1.68	1.97	100

1종 또는 그 이상의 광물이나 유기물이 모여서 어떤 덩어리 또는 집합체를 만들면 이를 암석이라 한다. 지각을 구성하는 암석을 넓은 의미로 보면 자갈·모래·진흙같은 굳지 않은 지층과 표토 및 굳은 암석, 즉 기반암으로 구분할 수 있으나 일반적인 의미에서의 암석이라 할 때에는 견고한 돌이나 바위를 의미한다.

암석은 그 성인에 따라 화성암(igneous rocks), 퇴적암(sedimentary rocks), 변성암(metamorphic rocks)으로 구분할 수 있다. 화성암은 광물들이 높은 온도에서 용융된 상태로부터 식어가면서 굳어져서 만들어진 암석이다. 퇴적암은 지표의 구성물질이 풍화작용과 침식작용을 받은 후 다른 곳으로 운반·퇴적되어 이루어진 암석이다. 변성암은 화성암 또는 퇴적암 및 기존의 변성암이 지하에서 열과 압력의 작용을 받아 암석의 이화학적 성질이 변한 것을 말한다.

암석의 분포비율을 보면 지표에서는 퇴적물과 퇴적암이, 지하로 갈수록 화성암과 변성암의 비중이 높아진다.

지각을 구성하는 물질은 지각의 구조만큼이나 중요하다. 지각 구성물질들은 지구의 역사를 밝혀주는 실마리가 될 뿐 아니라 풍화와 침식 등에 서로 다르게 작용하므로 지형발달에 크게 영향을 미치고 있다.

2) 대륙의 이동

(1) 역사적 배경

대서양 양안의 해안선이 처음으로 지도화된 16세기부터 아프리카와 남아메리카의 양쪽 해안선이 서로 잘 들어맞는 것을 보고 사람들은 의문을 갖기 시작하였다. 당시의 기독교적 세계관으로는 대서양이 노아의 홍수에 의해 형성되었다고 생각하기도 하였으나 누구나 공감할 수 있는 합리적인 해답은 제시되지 않았다.

19세기에는 원래 용융 상태에 있었던 지구가 수 백년동안 냉각되면서 부피가 줄어들었고, 이 결과 지각이 수축되었다는 수축론이 지배적이었다. 현재의 습곡산지는 과거의 수축작용이 발생했던 곳이며, 지진 발생 지역은 오늘날 수축작용이 진행되고 있는 장소라는 것이다. 이것으로 일부 지질현상은 설명되었으나 대륙의 분포상태와 형태 그리고 지각의 팽창으로 형성되었을 것으로 믿어지는 대규모의 열곡을 해석하기에는 한계가 있었다.

20세기 초반에 들어와서 지구의 내부가 방사능 붕괴에 의한 열의 발생으로 계속 뜨거운 상태를 유지하고 있음을 발견하였다. 이에 의해 지구는 냉각되고 있는 것이 아니라 가열에 의해 팽창하고 있다는 팽창론이 제기되었다. 최초의 지구는 지금보다 크기가 작았으나 지구 내부의 가열작용으로 인하여 계속 팽창하였으며, 이 결과 지각이 깨어져 여러 개의 조각으로 분리되었다는 것이다. 팽창론은 인접한 대륙의 해안선이 잘 들어맞는 현상에 대해서는 그럴 듯하게 설명할 수 있었으나 압축작용의 결과인 습곡산맥의 형성에 대해서는 설명할 수 없었다.

수축론과 팽창론이 맞서던 시기에 독일의 기상학자 알프레드 베게너(Alfred Wegener)는 대서양 양쪽 대륙의 암석 및 지질구조와 화석의 유사성 등을 증거로 대륙이 이동한다고 주장하였다. 대륙의 충돌로 인해 판게아(Pangaea)라고 하는 거대한 초대륙이 만들어졌고 분열작용으로 소규모 대륙이 만들어졌으며, 오늘날 대륙들은 최후에 형성된 판게아가 분열되어 형성되었다는 것이다. 이 학설은 20여 년 동안 큰 관심을 받았으나 대륙의 이동을 뒷받침하는 확고한 증거에도 불구하고 대륙 이동을 일으킨 힘에 대해서는 합리적인 설명을 못했으므로 많은 과학자들은 베게너의 생각을 받아들일 수 없었다.

1950년대 중반 이후 10여 년 간에 걸쳐 밝혀진 여러 가지 증거들, 예를 들면 세계 각지에서 나타나는 지자기(地磁氣)에 대한 조사, 지진에 대한 연구, 지열류(地熱流)의 측정, 해양저 퇴적물의 두께와 지질시대의 결정 등으로 베게너의 주장이 새롭게 인식되는 전기가 마련되었다. 1967년에 와서 학자들은 암석권이 여러 개의 지판으로 분리된다는 사실과 암석권의 상대적인 움직임이 지판들의 경계에서 일어난다는 것을 확인하였으며, 1960년대 말에는 모든 증거들이 확실한 설득력을 가지게 되어 대부분이 이 학설을 받아들였다.

(2) 판구조론과 지형 발달

판구조론은 1960년대 후반에 제창된 후 하나의 사실로 확립되었으며 지구의 1차적 기복과 그 밖의 여러 현상도 이에 의해 내용이 분명해짐과 동시에 설명하기가 쉬워졌다. 현재 암석권은 6개의 커다란 판과 수많은 작은 판으로 분리되어 있으며, 이들 판은 연간 1~12㎝ 정도의 속도로 이동하고 있다. 서로 인접한 두 개의 판은 양쪽으로 갈라지기도 하고, 서로를 향하여 이동하기도 한다. 두 개의 판이 갈라지는 곳에서는 지하의 마그마가 상승하고 냉각되어 새로운 지각을 형성하고, 두 개의 판이 만나는 곳에서는 하나의 판이 다른 판 밑으로 섭입(攝入)하거나 두 판이 충돌하기도 한다.

<그림 4-2> 지각의 판

두 개의 판이 갈라지는 대표적인 지역은 대서양중앙해령, 남동인도해령, 동태평양해령 등으로 이들은 서로 연결되어 총길이가 65,000km에 이른다. 이들 해령에서는 맨틀로부터 현무암질 마그마가 계속 분출하여 새로운 해양지각인 대양판(oceanic plate)이 형성된다. 대서양은 하나였던 대륙지각의 판들이 서로 멀어지고, 새로운 해양지각이 점차 확장되어 형성된 것이다.

두 개의 판이 충돌하여 하나의 판이 다른 판 밑으로 들어가는 섭입대(subduction zone)에서는 대륙판과 대륙판이 충돌하는 경우와 대륙판과 대양판이 충돌하는 경우로 구별된다. 대륙판과 대양판이 충돌하는 곳은 지진과 화산이 많이 발생한다. 밀도가 높은 대양판은 밀도가 낮은 대륙판 밑으로 밀려들어가므로 그 마찰에 의해 온도가 상승하여 대양판이 부분적으로 녹으며, 안산암질 마그마가 생성된다. 이 마그마는 지각을 뚫고 지표로 분출하여 안산암질 화산을 형성한다. 진원은 판의 경계에서 대륙쪽으로 멀어질 수록 깊어지는데, 30°~60°의 각도로 기울어져 나타나며 이를 베니오프대(Benioff zone)라고 한다. 융기된 대륙판의 말단부는 대규모의 산맥을 형성하며, 대양판이 대륙판 밑으로 들어가는 곳을 따라서는 심해저보다 수천m 더 깊은 해구가 발달한다.

대륙판과 대양판이 충돌하는 곳에 형성되는 또 하나의 특징적인 지형으로 도호(island arc)를 들 수 있다. 도호는 알류산 열도, 쿠릴 열도, 일본 열도와 같이 바다쪽으로 볼록하게 배열된 섬의 집합체를 말하는 것으로, 환태평양 조산대 중에서도 서태평양에 잘 발달되어 있다. 도호는 배호분지(back-arc basin)의 바다를 사이에 두

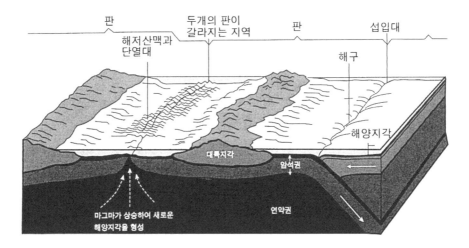

<그림 4-3> 판의 경계와 지형

고 대륙에서 다소 떨어져 있으며, 전면에는 깊은 해구가 발달되어 있다.

대륙과 대륙이 충돌하는 곳의 지각은 거대한 산맥을 형성하면서 두꺼워진다. 히말라야 산맥과 티벳 고원은 인도반도와 아시아 대륙의 충돌로 이루어진 것이다.

2. 단층

1) 단층의 개념과 분류

단층(fault)은 지층의 틈을 경계로 어긋난 현상을 말하는 것으로 0.5㎜ 이상의 가시적인 변위를 나타내면 단층으로 정의할 수 있다. 이에 비해 이동이 거의 없는 경우를 절리(joint)라고 한다. 단층은 지각에 압력이 작용하여 형성되며, 지각의 상부(10km) 이내에서 발달하는 것이 보통이다. 단층에는 양쪽에 각 1개의 면이 존재하며 이 두 면을 단층면이라고 한다. 단층면을 중심으로 위쪽의 지괴를 상반(hanging wall), 아래쪽의 지괴를 하반(foot wall)이라고 한다. 단층면은 지괴간의 마찰로 인해 연마를 받아 광택이 나는 경우를 볼 수 있는데, 이것을 단층경면(斷層鏡面, slickenside)이라고 한다. 단층면의 사이에는 단층이 생성할 당시의 압력으로 암석이 부서져 단층점토(fault clay)나 단층각력(fault rubble)이 생성되기도 하며, 단층각력이 고화되어 새로운 암석을 형

<그림 4-4> 퇴적암에서의 단층현상(경상북도 의성군)

성하였으면 단층각력암이라고 한다.

　　단층은 모든 암석에서 발달할 수 있으나 화성암이나 변성암 중 일부는 단층 양쪽의 암석에 차이를 보이지 않는 경우가 많아 육안으로 식별하기 곤란한 경우가 많다. 그러나 평행구조의 층리(bedding)가 주로 나타나는 퇴적암의 경우 단층작용을 받게 되면 층리의 단절 여부로 단층의 존재를 쉽게 알 수 있다.

　2) 단층의 분류

　　단층은 단층의 발달에 영향을 미친 힘의 방향과 단층면의 경사, 상반과 하반의 이동방향, 퇴적암에 대한 단층의 주향 등에 따라 여러 가지 이름으로 불리운다.

　(1) 수직단층
　　수직단층(vertical fault)은 단층면이 수직인 단층으로 대부분 삭박되어 야외에서는 거의 찾아보기 어렵다. 수직적인 지괴의 변위로 인해 고각도의 단층애가 나타난다.

　(2) 정단층
　　정단층(normal fault)은 지각에 장력이 작용할 때 형성되는 것으로 상반이 하반에

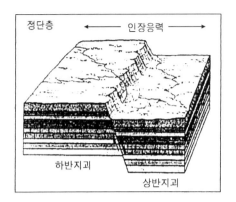
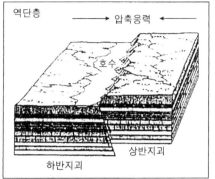

<그림 4-5> 정단층과 역단층

대해 상대적으로 내려간 것을 말하며, 중력단층(gravity fault)이라고도 한다. 열곡(rift valley)과 같은 뜻으로 사용되는 지구(地溝, graben)는 여러 갈래의 서로 평행한 정단층에 의해서 둘러싸인 길고 좁은 계곡으로서, 지각의 장력이 이들 단층 지괴를 밑으로 떨어뜨려서 형성된 것이다. 동아프리카의 열곡, 중앙대서양해령과 열곡, 독일의 라인강의 계곡, 우리 나라의 형산강 지구대, 길주-명천 지구대 등이 대표적인 예이다.

(3) 역단층

역단층(reverse fault)은 상반이 상대적으로 하반 위로 밀려 올라가 형성된 것으로 지각에 횡압력이 가해질 때에 형성될 수 있다. 역단층 중 단층면의 경사가 45° 이하인 것을 충상단층(thrust fault)이라 한다.

(4) 주향이동단층

주향이동단층(strike-slip fault, transcurrent fault, lateral fault)은 단층 양쪽의 지괴가 상하운동을 일으키지 않고 주향방향으로만 미끄러진 단층으로 단층면의 경사는 수직에 가깝다. 대양저산맥에 직각으로 발달하는 변환단층(transform fault)이나 북미의 산안드레아스단층 등이 대표적인 예이며, 단층 양쪽의 지괴가 반대방향으로 끊임없이 움직이기 때문에 단층선을 따라서 지진이 자주 발생한다.

주향이동단층은 변위의 방향에 따라 우수단층(right-handed fault, dextral fault)과 좌수단층(left-handed fault, sinistral fault)으로 구분할 수 있다. 단층선을 마주하고 섰을 때 건너편 지괴가 오른쪽으로 이동한 단층을 우수단층이라고 하며, 반대인 경우를 좌수단층이라 한다.

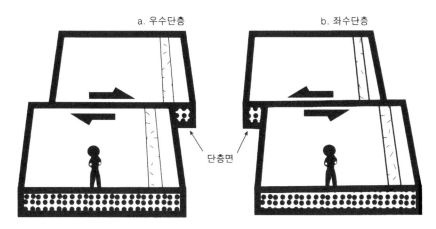

<그림 4-6> 우수단층과 좌수단층

3) 단층과 관련된 지형

(1) 단층애

단층작용의 직접적인 결과로 형성된 지표의 급사면이나 이들 급사면이 침식되어 형성된 절벽을 단층애(fault scarp)라고 한다. 단층애는 형성된 직후부터 침식을 받기 때문에 본래의 단층면 자체가 단애를 이루는 경우를 지표상에서 찾아보기는 어렵다. 한 번의 단층작용으로 형성되는 단층애의 규모는 보통 고도 10m 이하의 소규모이나, 기존 단층을 따라 단층운동이 반복되면 대규모의 단층애가 형성되기도 한다. 지표상에서 단층의 존재여부는 단층애를 통해서 판단하는 경우가 많은데, 이러한 단층애를 식별하는 기준에는 다음과 같은 것이 있다.

① 산지에서 지질구조와는 관계없는 직선상의 긴 급사면이 나타날 때

② 급사면의 하부에 단층면이 직접 노출되어 있을 때

③ 산각의 말단에 형성된 삼각형의 단면이 나타날 때

④ 단애에 현곡(懸谷, hanging valley)이 나타나거나 폭포 등의 경사 급변점이 나타날 때

⑤ 하도가 수평적으로 엇갈려 Z자형을 보이는 경우

⑥ 단애 밑에 선상지와 같은 퇴적층이 두껍게 형성된 경우

⑦ 용천이 선상배열(線狀配列)을 보이며 나타나는 경우

⑧ 소기복의 지형면이 암석의 경연과는 관계없이 일정한 경계선을 중심으로 어긋

나 있는 경우

⑨ 지진활동이 활발한 곳

⑩ 습기를 좋아하는 식물군이 선상(線狀)으로 분포하는 경우

⑪ 호수가 일직선상으로 상당한 거리에 걸쳐 분포하는 경우

(2) 단층지괴

단층운동 중 특히 정단층에 의해 주변지역보다 상대적으로 올라가거나 내려간 지괴를 단층지괴(fault block)라 한다. 이 경우 융기된 지괴를 지루(地壘, horst)라고 하며, 산맥을 이루는 것이 보통이며 라인강 연안의 시바르쯔발트(Schwarzwald) 산맥과 보즈(Vosges) 산맥이 대표적이다. 두 지루 사이의 중앙부에 지괴가 내려앉아 형성된 지형을 지구(graben)라고 한다. 우리 나라의 대한 해협과 일본의 쓰시마섬, 쓰시마해협은 단층운동에 의해서 형성된 일련의 지구와 지루가 연속된 것으로 볼 수 있다.

(3) 단층선곡

단층선곡(fault-line valley)은 단층을 따라 차별침식이 가해져 형성된 직선상의 좁은 골짜기를 말하는 것으로, 급경사의 정단층, 역단층, 주향이동단층을 따라 발달하는 경우가 많다. 단층선곡의 특징으로는 직선상이며, 단층선곡을 흐르는 하천의 곡폭이 좁다는 것이다. 상당기간 침식이 진행된 지역에서는 단층곡과 단층선곡의 구별이 곤란한 경우가 많으며, 단층곡과 단층선곡의 성질을 모두 가진 곡을 복합단층곡(complex fault valley)이라고도 한다. 단층선곡의 대표적인 예는 스코틀랜드의 그레이트 글렌(Great Glen) 단층을 따라 형성된 직선상의 골짜기로 내부에는 수많은 빙하호가 존재한다.

3. 습곡

1) 습곡의 개념

습곡은 지층이 횡압력을 받아 휘어진 것을 말하며, 층리면이 발달되어 평행구조를 육안으로 식별할 수 있는 퇴적암층에서 전형적인 예를 볼 수 있다. 특히 퇴적암층이 두껍게 분포하는 조산대가 지각운동을 강하게 받아 융기하였을 때 가장 잘 나타난

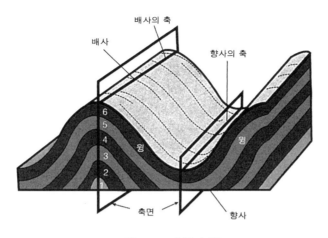

<그림 4-7> 습곡의 구조

다. 습곡의 규모는 가해진 힘의 크기에 따라 다르므로, 조산운동이 격심한 중앙부에
서 주변으로 가면 습곡의 정도가 점차 약화되어 완경사 또는 수평퇴적암층의 대지가
발달한다.

  습곡에 있어서 지층이 위를 향해서 휘어진 것을 배사(anticline), 아래를 향해서 휘
어진 것을 향사(syncline)라고 한다. 배사와 향사 사이의 기울어진 부분을 윙(wing)
또는 림브(limb)라고 하고, 배사와 향사에 있어서 지층이 가장 많이 구부러진 부분을
연결한 면은 습곡축면(axial plane of a fold)이라고 한다. 이 축면이 어느 한 지층과
만나는 선을 습곡축(fold axis)이라고 한다.

  2) 습곡의 형태

  습곡은 윙의 경사와 습곡축면의 경사에 따라 여러 가지 종류로 구별된다. 축면이
수직이고 두 윙은 반대방향으로 같은 각도의 경사도를 보이는 것을 정습곡(normal
fold) 또는 대칭습곡(symmetrical fold)이라고 한다. 이에 대해 축면이 기울고 두 윙의
경사가 다른 습곡을 경사습곡(inclined fold) 또는 비대칭습곡(symmetrical fold)이라고
한다. 습곡축면이 경사습곡보다 더욱 기울어져 90° 이하로서 양쪽 윙의 지층이 각기
다른 각도로 기울어져 있지만 둘 다 같은 쪽으로 향한 것을 과습곡(overturned fold)
이라하고, 축면이 90°로 회전하여 거의 수평으로 놓이게 되면 횡와습곡(橫臥褶曲,
recumbent fold)이 형성된다. 알프스 산지에서는 횡와습곡에 의하여 원래의 위치에서

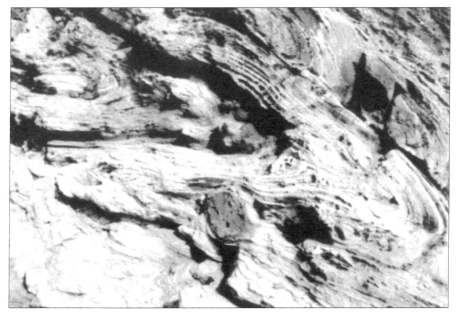

<그림 4-8> 미세습곡의 구조

1㎞ 이상 지표에서 횡적으로 이동한 대암체를 나페(nappe)라고 한다. 나페는 대개 이동거리가 멀기 때문에 개석을 받아 근원부와 단절되므로 지질구조의 연속성이 없는 경우가 많다.

지층이 횡압력을 강하게 받으면, 축면과 두 윙의 경사방향이 같은 등사습곡(isoclinal fold)이 형성된다. 등사습곡은 축면과 윙이 모두 수직인 것도 포함된다.

3) 습곡작용이 반영된 지형

(1) 습곡의 지형학적 의의

배사구조는 산릉을, 향사구조는 골짜기를 형성하는 등 습곡구조 그 자체로도 지형기복을 결정짓기도 하지만, 습곡작용이 지층의 풍화와 침식에 대한 저항 강도의 변화를 가져오기도 한다.

동일한 암석의 지층도 습곡작용을 받아 휘어지게 되면 부분적으로 압축 및 팽창이 일어나게 된다. 배사구조의 상부 지층에는 팽창력이, 하부 지층에는 압축력이 작용하며, 향사구조에서는 이와는 정반대의 현상이 나타난다. 즉 향사부의 상부 지층은 압축력이 그리고 하부 지층은 팽창력이 크게 작용하는 것이다. 암석이 팽창력을 받

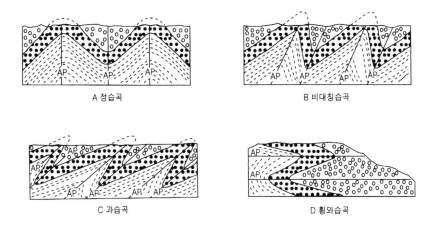

A 정습곡   B 비대칭습곡

C 과습곡   D 횡와습곡

<그림 4-9> 습곡의 종류

게 되면 균열이 발생하며 이는 암석의 저항력을 약화시키게 된다. 이와는 반대로 압
축력을 받은 부분은 침식에 대한 저항력이 강해지기도 한다. 이로 인해 신기습곡산
지의 경우 배사부는 차별침식으로 하곡이 되며, 향사부는 반대로 산릉으로 존재하는
경우를 많이 볼 수 있다.

(2) 습곡산지의 지형 발달

습곡작용을 받은 최초의 기복은 습곡구조를 그대로 반영하여 배사부는 산릉, 향사
부는 계곡을 형성한다. 이때 형성된 산릉을 배사산릉(anticlinal ridge)이라고 하며, 계
곡을 향사곡(synclinal valley)이라고 한다. 하천은 자연히 향사곡을 따라 흐르게 되고
그 지류는 배사부의 양쪽 윙으로 연장되면서 급경사의 소규모 하곡을 형성한다. 이
하천은 두부침식(headward erosion)에 의해 상류부가 배사산릉의 정상부에 도달하게
되면 연암층이 노출되고 연암층의 주향을 따라서 배사곡이 발달한다. 팽창력을 받아
절리등이 밀집된 배사산릉의 정상부는 침식에 대한 저항력이 약하므로 차별침식이
빠르게 진행된다. 습곡산지의 침식윤회 중 이러한 단계에 도달하게 되면 쥬라식 기
복(Jura-type relief)이라고 한다.

시간의 경과에 따라 침식이 더욱 진전되면 향사하천은 경암층에 이르게 되어 하방
침식이 둔화되는 반면, 배사곡은 급속히 확장되면서 향사하천보다 낮은 수준으로 깊
게 파이게 된다. 이러한 상태가 지속되면 산릉이었던 배사부는 골짜기로, 계곡이었
던 향사부는 산릉으로 변하여 기복의 역전현상이 나타난다. 이 단계의 지형을 역전

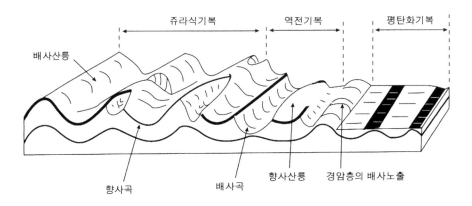

배사산릉

쥬라식기복   역전기복   평탄화기복

향사곡   배사곡   향사산릉   경암층의 배사노출

<그림 4-10> 습곡산지의 지형 발달

기복(inversed relief)이라고 한다.

하상이 침식기준면에 도달할 정도로 침식작용이 진행되면 지표의 기복에는 습곡
구조가 거의 반영되지 않는 평탄화기복(planated relief)이 형성된다. 평탄화기복은 지
반이 융기되어 침식작용이 활발해지면 다시 습곡구조를 반영하여 새로운 기복을 이
루게 되며 이러한 단계를 애팔래치아식 기복(Appalachian relief)이라고 한다. 그러나
이와 같은 과정은 하나의 모델에 불과한 것으로서, 대개의 습곡구조는 지반의 융기
와 함께 침식작용을 받기 때문에 원래의 기복을 예측하기 어려울 뿐만 아니라 습곡
구조가 복잡한 경우에는 지형발달이 상당히 불규칙하게 나타난다.

(3) 습곡산지의 하계망

습곡산지의 하계망은 지층의 구조와 밀접한 관련을 갖고 발달한다. 배사부와 향사
부가 규칙적으로 평행하게 발달한 습곡산지에서의 하계망은 습곡의 주향을 따라 발달
하는 하천과 양측 사면에서 흘러내리는 하천이 합류하여 격자상 하계망이 발달한다.

도움(dome)형의 습곡산지가 개석될 때에는 방사상 하계망이 발달하며, 도움의 정
상부가 해체된 다음에는 연암층을 따라 흐르는 2차적인 지류가 환상 하계망을 발달
시킨다.

평탄화된 습곡산지에 퇴적층이 두껍게 덮인 후 새로이 흐르게 되는 하천은 퇴적층
밑의 지질 구조와 무관한 하계망을 형성할 수 있다. 이러한 하천은 퇴적층이 전부 제
거된 후에도 원래의 유로를 따라 하방침식이 진행되기 때문에, 습곡구조가 하계망의
발달에 영향을 미치지 않는다.

습곡산지에서는 하천쟁탈(stream piracy)이 잘 나타난다. 경암층을 횡단하는 하천의

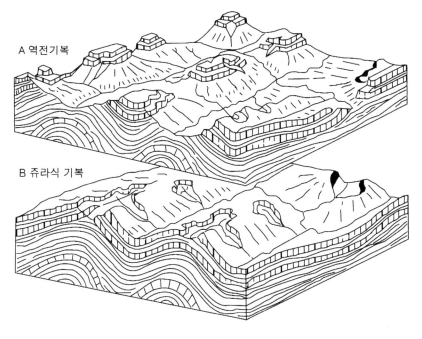

A 역전기복

B 쥬라식 기복

<그림 4-11> 습곡산지의 개석

경우 측방침식이 활발하지 못한 반면, 연암층을 따라 흐르는 하천은 깊은 하곡이 발달하게 된다. 이때 깊은 계곡을 흐르는 하천이 두부침식에 의해 상류로 연장되어 연암층을 따라 흐르는 하천과 연결되면 후자의 하천 유로 일부가 전자의 하천으로 통합된다. 유로를 쟁탈당한 하천은 유량이 줄어들게 되며, 쟁탈 지점에서부터 하류 쪽으로 일정 구간은 유수량에 비해 하도의 규모가 지나치게 큰 상태로 남게 되기도 한다.

4. 화산지형

1) 화산활동

(1) 화산작용(volcanism)

지하 깊은 곳의 마그마가 지표로 올라오는 활동을 화산작용이라고 하며, 화산작용에 의해 형성되는 각종 지형을 화산지형이라고 한다. 마그마는 광물결정과 용존가스

가 포함된 암석의 용융체로서, 온도가 충분히 높아서 지각이나 맨틀이 용융될 때 생
성된다. 마그마가 존재하는 지하 공간을 마그마 체임버(magma chamber)라고 한다.
이는 지하 약 2~10km 정도에 위치하고 있으며 화도(火道, volcanic vent)를 통해 상
부로 이동되고 화구(火口)를 통해 용암(lava)이나 가스 등의 형태로 지표에 분출되며
이를 화산(volcano)이라 한다. 분출된 용암은 지표에서 공기나 물에 닿으면 급속하게
냉각된다. 마그마의 구성 성분은 산성에서 염기성에 이르기까지 다양하다. 산성에
가까울수록 가스를 많이 포함하고, 높은 압력하에 있어서 지표에 도달할 때는 폭발
적이나 염기성인 경우는 폭발성이 약하기 때문에 이들은 서로 다른 화산 구조를 형
성하게 된다.

(2) 화산분출물

화산가스

지하 깊은 곳의 마그마가 화도를 통하여 지표에 접근하게 되면 압력이 급속히 감
소하므로 마그마 중에서 기체성분이 분리되어 화산가스를 형성한다. 화산가스의 대
부분은 수증기이며 약간의 이산화탄소가 포함되어 있는데, 이들이 화산으로부터 방
출되는 전체 가스의 98% 이상을 차지한다. 그 외에 질소, 아황산가스, 수소, 일산화
탄소, 황, 염소 등이 포함되어 있다. 수증기의 대부분은 지하수나 화구호 및 해수와
같은 지층수에서 유래된 것들이 재순환하는 것이며, 가스 속에 포함되어 있던 산소
와 수소 성분이 분출시에 합성되어 물이 되는 경우도 있다. 지구 내부에 있던 물이
처음으로 지표에 나와 수권에 추가되면 이런 물을 초생수 또는 처녀수(juvenile
water)라고 한다. 다량의 수분을 함유하고 있는 화산 가스는 지구의 탄생이래 무과
대기를 형성하는 데 있어서 큰 역할을 하였다.

용암

마그마는 지표에 분출되어 대부분의 가스가 방출된 후 고화되기 전의 유동성의 상
태에 있는 것을 용암(lava)이라 한다. 용암이 굳어진 것은 고체 용암 또는 화산암
(volcanic rock)이라 한다. 용암의 유동성은 온도와 SiO_2의 함량에 의해서 결정되어
고온이고 염기성일수록 유동성이 크고, 저온이고 산성이면 점성이 커져서 유동성이
작다. 용암의 온도는 보통 800~1200℃정도로 조성과 가스의 함량뿐만 아니라 같은
화산에서도 시기에 따라 달라진다. 가스의 함량이 높은 경우 온도가 700℃ 정도로
내려가도 계속 유동한다. 그러나 용암이 결정화되고, 가스가 대부분 방출된 후 다시

<그림 4-12> 제주도 해안의 주상절리

유동성을 지니게 하려면 수백 도나 더 높은 온도를 필요로 한다. 즉, 용암이 가스를 상실한다는 것은 고화된다는 것을 의미한다.

　현무암질 용암은 유동성이 강한 염기성 용암으로 먼 거리에까지 쉽게 흘러내리는 경향이 있으므로 넓고 평탄한 용암대지를 발달시킨다. 이에 비해 규산질의 용암은 액체일 때라도 점성이 매우 높으므로 멀리 흘러가지 못하고 고화되어 급경사의 화산체를 이룬다. 염기성 용암류는 고화되기 직전에 거품의 상태를 이루는가에 따라 두 가지 대조적인 형태를 나타낸다. 그 하나는 괴상용암(block lava)이고 다른 하나는 로피용암(ropy lava)이라고 하는데, 하와이에서는 전자를 아아용암(aa lava)이라 하고 후자를 파호이호이용암(pahoehoe lava)이라고도 한다.

　현무암이나 안산암에서 찾아 볼 수 있는 주상절리(columnar joint)는 뜨거운 용암의 표면이 냉각될 때 발생된 수축작용으로 발달한다. 냉각이 진행됨에 따라 용암의 표면에는 건열(mud crack)과 같은 균열이 발생하며 이들 균열에 의해 분리된 돌기둥은 용암의 두께와 냉각 속도에 따라서 높이 수십m, 지름 수십㎝～수m의 규모로 발달한다. 세립의 대지현무암(plateau basalt)이나 조면암질 용암에서는 이러한 주상절리가 잘 발달해 있는 것이 특징이다. 우리 나라 제주도나 한탄강 연안의 주상절리나

<그림 4-13> 소규모 화산탄

울릉도 남양동의 국수바위가 대표적인 예이다.

화산쇄설물

화산분출물 중 폭발에 의해 지표에 방출되는 파편형태의 암편이나 암분을 총칭하여 화산쇄설물(pyroclastic materials)이라 한다. 이들 중 직경이 1/16㎜ 이하의 것은 화산진(volcanic dust), 1/16~2㎜ 정도의 입자는 화산재 또는 화산회(volcanic ash)라고 한다. 2~64㎜의 것은 화산력(lapilli) 또는 분석(cinder)이라 하고, 64㎜ 이상의 것 중에서 모가 난 것을 화산암괴(volcanic block), 둥근 것을 화산탄(volcanic bomb)이라 한다. 입자의 크기가 작은 화산재와 화산진은 바람을 타고 비교적 먼 곳까지 날아간다. 백두산의 화산재층이 일본에서 발견되기도 한다.

화산쇄설물은 대부분 화산 가까이에 떨어져서 퇴적층을 이루거나 고화되어 암석이 되기도 한다. 화산재처럼 작은 암편으로 구성된 것을 응회암(tuff)이라하고, 큰 암편으로 된 것을 화산각력암(volcanic breccia)이라 한다. 화산암괴·화산탄·화산력 등이 무질서하게 모여 화산회나 용암으로 고결된 것을 집괴암(agglomerate)이라 한다.

<그림 4-14> 마르(제주도 산굼부리)

2) 화산지형

(1) 화산의 형태

화산의 형태와 규모는 매우 다양하고 마그마의 성질과 분화형식에 의해 결정된다. 산성용암이 분출하게 되면 정상 쪽으로 갈수록 경사가 급해지고 화구가 존재하는 경우가 많다. 이런 화산의 분출물에는 화산회와 같은 미립 물질들이 많고 화구 주변에 퇴적되어 화산추의 구조를 형성하는데 기여하기도 한다.

화산가스가 주로 폭발 분화하게 되면 화구가 깊이에 비해 특히 넓고 방출된 쇄설물이 집적되어 주변이 다소 높은 형태의 마르(maar)가 발달한다. 제주도의 산굼부리는 높이가 10m 정도지만 둘레가 약 2km, 깊이가 약 100m인 전형적인 마르이다.

폭발식 분화에 의해 방출된 쇄설물이 화구를 중심으로 집적되면 200~300m 이하의 높이에 사면의 경사가 급한 원추형의 분석구(cinder cone)가 형성된다. 정상에는 화구가 존재하기도 하지만 규모가 극히 작은 분석구는 화구가 존재하지 않는 경우가 많으며, 이를 스코리아 마운드(scoria mound)라고 한다.

점성이 강한 안산암질·조면암질 용암이 화도를 따라 천천히 올라올 때에는 종상화산(tholoide) 혹은 용암원정구(鎔岩圓頂丘)라고 하는 돔형의 화산체가 형성된다.

<그림 4-15> 용암원정구(제주도 산방산), 박상은

<그림 4-16> 측화산(제주도 높은 오름), 김선희

<그림 4-17> 화구호(제주도 한라산), 김선희

이들 용암은 점성이 강하기 때문에 급경사의 화산체를 이루는 것이 특징이며 화구가 존재하지 않지만, 후에 폭발분화에 의해 정상에 화구가 형성되는 경우도 있다. 조면 암질 안산암의 제주도 산방산(395m)은 전형적인 용암원정구이다.

점성이 극도로 큰 용암이 화도로부터 밀려나올 때에는 처음부터 거의 굳어버린 용암기둥이 화구 위에 솟아 오르게 도는데, 이를 화산암첨(火山岩尖, volcanic spine)이라고 한다. 화산암첨은 60m 이상 성장하기도 하지만 소규모의 폭발에도 쉽게 파괴되기 때문에 형성 직후에만 찾아 볼 수 있는 것이 대부분이다.

유동성이 큰 현무암질 용암이 여러 번 분출하면 산록의 경사가 매우 완만한 돔형의 순상화산(shield volcano)이 발달한다. 순상화산의 마그마는 유동성이 높아 완만한 산체를 형성하지만 용암의 분출이 계속 진행되면 마그마의 냉각으로 점성이 강해져 정상부로 가면서 산록의 경사는 더 급해진다. 이들 순상화산 지역에서는 용암굴이 형성되어 있는 경우가 많다.

폭발식 분출에 의한 화산쇄설물과 점성이 큰 용암류가 교대로 누적되면 성층화산(strato volcano)이라고 부르는 원추 모양의 화산체가 발달한다. 성층화산은 순상화산보다 점성이 큰 용암이 분출되므로 급경사의 산록면을 갖는다. 성층화산의 용암층은 화산쇄설물의 유실을 방지하는 역할을 하기 때문에 화산체의 크기가 비교적 큰 것이 특징이다.

순상화산이나 성층화산의 산복(山腹)에는 대부분 분석구나 용암원정구와 같은 작은 화산체가 발달하는 경우가 많은데, 이를 측화산(adventive cone) 또는 기생화산(parasitic cone)이라고 한다.

유동성이 큰 현무암질 용암이 대량으로 분출하여 기존 기복을 완전히 매몰시키게 되면 용암대지(lava plateau)가 발달한다. 이에 대해 평지에 현무암질 용암이 분출할 경우 그 용암은 기존 평원을 엷게 덮어 용암평원(lava plain)을 형성하기도 한다. 용암대지는 화산지형 가운데 가장 면적이 큰 것이 특징이다. 용암평원상에 섬처럼 솟아 있는 기반암의 구릉을 스텝토오(steptoe)라고 한다.

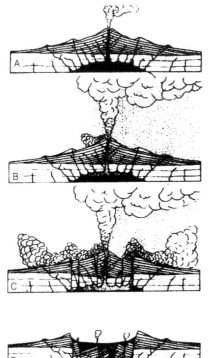

<그림 4-18> 칼데라의 형성과정

(2) 화구지형

화구지형은 화구(crater)와 칼데라로 크게 구분된다. 화구는 화산 정상부에 위치하는 가스, 화산쇄설물, 용암 등이 분출한 깔때기 모양의 요지를 말한다.

칼데라(caldera)는 화산체가 형성된 후 다량의 용암과 화산쇄설물의 방출로 마그마 체임버(magma chamber)가 부분적으로 비게 되면 상부의 암석이 수직으로 발달하는 균열대를 따라 함몰하여 형성된다. 화구에 물이 고이면 화구호(crater lake)가 형성되며, 칼데라에 물이 고이면 칼데라호(cadera lake)가 형성되며, 물이 없으면 화구원(atrio)이라고 하는 분지성 평탄지가 존재하게 된다.

■ 참고문헌

권동희. 1990, 『지구환경』, 신라출판사.

권혁재. 1997, 『자연지리학』, 법문사.

_____. 1997, 『지형학』, 법문사.

박수인 외. 1998, 『생동하는 지구』, 시그마프레스.

원종관 외. 1991, 『지질학원론』, 우성문화사.

자연지리학사전편찬위원회. 1996, 『자연지리학사전』, 한울.

정창회. 1998, 『지질학개론』, 박영사.

최무웅 외. 1991, 『자연과 환경』, 교학연구사.

한국지구과학회. 1995, 『최신 지구학 50억 년의 다이내믹스』, 교학연구사.

Billings, M. P. 1972, *Structural Geology*, Prentice-Hall.

Chorley, R. J., Schumm, S. A., Sugden, D. E. 1984, *Geomorphology*, Methuen.

Porter, S. C. *Physical Geology*, John Wiley & Sons.

Twidale, C. R. 1971, *Structural Landforms*, MIT Press.

제5강 식생과 환경

이의환

자연환경의 중요한 구성요소 중 하나인 식생은 기후와 밀접한 관계가 있는 것으로 알려지고 있다. 이러한 관계를 최초로 체계화한 사람은 독일의 지리학자인 훔볼트이다. 여기서는 기후를 중심으로 세계의 주요 식생을 분류하고, 식생의 분포와 특징에 대해 살펴보았다. 또한 식생의 생태학적 특성과 최근에 급속히 진행되고 있는 열대림의 파괴에 대해서도 다루었다.

1. 식생과 지리학

식생(vegetation)이란 지표를 덮고 있는 상태에서 생육하고 있는 식물의 집합체를 가리키는 것으로, 자연환경의 중요한 구성요소 중 하나이다. 자연지리학에서는 인간의 간섭이 가해지지 않은 자연식생(natural vegetation)을 연구의 대상으로 삼는다. 지표면의 자연식생은 자연지리학자들에게 특별한 관심의 대상이 되는데, 그 이유는 세 가지 측면에서 살펴볼 수 있다. 첫번째 이유는 식생이 지표의 경관 중에서 가장 중요한 가시적(可視的) 요소이기 때문이다. 식생은 다른 모든 환경요소들이 녹아들고 결합되어 만들어진 하나의 종합적 산물이다. 물론 암석이 노출된 지표면, 비정상적으로 가혹한 기후환경, 인간의 활동이 활발한 지역에서는 식생이 경관의 대표적 요소가 되지 못하기도 한다. 두번째 이유는 식생이 다른 환경적인 특성을 가장 잘 반영하는 지시자(indicator)이기 때문이다. 식생은 태양광선, 기온, 강수, 증발, 배수, 경사,

토양조건들 그리고 다른 자연적 변수들의 민감한 변화를 잘 반영한다. 세번째 이유
는 식생이 인간의 거주와 활동에 뚜렷한 영향을 미치기 때문이다. 어떤 경우에는 식
생이 인간의 노력에 대한 장벽이나 방해물이 되기도 하나, 또 다른 경우에는 인간이
이용하거나 개발할 만한 중요한 자원을 제공하기도 한다.

　자연지리학에서는 자연식생을 연구대상으로 삼고 있지만, 그 중에서도 주로 다루
는 주제는 극히 한정되어 있다. 자연지리학자들의 주된 관심사는 자연식생의 분포와
자연식생과 기후 및 토양에 대한 그것의 관계이다. 특히 식생은 기후와 밀접한 관련
이 있다. 기후와 식생의 관계가 밀접하다는 것은 세계의 식생도와 기후도가 서로 비
슷하게 그려진다는 사실을 통해서도 알 수 있다. 즉 열대우림은 열대우림기후, 몬순
림은 열대몬순기후, 사바나소림과 가시소림은 사바나기후, 침엽수림은 한대기후에서
나타난다.

　식생과 기후의 관계를 최초로 체계화한 사람은 자연지리학의 창시자로 알려진 독
일의 훔볼트(Alexander von Humboldt, 1762~1859)이다. 훔볼트는 남아메리카를
여행하면서 채집한 60,000여종의 식물을 토대로 하여 식물지리학(plant geography)
분야를 개척하였다. 그는 식물지리학을 지표상에 자연적으로 분포되어 있는 식생들
의 패턴을 가시화시켜 연구하는 분야라고 정의하고, 식생의 분포는 기후대별로 조사
되어야 한다고 주장하였다. 훔볼트는 세계의 각 지역별 식생의 특성을 고찰하여 위
도에 따른 식생의 특징을 설명하였고, 야자수, 침엽수, 알로에, 선인장 등 모두 16종
의 지시자 식물(indicator plants)을 선정하였다. 또한 그는 안데스 산맥의 북쪽을 넘
으면서 고도가 올라감에 따라 기온이 낮아지는 동시에 식생의 변화가 뚜렷하게 일어
난다는 사실도 발견하였다. 그리고 그와 같은 기온과 식생의 관계를 많은 자연현상
들간에 성립하는 조화의 일환으로 설명하였다. 자연현상에 대한 이러한 접근은 전적
으로 새로운 것이었다.

　한편 식물학은 식물을 종(種), 속(屬), 과(科) 등으로 분류하고, 그 분포를 다루는
연구분야이다. 이를 위하여 식물학자들은 식물을 채집하고 분류하여 한 지역의 식물
상(flora)을 밝힐 수 있는 목록을 작성한다. 특정한 지역의 식물상은 많은 종이 모여
이루어지는 것이다. 이렇게 얻어진 식물상의 자료를 어떻게 정리하고, 이용하는가는
자연지리학자들이 해야 할 일이다.

　생물과 환경의 관계를 고찰하는 동시에 이들이 구성하는 하나의 체계 즉 생태계
(ecosystem)의 구조와 기능을 연구하는 학문을 생태학(ecology)이라고 한다. 자연지리
학에서는 식생이 환경의 일환으로서 큰 의미를 갖는다. 그렇기 때문에 자연지리학자
들은 일찍부터 생태학적 접근방법을 중시해왔다.

2. 식생의 군락과 천이

자연계에서 한 개체의 식물이 다른 개체와 완전히 떨어져 생활하는 경우는 드물다. 식물도 사람이나 다른 동물들처럼 집단 즉 군락(community)을 이루어 생활한다. 자연상태하에서 단일종의 개체들만으로 이루어진 군락은 극히 드물며, 거의 대부분의 지역에서는 많은 종류의 식물들이 섞여 살고 있다. 이러한 식물군락은 그 지역이 그 군락을 이루고 있는 식물에게 알맞은 환경조건이기 때문에 형성된 것이다. 그래서 환경의 변화로 군락에 동요가 일어나게 되면 새로운 환경에 대한 저항력이 약한 식물은 사라지고, 강한 식물만 살아 남아 과거의 군락이나 환경이 어떠했는지 추측할 수 있게 해준다. 동시에 일단 형성된 식물군락은 그 주위에 대하여 큰 영향을 준다. 즉 식물군락은 토양의 구조, 수분함량 및 염류농도 등을 변경시키며, 부근의 광선, 습도, 온도, 공기의 이동 등에도 큰 변화를 가져온다.

식물학에서는 식물군락을 분류하는 기본적 단위를 군총(association)이라고 한다. 예를 들면 강가의 습지에서 볼 수 있는 갈대군총같은 것이 대표적이다. 군총은 전부 같은 종류의 식물로만 되어 있는 것은 아니다. 다른 종류의 식물이 섞여 있을 경우에는 그 군락내의 우점종(dominant)에 의하여 군총의 명칭이 결정된다. 일정한 환경하에서 군락이 발달하더라도 한 종류의 식물로 되어 있는 경우는 거의 없고, 여러 종류의 식물로 되어 있는 것이 보통이다.

식물군락을 좀 더 큰 단위로 묶은 것을 식물군계(plant formation)라고 한다. 식물군계란 비슷한 환경에서 발달한 일정한 경관을 가진 식물군락을 말하는데, 크게 삼림, 초원, 황원, 식물플랑크톤군계 및 토양미생물군계로 나눌 수 있다. 하나의 식물군계는 지배적인 식물이 무엇인가라는 점에서만 유사하다. 한대지방의 침엽수림, 온대지방의 낙엽활엽수림, 열대습윤지역의 상록활엽수림 등은 교목이 지배적인 식물이라는 점에서 동일한 식물군계에 속한다.

식물군락의 구성종이나 구조는 시간에 따라 변화하여 보다 안정적인 상태에 이르게 된다. 이러한 변화를 식물천이(plant succession)라고 한다(<그림 5-1>). 화재, 산지의 붕괴, 기후의 변동 및 그 밖의 원인에 의해 식생의 파괴 또는 이동이 발생하면 새로운 식물이 침입하면서 식물군락의 천이가 일어난다. 예를 들어 산불로 인하여 삼림이 소실되었을 경우, 그 땅에는 먼저 초본식물의 종자가 날아와 싹이 트면서 초지가 형성된다. 얼마 후에 버드나무, 소나무, 오리나무 같은 양수(陽樹)의 종자가 날아와 발아한다. 이러한 나무들이 초본보다 커지면서 점차 양수림이 형성된다. 이렇

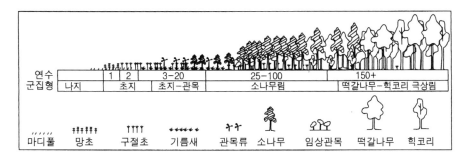

연수 군집형	나지	1	2 초지	3~20 초지-관목	25~100 소나무림	150+ 떡갈나무-힉코리 극상림

마디풀　망초　구절초　기름새　관목류　소나무　임상관목　떡갈나무　힉코리

<그림 5-1> 미국 동남부의 한 폐기된 농경지에서 진행되고 있는 식물천이

게 되면 삼림의 내부는 컴컴해져 양수의 묘목이 자라지 못한다. 그렇기 때문에 참나무, 떡갈나무, 단풍나무 같은 음수(陰樹)만 자라게 된다. 이들은 양수보다 빨리 커지므로 결국 양수 위로 나오게 되고 양수는 고사하게 된다. 음수림은 안정하므로 산불, 벌채 등에 의하여 삼림이 파괴되지 않는 한 큰 변화는 일어나지 않는다. 이러한 상태를 극상(climax)이라고 한다. 극상은 환경과 평형을 이루어 안정상태를 의미한다.

빙기 및 간빙기와 관련된 플라이스토세(Pleistocene)의 기후변동은 전세계를 통해 식생의 분포에 큰 변화를 일으켜 왔다. 중생대와 신생대의 대부분의 기간에는 세계의 평균기온이 약 24℃(현재는 약 19℃)였으며, 극지방의 평균기온도 약 10℃에 이르렀던 것으로 추정된다. 세계의 기온은 약 200만 년 전부터 시작된 신생대 제4기에 접어들면서 약 18℃로 낮아지고, 이때부터 빙하가 출현하기 시작했다. 그리고 빙기와 간빙기가 반복됨에 따라 세계의 기온은 큰 폭으로 오르내렸으며, 빙상의 전진과 후퇴와 관련하여 세계의 기후대와 식생대는 여러 차례 남북간의 이동을 반복하였다. 예를 들어 기온이 낮았던 빙기에는 주빙하기후가 오늘날의 온대지방으로 깊숙히 침투했고, 오늘날의 사막 중에는 기후가 지금보다 습윤했던 지역이 넓게 분포했다. 그러한 지역의 식생은 지금과 상당히 달랐을 것이다.

3. 자연식생의 분포

범세계적인 차원에서 자연식생의 분포를 보면 모든 환경요인 중에서 기후가 지배적인 요인으로 작용하고 있음을 알 수 있다. 기후를 중심으로 세계의 주요 식생을 분류하여 살펴보면 다음과 같다.

1) 열대림

열대지방에는 상록활엽수가 울창하게 우거진 열대우림에서 낙엽활엽수가 드문 드문 자라는 가시소림에 이르기까지 다양한 형태의 삼림이 발달되어 있다.

(1) 열대우림

연중 기온이 높고 강수량이 많은 열대우림기후에서 나타나는 식생이다. 열대우림에는 키가 큰 상록활엽수들이 빽빽히 자라고 있는데, 나무의 종류가 대단히 많은 것이 특색이다. 이곳에서 식물의 광합성작용에 의해 생성되는 산소의 양은 지구 전체에서 생성되는 양의 약 30%에 이른다.

(2) 열대낙엽수림

강수량이 전반적으로 열대우림 지역보다 적고, 특히 강수의 계절적 변동이 심한 지역에서 나타나는 식생이다. 열대낙엽수림은 강수량이 감소하는 순서에 따라 몬순림, 사바나소림, 가시소림 등 여러 유형으로 구분된다.

2) 중위도 및 고위도 삼림

아열대에서 한대에 걸쳐 분포한다. 위도가 증가함에 따라 상록활엽수림, 낙엽활엽수림, 침엽수림이 차례로 나타난다.

(1) 온대우림

기온의 연교차가 비교적 작고, 비가 대체로 연중 고르게 내리는 아열대습윤기후 지역의 상록활엽수림이다. 열대우림보다 나무의 키와 잎이 작고 수관(樹冠)의 밀도가 낮다. 그러나 일부 삼림은 열대우림을 연상케 할만큼 울창하다.

(2) 상록경엽활엽수림

여름이 건조하고 겨울이 온난다습한 지중해성기후 지역의 식생이다. 상록경엽활엽수림의 나무들은 여름의 가뭄을 잘 지낼 수 있도록 잎이 작고 단단하며, 수피(樹皮)가 두꺼운 특징을 가지고 있다. 또한 뿌리는 땅속 깊이 뻗어 있다.

(3) 하록낙엽수림

여름은 덥고 겨울은 추우며, 강수량이 연중 충분한 기후에서 발달한다. 추운 겨울에도 수분은 풍부하지만 온도가 낮아 식물의 뿌리가 수분을 흡수하지 못한다. 이때 나무는 잎을 떨어뜨려 과다한 수분손실을 막는다. 식생은 주로 키가 큰 활엽수로 이루어졌다.

(4) 침엽수림

한대기후 또는 아극기후 지역의 식생이다. 잎이 바늘처럼 생긴 침엽수는 겨울에 잎을 떨어 뜨리는 낙엽송과 같은 예외가 있으나 대부분 상록수이다. 이 지역의 나무는 대개 수지(樹脂)가 풍부하고 수피가 두꺼우며, 뿌리의 발달이 양호하다.

3) 초원

초원에서는 강수량이 식생의 발달에 큰 영향을 미친다. 그러나 지역에 따라서는 지형, 토양, 방화 등도 중요한 요인으로 작용하고 있다.

(1) 사바나초원

열대 초원이라고도 하는 사바나 초원은 사바나기후와 스텝기후 지역에 걸쳐 분포한다. 식생은 초본식물이 지배적이나 나무가 널리 흩어져 있는 곳도 있다.

(2) 프레리

프레리는 연강수량이 500~750㎜인 중위도 습윤 대륙성기후와 관련된 식생이다. 주로 좁고 억센 잎을 가진 키 큰 풀이 지면 전체를 덮고 있다.

(3) 스텝

키가 작은 풀로 이루어진 스텝은 연강수량이 250~500㎜인 지역에 발달하는 식생이다. 전형적인 스텝에서는 나지가 조금씩 나타나며, 관목이 흩어져 있기도 하다.

4) 사막

사막은 연강수량이 250㎜이하이고, 기온이 높기 때문에 수분의 증발량이 강수량보다 훨씬 많다. 이 지역에는 극심한 가뭄도 이겨낼 수 있는 각종 건생식물(乾生植

物들이 흩어져 자라며, 식물들 사이에는 넓은 나지가 나타난다.

5) 툰드라

툰드라는 겨울이 길고 춥기 때문에 식물의 생육기간이 매우 짧다. 식생은 키가 작은 각종 일년생초, 버드나무와 같은 관목, 지의류와 선태류 등으로 이루어졌다.

4. 우리나라의 삼림

기온·강수량 등의 자연환경조건과 조화를 이루는 우리나라의 극상식생은 삼림이다. 우리나라의 자연림은 구한말의 무분별한 벌목, 광복을 전후한 시기의 극심한 도벌, 한국전쟁 등을 겪으면서 대부분 파괴되었다. 지금은 접근이 어려운 산악지대, 일부 국유림, 사찰림, 도서지역 등 한정된 지역에서만 부분적으로 자연림을 볼 수 있다. 이처럼 우리나라의 자연림은 보존이 불량하여 자연환경조건과의 관계를 파악하기가 쉽지 않다. 그렇기 때문에 부분적으로 남아 있는 자연림의 상태로 원래의 삼림분포상태를 추정할 수밖에 없다. 1922년 일본의 식물학자인 혼다(本田)는 자연림에 토대를 둔 우리나라의 삼림분포도를 최초로 발표하였다. 그는 우리나라의 삼림을 온대림, 난대림, 한대림으로 구분하였다(<그림 5-2>). 구체적인 내용을 살펴보면 다음과 같다.

1) 온대림

하록낙엽수림으로 대표되는 온대림은 북위 43도 2분에서 35도 사이의 거의 전지역에 분포한다. 대표수목으로는 참나무, 갈참나무, 굴참나무, 졸참나무, 신갈나무, 상수리나무, 서나무, 개서나무, 당단풍나무, 물푸레나무, 갯버들, 피나무, 때죽나무 등이 있다. 또한 특산식물로는 미선나무, 매미꽃, 지바리꽃 등을 들 수 있다.

자연상태의 온대림은 참나무, 신갈나무, 상수리나무 등의 참나무류를 주임목(主林木)으로 하는 낙엽활엽수림이 우세하다. 그러나 실제로 참나무류가 주임목인 온대림의 분포는 제한되어 있고, 소나무가 주임목이거나 각종 활엽수와 혼효림(混淆林)을 이루고 있는 지역이 넓게 나타난다. 그 이유는 참나무류인 낙엽활엽수림이 인위적

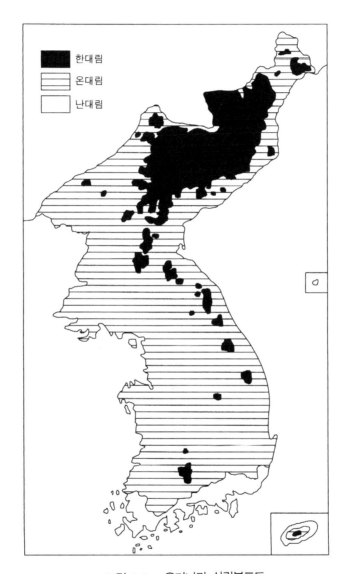

<그림 5-2> 우리나라 삼림분포도

요인으로 감소하고 그 대신 소나무가 퍼졌기 때문이다. 소나무숲은 마을 주변의 야산에서 흔히 볼 수 있다. 이러한 소나무숲은 대부분 한국전쟁 후에 인공적으로 조성된 것이다.

2) 난대림

난대림은 북위 35도 이남의 남해안과 제주도를 포함한 남해의 여러 섬에 분포한다. 제주도의 경우는 해발 500m 이하, 전남 완도의 경우는 해발 300m 이하에서 볼 수 있다. 남해안에서는 전반적으로 저지대에서만 자란다. 자연림 상태의 난대림은 분포가 극히 한정되어 있어 보존이 양호한 것은 천연기념물로 지정되었다. 대표 수목으로는 동백나무, 식나나무, 붉가시나무, 가시나무, 종가시나무, 녹나무, 참식나무, 모밀잣밤나무, 조록나무, 줄사철나무, 다정금나무, 광나무, 까마귀쪽나무, 감탕나무, 꽝꽝나무, 사철나무, 산호수, 큰굴거리나무, 돈나무 등의 상록활엽수가 있고, 실거리나무, 팽나무, 봄보리수나무 등과 같은 난지성(暖地性) 낙엽활엽수도 있다. 북위 35도 30분에 위치한 울릉도(해발 600m 이하)에서도 해양성기후의 영향으로 상록활엽수가 자란다.

3) 한대림

한대림은 개마고원을 중심으로 한 북한의 산악지역에 널리 분포한다. 이 지역에서는 상록침엽수와 낙엽활엽수가 섞여 자란다. 대표수목으로는 분비나무, 가문비나무, 측백나무, 누은잣나무, 누은향나무, 종비나무, 주목, 구상나무, 신갈나무, 떡갈나무, 새양버들, 자작나무, 좀고채목, 물자작나무, 진퍼레버들, 들쭉나무, 꽃개회나무 등이 있다. 또한 낙엽침엽수의 일종인 입갈나무도 자란다. 냉대림이라고도 불리우는 한대림은 한라산(해발 1500m 이상)·지리산(해발 1350m 이상)·설악산(해발 1060m 이상)·금강산(해발 1200m 이상)의 아고산대(亞高山帶)에도 분포한다.

5. 인간에 의한 삼림의 파괴

유사 이래로 인간은 인간 자신을 위해 삼림을 끊임없이 파괴해왔다. 실제로 식량

<표 5-1> 세계 87개국의 열대림 면적과 연평균 감소면적

(단위: 천ha)

지역	국가수	국토면적	열대림면적 (1990)	연평균 열대림 감소면적(1981~90)
라틴아메리카	32	1,675,600	839,900	8,400
중남미멕시코	7	245,300	63,500	1,400
카리브해지역	18	69,50	47,100	200
남아메리카지역	7	1,360,000	729,300	6,800
아시아	15	896,600	274,800	3,500
남아시아지역	6	445,600	66,200	400
동남아시아대륙	5	192,900	69,700	1,300
동남아시아도서	4	258,100	138,900	1,800
아프리카	40	2,243,300	600,100	5,100
사하라사막주변	14	1,017,600	123,300	1,100
서아프리카지역	8	203,200	43,400	1,200
중앙아프리카지역	7	406,400	215,400	1,500
열대아프리카지역	10	557,900	206,300	1,100
아프리카도서	1	53,200	11,700	200
합계	87	4,815,500	1,714,800	17,000

자료: 세계식량농업기구(FAO), 「삼림자원평가 1990프로젝트 제2차 중간보고서」.

증산을 위한 삼림의 개간과 임산물의 수확은 경제 및 사회발전의 중요한 부분을 차지했다. 그러나 자연생태계의 절대적인 토대인 삼림에 대한 끊임없는 벌목은 생태적 안전성을 파괴하기 시작했고, 심각한 토양유실, 한발과 홍수의 악화, 물 공급의 부족 그리고 토지생산력의 저하를 초래하였다. 게다가 삼림은 지구의 탄소순환과정에 결정적인 역할을 한다. 이산화탄소로 인한 기후변화가 현대의 가장 위협적인 문제로 대두됨에 따라 탄소순환의 중요성은 더욱 강조되고 있다. 여기서는 삼림의 파괴 특히 최근에 관심의 대상되고 있는 열대림의 파괴에 관해 살펴보고자 한다.

열대림 벌목에 대한 대중적인 관심의 증대에도 불구하고, 80년대 동안 삼림훼손은 가속화되었다. 1982년 유엔식량농업기구(FAO)는 매년 약 1,100만ha의 열대림이 사라지고 있다고 보고했다. 이 기구의 1990년 보고서에 따르면 1980년대의 연평균 열대림 감소면적은 약 1,700만ha에 이르고 있다(<표 5-1>). 다행히도 식목이 공식적인 추정치보다는 약간 빠르게 진행되고 있다. 이는 지역주민이 자발적으로 나무를 심는 것은 흔히 공식통계에 포함되지 않기 때문이다.

열대림의 파괴는 인구 증가, 빈곤, 삼림파괴를 지원하는 정부정책과 관련되어 있다. 인구 증가는 농경지 면적을 크게 감소시킴으로써 농부들로 하여금 식량재배를 위해 처녀림을 개간하도록 만든다. 또한 땅을 소유하지 못한 가난한 사람들도 빈곤에서 벗어나기 위하여 삼림을 개간한다. 잘못된 정부정책 역시 열대림을 파괴하는데 중요한 역할을 하고 있다. 일부 개발도상국(브라질과 인도네시아)에서는 가난한 농민들이 개간한 땅의 소유권을 인정해 줌으로써 삼림파괴를 가속화시키고 있다.

동시에 이들 정부는 경제개발을 위한 자본을 마련한다는 명목하에 목재와 다른 천연자원의 일부를 싸게 팔기도 한다. 현재 열대림 목재의 75%는 동남아시아에서 수출된다. 아시아의 열대림 목재가 1990년대 들어 점차 고갈됨에 따라 벌목장은 아시아에서 라틴아메리카와 아프리카로 이동하고 있다. 1950년 이래 열대림 목재의 소비는 15배나 증가하였다. 일본 한 나라가 세계 열대림의 53%를 수입하고 있으며, 뒤이어 유럽이 32%, 미국이 15%를 수입한다.

라틴 아메리카의 경우, 특히 브라질과 중미에서 소 목축업으로 인해 광대한 삼림이 파괴되고 있다. 1965년에서 1983년 사이에 중앙아메리카에서는 열대림의 ⅔가 파괴되었는데, 이들 중 상당한 부분이 미국, 캐나다, 서부유럽에 소고기를 수출하기 위하여 개발되었다. 어떤 보고서에 의하면 하나의 햄버거에 들어갈 소고기를 생산하기 위해 대략 두 그루의 나무가 파괴된다고 한다.

삼림의 파괴는 단순히 목재자원의 고갈뿐만 아니라 생태계의 파괴, 토양유실, 기후변화 등 지구 전체의 균형을 파괴하는 결과를 초래한다. 울창한 삼림은 대기오염을 막아주는 것은 물론 사람과 생물에게 필요한 산소를 공급해 주며, 동시에 대기 중의 이산화탄소를 흡수하여 지구의 온난화를 막아주는 역할도 한다. 또한 삼림이 파괴되면 그 지역에서 오랫동안 살아온 주민들은 삶의 터전을 잃게 된다. 앞으로 각국 정부는 삼림보호정책을 보다 강력하고 지속적으로 펼쳐 나가야 할 것이다. 그럴 때만 인류의 미래가 보장될 수 있을 것이다.

■ 참고문헌

建設部 國立地理院. 1980, 『韓國地誌 - 總論 - 』.

權赫在. 1997, 『自然地理學』, 法文社.

金怡勳·蘇雄永·宋承達. 1978, 『最新 一般植物學』, 先進文化社.

金遵敏·金宗鎬·朴奉奎·康榮熹. 1968, 『一般植物學』, 文進堂.

金遵敏·朴奉奎·李一球·車鍾煥. 1982, 『最新 植物生態學』, 日新社.

문영수 외 역. 1999, 『알기쉬운 환경과학』, 시그마프레스(Miller Jr., G. T., 1997, Environ-
    mental Science Working With the Earth, Wadsworth).

이승환 역. 1993, 『지구환경과 세계경제 1』, 뜨님(Brown, L. R. et al., 1992, Vital Signs
    1992, Worldwatch Institute).

李喜演. 1991, 『地理學史』, 法文社.

任網彬·白壽鳳·林雄圭. 1985, 『一般植物學』, 鄕文社.

趙東奎 외. 1988, 『自然地理調査法』, 敎學硏究社.

최도영. 1993, 『지구촌 환경정보』, 나남.

Strahler, A. N. and A. H. Strahler. 1992, *Modern Physical Geography*, John Wiley.

McKnight, T. L. 1990, *Physical Geography: A Landscape Appreciation*, Prentice Hall.

제6강 토양과 환경

성운용

토양은 우리가 살고 있는 지구의 표면을 얇게 덮고 있다. 지구가 사과라고 가정한다면 가장 바깥쪽에 위치하는 흙의 두께는 사과껍질의 반짝거리는 왁스층보다도 더 얇다. 이렇게 얇은 토양층은 생물이 살고 있지 않는 다른 우주에서는 찾아볼 수 없는 귀중한 자원이다. 고맙게도 지구상 어느 곳을 가든지 그 지역적 환경에 적합한 토양층들이 잘 발달되어 있는 것을 볼 수 있다. 이러한 토양들은 여러 인자들과의 상호작용에 의해 아주 느리게 발달한다. 그러나 형성된 후에 환경이 일단 바뀌면 다른 환경요소와 마찬가지로 토양도 환경과 조화를 이룰 때까지 계속 변화하면서 적응해 나간다.

환경에 전적으로 의존하면서 살았던 과거에는 토양의 비옥도에 따라 인구를 수용할 수 있는 능력이 결정되기도 하였다. 그만큼 토양은 인간의 생활과 아주 밀접한 환경요소 가운데 하나이다. 그러나 오늘날에는 이렇게 중요한 토양을 무시하면서 살아온 결과 눈으로 볼 수 없는 토양층들이 심하게 오염이 되어 있어서 새로운 환경문제로 부각되고 있다. 다른 환경오염도 마찬가지겠지만, 토양오염의 경우는 일단 한번 오염이 되면 다시 회복하기가 너무 힘들다. 이 점에서 우리들은 매우 신중하게 토양을 관찰하고, 어떻게 하면 토양오염을 줄일 수 있을까에 대해서도 관심을 기울여야 한다.

따라서 본 장에서 이제까지 중요시 여기지 않았던 토양의 중요성을 알리고, 토양이란 여러분과 아주 밀접한 관계가 있으며, 토양이 없다면 얼마나 위험한가를 구체적인 사례를 통해 재미있게 접근하려고 한다. 어렵다면 어려운 토양의 형성과정과 어떤 환경요소의 지배를 받고 있는가와 인간에게 얼마만큼의 영향을 주는가에 대해

예제를 통해 되도록 쉽게 접근하고자 하였다.

사람들이 언제부터 무슨 이유로 흙의 이야기에 흥미와 관심을 가지지 않게 되었는지 참으로 궁금하다. 흙을 떠올릴 때 사람들은 색깔이 검고 어쩐지 불결하고 더러운 존재라고 느끼기 때문일까. 아니면 우리와는 전혀 상관없는 물질이라고 생각하기 때문일까. 산업화 이후 도시화의 영향으로 대부분의 사람들은 이제 흙이란 것을 거의 보지 못하게 되었다. 요즈음 우리들은 일년 내내 흙을 한 번도 밟지 않고도 생활이 가능할 정도로 인공적인 환경 아래에서 생활하고 있다. 일상생활에서는 물론 여행을 할 때에도 자연의 흙과 직접 접촉할 수 있는 기회가 점점 없어져 간다. 토지라는 말에서 연상되는 것은 지가(地價)뿐이라는 사람이 늘어가고 있어서, 진정으로 토지(土地)에 대한 생각을 가지는 사람들이 아주 없어지는 것은 아닐까 하는 우려가 된다.

여기서 살펴보고자 하는 토양은 인류에게 있어서 귀중한 존재로 토양이 지구상에 존재하지 않았다면 동·식물은 물론 인간 또한 존재하지 못했을 것이다. 인간이 달나라에서 살 수 없는 이유는 여러 가지 있겠지만, 그 중에 하나가 바로 토양이 존재하지 않는다는 점이다. 토양은 인류 생존에 있어서 절대적인 존재인 것이다. 우리 인류를 포함한 지상의 모든 생물이 삶을 영위할 수 있는 기본적 요소로서 토양은 중요한 환경요소이다.

우리들은 일반적으로 지구를 구성하고 있는 권역을 살펴볼 때, 기권, 수권, 암석권으로 구분하지만, 일부에서는 토양권으로 구분하여 표현할 수도 있다. 이것은 그만큼 토양이 지구에서 차지하고 있는 비중이 높다는 것을 알 수 있는 하나의 단면이다. 이러한 토양이 어떻게 형성되어 어떠한 구조를 가지고 있는지 구체적인 내용을 알아보기로 하자.

1. 토양 탄생의 비밀

우리가 살고 있는 지구의 최상부층인 지각은 어떠한 일이 반복되어 어떠한 과정을 거쳐 현재와 같은 모습이 되었을까? 지구의 표층 부근은 맨틀 상부로서 암석층(두께 95~70km)이 차지하고, 그 위에 다시 지각(두께는 바다부분이 5km, 육지부분이 30km)이 덮고 있는 모습으로 되어 있다. 우리가 살고 있는 지각 위를 덮고 있는 암석은 크게 화성암, 퇴적암, 변성암으로 이루어져 있다. 마그마가 맨틀로부터 분출하여 지표로 올라와 이것이 표층에서 냉각되어 만들어진 것이 화성암이다. 그리고 나서 육지에서는 바람과 비의 작용으로 암석이 작게 부서진다. 이들 암석 조각들은 침식, 운반이 용이하여 다른 지역으로 이동하게 된다. 다른 지역으로 이동한 암설들이 쌓여 시간이 경과되면서 굳어져 퇴적암이 형성된다. 이렇게 형성된 암석의 모양은 한층 한층 포개져 이루어져 있으므로, 마치 책갈피와 같은 형태로 되어 있어서 쉽게 퇴적암인지 알아볼 수 있는 하나의 지표로 이용된다. 이러한 퇴적암이 지각변동에 따라 지하 깊숙히 내려가 압력을 받아 변성암이 되기도 한다.

이러한 모든 종류의 암석들은 지표에 나오면 태양에너지의 작용으로 파쇄, 침식, 운반 등의 물리적 풍화와 수화(水和, 물에 분해된 분자나 이온이 물분자와 결합하는 것), 가수분해(加水分解, 물에 의하여 염류가 분해되어 산성이나 알칼리성을 나타내는 반응), 용해 등의 화학적 풍화를 거치면서 작은 입자로 바뀐다. 그 대표적인 경우가 리골리스(regolith)로서, 이는 위의 풍화과정 가운데 특히 화학적 풍화과정을 거쳐 만들어진 풍화물질이다. 풍화물질을 순수 우리말로는 썩은 바위 또는 석비FP라고 한다. 이는 야외에서 관찰할 때 겉으로 보기에는 마치 암석처럼 단단하게 보이지만 실제 손으로 눌러 보거나 발로 차 보면 쉽게 부서져 내리는 것을 볼 수 있는데, 이러한 상태를 '바위가 썩었다'라고 표현한다. 이 풍화물질은 온갖 생물체가 살아가는데 기본이 되는 토양의 재료로서 매우 귀중한 존재이다. 이를 우리는 토양형성의 바탕이 된다하여 모재(母材)라고 한다.

바다에 살고 있던 생물들은 지상 상륙을 끊임없이 시도하지만, 그때마다 지표의 뜨거운 태양열과 건조 그리고 굶주림에 시달렸다. 그러던 가운데 생각지 않은 뜻밖의 생활공간인 토양 모재의 내부를 발견하게 된다. 토양 모재는 작은 틈이 많이 있어서 약간의 빗물을 포함하고 있으며, 표층 가까운 부분은 산소를 함유한 대기와도 통하고 있으며, 강한 복사선의 직사도 없다. 게다가 지상에서 버려진 유기체가 빗물에 씻겨 흘러 내려오는 지극히 편리한 지하실인 것이다. 이런 환상적인 공간으로 지상 상륙하려고 노력하였던 생물들이 점차로 들어오게 되고, 그러면서 그때까지는 이루어질 수 없었던 증식작업도 서서히 시작할 수 있게 된다. 먹이인 유기물의 고갈 문제도 증식이 진척되면서 서서히 해결되어 갔다.

이는 다소 상상이 지나친 면이 있기는 하지만, 유일한 생물의 서식처였던 바다 이외에 또 하나의 공간이 지구상에 출현하게 된 것이다. 이것이 다름 아닌 토양권이다. 오늘날의 푸른 지구도 실은 토양권이 발판이 되어 형성된 것이다. 물론 이렇게 되기까지에는 긴 세월이 필요하였다. 토양 모재의 틈 속에 서식하게 된 미생물들이 암석의 화학적 풍화를 촉진하고, 유기·무기의 성분이 혼합된 원시적 토양을 만들어 식물을 받아들일 준비를 시작한다. 약 1억 년 후 데본기에 들어서서 양치식물 등의

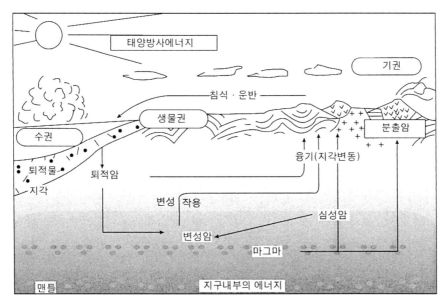

<그림 6-1> 지각을 만드는 물질의 순환

포자식물이 번성하게 되고, 그후 다시 1억 년이 지난 쥐라기에는 종자식물이 자라기
시작하여 이것을 먹이로 하여 곤충과 파충류 등의 동물도 상륙을 개시한다. 처음에
는 해안 근처에만 무성하던 식물이 차츰 오지로 퍼져가서 얼마 후에는 육지의 대부
분을 덮게 된다. 동물의 분포도 이에 따라 확대되었다. 식물이 무성한 곳에서는 식물
유체에 의하여 지표에 유기물이 집적하고, 이에 의존하는 생물이 증가함과 동시에
뿌리의 작용에 의하여 미생물의 생활권은 점점 넓어져 갔다. 토양동물의 수도 증가
하여 토양층은 점차 활성화되게 된다. 드디어 제3기(약 6,500만 년 전) 이후가 되면, 지
상의 생물권과 지하의 생물권인 토양권 사이에는 식물, 동물, 미생물의 3자간에 대체
로 거의 완전한 조화가 확립된다. 이로써 완벽한 먹이사슬이 형성된 것이다.

　수권, 대기권과 더불어 지구상의 생물의 생명을 보장하여 온 토양권은 5억 년이나
되는 아주 옛날에 처음으로 육지에 올라왔던 미생물들이 고생을 이겨감으로써 어렵
게 개척한 하나의 생물권이다. 그러나 일단 토양화가 시작되면 그 생성속도는 암석
이 풍화되는 속도(1cm에 1천 년)의 10배, 100배나 빠르다고는 하지만, 그것이 생겨난
장소에 언제까지나 존속할 수 없다. 이것은 그만큼 지구표면이 활동적이라는 증거라
고 볼 수 있지 않을까 싶다.

2. 토양권의 구성 요소

토양권의 구성을 우리가 살고 있는 집에 비유해 보면 다음과 같다. 기본 골격에 해당되는 부분은 암석의 미세한 조각과 이것들이 분해되어 생긴 광물입자들이다. 내부구조에 해당하는 것은 지표로부터 받아들였거나, 거기에서의 화학작용으로 생긴 유기·무기의 화합물이다.

또한 이곳은 토양생물의 서식처가 되므로 서식하는 생물에게서 발생되는 배설물이나 유체(遺體) 등도 있어, 이것들도 일부분 포함된다. 나머지 행랑채에 해당되는 부분에 토양수와 토양공기가 점유하게 된다. 위의 구성요소가 다 갖추어지면 완벽한 한 채의 집이 완성되는 것이다. 이것을 간단한 하나의 그림과 도표로 나타내면 <표 6-1>과 <그림 6-2>와 같다.

따라서 토양은 우리가 일반적으로 생각하는 리골리스와는 다른 매우 복잡한 구성으로 되어 있으며, 크게 보아 토양 모재가 되는 암석입자와 무기물, 유기물 그리고 입자사이의 간극에 함유되어 있는 물과 공기로 되어 있다. 따라서 이의 구성에 따라 토양의 성격도 바뀌게 된다.

<표 6-1> **토양권의 구성 요소**

고체(50%)		액체(25%)	기체(25%)
유기물(5%)	무기물(45%)		
부식된 동식물 식물의 뿌리 균류, 박테리아 벌레, 곤충	암석조각 1차광물의 입자 점토광물의 입자 기타 무기질	토양수	토양공기

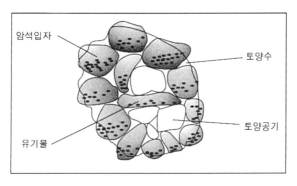

<그림 6-2> 토양권의 구성 요소

1) 토양의 골격을 만드는 광물

토양의 골격을 결정짓는 것은 한마디로 말하면 모재(母材)인 것이다. 모재(母材)에는 암석 자체의 작은 조각인 경우도 있고, 암석을 만들고 있던 광물의 입자인 경우도 있다. 토양 입자의 크기는 직경 2㎜ 이상의 것을 역(gravel)이라고 하며, 2㎜ 이하의 것은 크기에 따라 모래(sand, 2.0~0.02㎜), 실트(silt, 0.02~0.002㎜), 점토(clay, 0.002㎜ 이하)라는 명칭을 붙인다.

모래는 풍화에 저항하여 가장 끝까지 남은 광물인 석영인 경우가 많다. 석영은 실험실이 아니면 그 이상 분해될 수 없다고 할 정도로 저항성이 강한 물질로서 자연계의 최종 산물의 하나가 되고 있다. 우리들이 강가에 가서 흔히 보는 모래의 거의 대부분이 석영이다. 석영은 우리가 흔히 "짱돌"이라고 부르는 것으로, 색이 투명하며 햇볕이 비치면 반짝반짝 빛난다. 이를 보고 어떤 동요작가가 "모래알은 반짝"이라고 표현하기도 했다. 석영은 토양권 골격의 중요한 구성원이며, 입자의 모양이 모가 나 있어 서로 달라붙지 않아 입자 사이의 틈이 크게 벌어져 있다. 그래서 우리가 강가에 가서 모래를 뭉칠려고 해도 뭉쳐지지 않는다. 따라서 결속력이 없는 집단을 비유할 때, 우리는 흔히 모래를 인용하게 된다. 모래의 이러한 성질로 말미암아 모래의 성분이 많이 포함되어 있는 토양은 당연히 배수가 잘된다.

이와는 달리 토양권 골격 가운데 입자가 가장 작은 것이 점토이다. 이는 모재인 화성암이나 변성암 가운데 쉽게 풍화되는 장석과 같은 광물들이 지각표층의 환경에 보다 잘 적응하게끔 변신한 것이다. 그래서 이것을 2차광물이라고 한다. 점토에는 0.1~0.001micron 크기의 콜로이드(colloid)가 포함되어 있는데, 이는 표면에 전기를 띠고 있어서 칼슘·마그네슘·칼륨 등의 이온을 흡수하고 보유하여 식물에 제공하는 역할을 한다. 따라서 점토는 토양권의 구성재료로서는 모래나 실트와는 다른 뜻에서 중요한 부재이다.

이상에서 살펴본 바와 같이 공간의 골격을 만들고 있는 것은 모래, 실트, 점토 등의 토양입자이다. 이들의 조성비율에 의하여 여러 모양의 간극이 만들어진다. 이를 가리켜 토성(土性)이라고 한다. 이를 쉽게 표현하자면 토양의 성격으로, 사람들도 성격이 중요하듯이 토양 또한 성격이 중요하여 토성에 따라 식물의 생장에 필요한 보수력과 통기성이 좌우된다. 이의 구분방법은 점토의 함량에 따라 사토(砂土, 12.5% 이하), 사양토(砂壤土, 12.5%~25%), 양토(壤土, 25~37.5%), 식양토(埴壤土, 37.5%~50%), 식토(埴土, 50%이상)로 구분된다.

이의 구분방법으로 <그림 6-3>과 같이 삼각좌표 그래프가 일반적으로 사용된다.

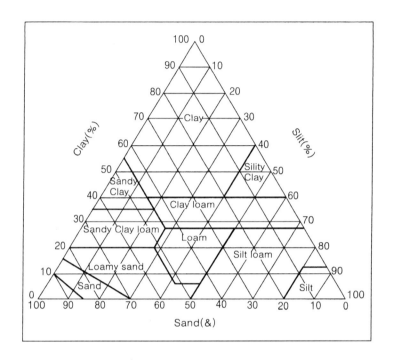

<그림 6-3> 토성에 의한 토양 구분

　즉 모래 성분이 많이 포함된 사토는 통기성은 양호하나 보수력이 떨어지고, 점토의
비율이 높은 식토는 보수력은 높으나 통기성이 매우 불량하다. 세 가지 물질이 골고
루 배합된 양토는 식물의 생장에 가장 알맞은 토양으로 알려져 있다.
　위에서 설명한 토양 입자만으로는 토양권의 구성소재로서 불충분하다. 이것에 덧
붙여 동식물의 유체(遺體)나 그것의 분해물에서 나온 부식(腐植, humus) 등의 유기물
이 보태져야만 비로소 토양이 된다. 부식은 콜로이드 상태의 미세한 물질로서 점토
와 더불어 토양층내에서 각종 복잡한 물리적·화학적 작용을 이끌어 나가면서 토양의
비옥도를 결정한다.
　식물의 성장에 필요한 영양소인 질소·칼슘·칼륨 등은 주로 유기물로부터 공급되며,
유기물이 분해될 때 생기는 유기산은 암석의 풍화를 돕는다. 일반적으로 유기물의 양
은 토양색의 검은 정도와 밀접한 관계가 있다. 흑색에 가까울수록 유기물, 즉 부식의
함유량이 많고, 토양은 비옥하다. 주요 영양소의 하나인 질소는 거의 유기물에서 비롯
된다. 대기 중에는 질소가 많지만 식물이 직접 이용할 수 없으며, 식물이 이용하는 토

양 중의 질소화합물은 대부분 특정한 박테리아의 활동에 의하여 고정되는 질소와 유기물이 분해될 때 방출되는 질소로부터 합성된 것이다. 따라서 농가에서 지력이 부족하여 작황이 안 좋을 때 일반적으로 질소화합물 비료를 사용하거나 퇴비를 하게 된다.

유기물의 양은 식생의 유형과 유기물의 분해속도에 의하여 좌우된다. 풀이 무성한 초원의 토양은 죽은 풀잎과 뿌리가 매년 추가되기 때문에, 삼림으로 덮인 지역의 토양보다 유기물이 많다. 사막의 토양은 유기물이 극도로 빈약하거나 결핍되어 있다. 고온다습한 기후하에서는 유기물의 분해가 빠른 속도로 진행되어, 그것이 부식으로서 토양에 혼합되기 이전에 완전히 파괴되어 버린다.

2) 토양내의 물과 공기

토양권은 미비한 틈으로 서로 통하고 있으면서도 하나하나는 칸막이가 있는 무수한 공극의 집결로 되어 있다. 공극의 비율은 토양의 보수력과 통기성과 밀접한 관계가 있어 식물성장에 중요한 요인으로 작용한다. 이러한 토양입자에 의해 점유된 공간 이외의 공극을 차지하고 있는 것이 토양수와 토양공기이다.

식물의 75%는 수분으로 이루어져 있고, 이의 대부분은 토양에 포함된 토양수로부터 공급된 것이다. 토양수는 각종 물리적·화학적·생물학적인 작용을 촉진하며 영양소의 용매역할을 하는데, 위에서 아래로 침투하는 것이 보통이지만, 지하수위가 상승하거나 표토가 마르면 아래에서 위로 올라올 수도 있다. 토양수의 대부분은 지표로부터 흘러내린 빗물로 이루어져 있다. 그러나 토양수는 순순한 물이 아니다. 공극에 들어있는 물을 원심분리기에 넣어서 분석하여 보면, 칼슘이온·나트륨이온·칼륨이온·망간이온 등의 양이온과 염화물이온·황산이온·탄산이온 등의 음이온 등 많은 종류의 것을 함유하고 있다. 이러한 이온들은 식물의 성장에 지대한 공헌을 한다.

토양공기를 살펴보면 그 조성비율이 대기와 비교할 때, 생물호흡을 위해 이산화탄소의 농도가 높고, 그만큼의 산소가 적게 들어 있다.

3) 유기물

식물뿌리는 물론이지만 단지 1g의 흙에도 수억 마리의 세균과 곰팡이가 살고 있다. 미생물들은 유기물을 분해하여 식물에게 양분을 제공한다. 페니실린은 너무 잘 알려진 토양미생물의 산물이며, 현재 우리나라에서 고부가가치(kg당 2백30달러) 상품으로 개발한 세파계 항생제도 마찬가지다.

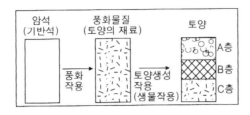

<그림 6-4> 토양의 단면

3. 토양단면

지금까지는 토양 내부의 경관이 어떻게 생겼는지 현미경을 통한 눈으로 보았다. 다음에는 토양이 지각 최상부에 어느 정도의 두께를 가지고, 그 겉모습이 대체 어떤 것인지 현미경적인 시야에서 벗어나 보통 눈으로 바라보기로 한다.

토층의 얼굴을 알려면 그 수직단면을 찾아서 그것을 옆에서 보는 것이 제일 빠르다. 이러한 수직단면에 우리들이 처음 섰을 때, 누구든지 알 수 있는 것은 토양 속에는 지표와 평행한 몇 개의 층이 존재한다는 것이다. 이것을 층위라고 하는데, 토양생성과정에서 만들어진 것이다. 토양생성과정은 토양층 표면에서 가장 활발히 진행되며, 아래로 갈수록 둔화된다. 그리고 토양층내에서 토양수의 흐름에 따라 물질이 아래로 이동하며 지표면과 평행한 토층을 형성한다. 몇 개의 토층으로 나누어지는 이유는 풍화작용과 토양층내에서 일어나는 여러 가지 현상 때문이다. 토양권의 생성은 표층부로부터 시작하여 가기 때문에 생성된지 얼마 안되는 것은 표층 부분에만 한정되어 있고, 그 하부는 바로 모재층이 된다.

　토층은 중위도에서 고위도의 습윤기후지역에서 가장 잘 발달하는데, 주요 토층은 A층, B층, C층으로 구분된다. 이것은 19세기에 러시아 지질학자인 도크차예프가 이와 같이 다른 성격을 가진 층을 위에서부터 알파벳순으로 A, B, C의 부호를 붙이는 방법을 생각해 내면서 쓰이게 되었다. 즉 모재에 동식물의 영향이 가해진 결과로 생성된 부식에 의하여 검게 착색된 표토층을 A층이라고 한다. A층은 화학적으로 토양수에 의하여 물에 녹지 않는 물질이 용해되어 제거되는 용탈현상이 일어나는 동시에, 물리적으로 점토와 같은 미립물질이 씻겨 내려가는 세탈현상이 일어난다. 따라서 A층을 용탈층이라고 부른다. A층으로부터 씻겨 내려간 물질의 집적층을 B층, 토양이 생성된 모재층으로 아직 모암의 조직이 남아 있는 층을 C층이라 한다. 또한 C층 밑의 기반암을 D층이라고 구분하기도 한다.

　토양단면은 토양의 분류에 중요한 지표로 이용되며, 이것이 충분히 발달한 토양을 성숙토(成熟土, mature soil), 그렇지 않은 토양을 미성숙토(未成熟土, unmature soil)라고 구분한다.

4. 토양의 구조

　토양을 구성하고 있는 입자들이 서로 결합되어 있는 모양을 토양구조라고 한다. 각각의 토양 미립자들의 결합 형태에 따라 토양의 성격이 달라지므로 중요하다. 특히 토양구조에 따라 토양내 공기의 유통이나 토양수의 침투의 용이성, 토양의 보수력 등이 좌우된다. 우리들은 흔히 봄에 논이나 밭에 객토를 하는 것을 많이 볼 수 있는데, 이것은 그렇게 함으로써 토성과 토양구조를 개량하기 위해서이다.

　토양은 토양입자의 형상을 기초로 네 가지 형태로 구분된다. 그 가운데에서 우리들이 가장 흔하게 볼 수 있는 구조가 입상구조(granular structure)이다. 논이나 밭에서 콩알만한 크기로 뭉쳐 있는 토양의 구조가 입상구조이다. 이러한 토양에 농사를 짓기에는 아주 이상적이다. 왜냐하면 동그란 입자 사이에 공간이 충분히 있기 때문에 통기성과 보수력도 좋고, 토양이 부드러워 우리들이 쉽게 밭이나 논을 갈아 씨를 뿌리기가 용이하다.

　토양덩어리가 입상구조보다 훨씬 크고 불규칙한 모양을 하고 있는 것을 괴상구조(blocky structure)라고 한다. 이는 흔히 점토질 토양에서 주로 나타난다. 토양구조는 토양을 통한 토양수의 이동과 표면 침식에 중요하다. 이러한 괴상구조를 가지고 있는 토양은 배수는 불량하나 상대적으로 보수력은 좋은 편에 속한다. 건조지역에서는 지름 0.5~10cm의 기둥으로 이루어지는 주상구조(columnar structure)가 발달한다. 이는 주로 뢰스 토양에서 잘 발달하는데, 수직적으로 0.5~10cm의 크기로 나타난다. 주상구조와는 반대로 배후습지에서와 같이 물이 잘 괴는 곳에서는 토사의 퇴적과 관련하여 수평방향의 판상구조(platy structure)가 발달한다. 이는 1~2cm의 두께로 개개의 층이 발달하고 간혹 이보다 더 두껍게 발달하는 것도 볼 수 있다.

5. 인류에게 있어서 토양

앞에서 언급한 바와 같이 인류에게 있어 토양은 매우 중요한 존재이다. 토양이 없었더라면 아마도 인류는 존재하지 않았을 것이다. 토양은 인류에게 먹고 살 수 있는 기본적 자원을 제공하여 주며, 또한 더러운 것을 청소시켜 주는 정화기능을 가지고 있다. 즉 토양은 다른 성격의 두 가지 기능을 가지고 인간에게 삶의 터전을 제공하여 준다.

사람은 물론 다른 동물도 스스로 무기물에서 유기물을 만들 수 없는 종속 영양성 생물이므로 영양에 관한 한 생물인 식물에 의존하여 살아가는 수밖에 없다. 이러한 식물이 그 자체의 몸에 영양분을 공급받는 공급원이 전부 토양권이다. 이것 때문에 인간과 토양과의 관련이 주로 토양권이 가지는 생산적 기능에 치우쳐 버렸다. 토양권 역할의 첫째는 확실히 생산기능이다. 우리들에게 식량, 의료, 건축재 등의 근원이 되는 식물을 자라게 해준다. 한자 토(土)자의 모습이 지면에서 나무와 풀이 눈을 내민 모양에 따라 만들어졌다는 사실에 새삼 놀랍다.

그러나 토양권의 역할은 생산기능뿐만 아니라 토양에 의존하여 생존하는 동식물의 유해, 배설물이 지상에 뿌려졌을 때, 이 유기물들을 수용하여 주는 역할도 한다. 이러한 물질에서 영양분을 흡수한 후 소리도 내지 않고 냄새도 전혀 없이 말끔히 무기물로 환원하는 정교한 청소공장이 바로 토양권이다.

인류는 토양권이 가지고 있는 정화작용이 없었으면, 쌓여가는 생물의 유해와 이것에 남아 있는 병원체와의 싸움으로 상당히 힘들었을 것이다. 이러한 작용을 말미암아 인간들은 장례 방식 가운데 가장 흔한 것이 매장법인 것과 일맥상통하는 점이 있다. 따라서 우리들 속담에 흙에서 낳아서 흙으로 돌아간다는 말이 있다. 이렇게 흙이라는 존재는 우리에게 삶과 죽음이라는 양면적인 측면에서 의미 있는 공간을 제공해 준다. 흙의 정화기능 덕분에 과거부터 인류들은 시신을 처리하는 방법으로 가장 선호한 방법이 매장이다. 매장문화가 발달된 지역을 보면, 토양발달이 양호한 지역에서 발달되었다. 토양층이 형성되기 어려운 환경에서는 매장 자체가 불가능하기 때문에 조장, 풍장, 화장과 같은 다른 방법이 강구되었다. 티베트 사람들의 보편적인 장례의식은 조장이다. 독실한 라마교 신자인 그들은 세상을 떠나며 마지막 남은 자신의 육신마저 독수리에게 기꺼이 보시(布施)하고 싶어한다.

이와 같이 토양권은 인간에게 관계없는 곳이 아니고, 인간의 존재 그 자체를 떠받치고 있는 근원적인 장(場)이라는 것이다. 우리들은 토양의 문제에 관심을 가지고 이에 대한 보전대책에 좀더 신경을 써야겠다. 다른 자원과 달리 토양은 우리의 눈으로 볼 수 있는 영역에 있는 것이 아니어서 오염이 되었는지 쉽게 알 수 없고, 일단 한번 오염이 되고 나면 다시 회복하기가 쉽지 않다.

6. 문명과 토양

실제 인류역사를 보면 흙의 생산력이 문명의 흥망성쇠를 결정하여 왔다고 해도 과언이 아니다. 왜냐하면 지력을 바탕으로 한 농경에서 잉여농산물이 나온 결과 농경에 종사하지 않은 집단이 생김으로써, 그 집단을 주축으로 문명이라는 것이 발생하게 되었다. 그 대표적인 예로 황하 문명은 뢰스라고 불리우는 황토, 이집트 문명이 일어났던 나일 삼각주의 흑색토양, 메소포타미아 문명의 티그리스 유프라테스강 유역의 충적토양과 같은 비옥한 흙들에서 비롯되었다. 따라서 지력(地力)의 쇠퇴는 곧바로 그 위에 터잡은 문명의 멸망을 초래하였다. 특히 메소포타미아 지역은 현재 사막지대로 바뀌는 놀라운 변화를 받았다. 토양의 건강이 바로 국가와 문명의 흥망을 좌우하고 있는 것을 역사가 입증하고 있는 것이다.

밀이라는 곡식은 서양사람들의 주식인 빵을 만드는데 없어서는 안되는 귀중한 작물이다. 그럼에도 불구하고 미케네 문명이 붕괴된 이후, 새로 이주해온 그리스 문명을 창조한 사람들은 그들의 주식인 보리나 밀의 재배를 적극 권장하지 않고, 대신에 올리브 재배를 하도록 하였다. 이의 내면에 깔린 심오한 이유는 무엇일까. 그리스인이 올리브밖에 재배할 수 없었던 것은 이 시대에 이미 보리나 밀을 재배하기 힘들 정도로 토양의 영양분과 보수력(保水力)이 저하되어 있었기 때문이다. 미케네 시대의 사람들이 삼림을 파괴하고, 농경지를 확대하여 오랜 세월에 걸쳐 경작을 계속한 결과 표층의 풍부한 토양은 흘러가 없어져 황무지로 변해버렸다. 미케네 문명이 망하게 된 계기도 여기에 있다.

올리브는 표층토양의 발달이 나쁘고 돌이 많은 황무지에서도 자랄 수 있는 나무이다. 게다가 물을 보유하기 힘든 건조한 토지에서도 생육이 가능한 생명력이 큰 작물이다. 그리스는 석회암이 많은 토지이므로 표층의 갈색 삼림토양이 없어지고, 석회암의 적색토양인 테라로싸가 얼굴을 내밀고 있는 곳에서도 올리브는 생육할 수 있다. 이 당시 올리브는 풍요의 상징이 아니라 가난함의 상징이었다. 인간이 숲을 파괴하고 토지를 계속해서 착취한 끝에 어쩔 수 없이 선택하게 된 가난의 산물로써 올리브는 등장하였다. 올리브재배는 올리브밖에 자라지 않는 황폐한 토지를 앞에 두고 그리스인이 고안해 낸 최선의 선택이었다.

그러나 대지의 가난함에 도전한 그리스인의 이 선택은 대성공을 거두었다. 부족한 보리나 밀과 같은 곡식을 재배할 수 있는 풍요로운 땅을 찾아 식민지 활동을 적극 전개하는 계기가 되었으며, 이들 식민지에 올리브를 수출하여 수요가 급증하면서 상품 가치를 급상승시켰다. 이렇게 하여 그리스는 올리브 재배를 독점하고 교역활동을 활발히 하면서 거대한 부를 축적하게 되었다. 이것을 바탕으로 하여 그리스 문명이 활짝 꽃 피운게 되었다.

오늘날 우리들도 서양 음식을 자주 접할 기회가 있어 종종 올리브 열매를 먹게 된다. 여러분이 알게 모르게 흔히 올리브 열매는 소금에 절여 두었다가 피자 위에 토핑으로 이용되기도 하고, 올리브유는 모든 음식을 조리할 때 사용된다. 또한 그리스에서부터 처음으로 시작된 올림픽에서 올리브 나무가지는 평화의 상징으로 올리브 나무가지로 만든 관은 승리의 상징으로 비쳐져 올림픽에서 승리한 사람에게 올리브 관을 씌워 주는 계기가 된 것도 이 때문이다.

7. 토양오염

토양은 인간에게 경제적 이득만 주는 게 아니라 가치를 따질 수 없을 정도로 커다란 환경적·문화적·정서적 혜택을 주고 있다. 이것은 인간의 삶과 결코 분리할 수 없는 밑바탕이다. 그러나 그 동안 인간은 자연자원으로부터 경제적 이익을 짜내기 위해 토양을 너무 심하게 파괴하고 오염시켜 왔다. 토양의 경우 오염이 얼마나 진행되었는지 아닌지 조차도 아는 것이 힘들다. 이와 같은 환경오염은 서서히 나타나는 것이어서 당장에는 큰 문제가 없지만 그렇다고 무해한 것은 아니다. 토양이 오염되면 그곳에서 자라나는 식물이 오염이 되고, 다시 그것을 먹고 자라나는 동물이 오염되며, 최종적으로 인간은 오염된 식물과 동물을 먹게 된다. 먹이사슬에 따라 오염이 윤회하므로 범위는 천문학적으로 숫자로 셀 수 없을 정도로 크다.

우리나라는 전체 지표의 70%가 화강암으로 이루어져 있다. 따라서 이들 암석이 풍화되어 만들어진 사질토양이 대부분을 차지하고 있다. 이들은 유기물 함량이 적으며 규산(SiO_2) 함량이 높아 알이 굵은 사질산성토양(砂質酸性土壤)을 만들어 양분 및 수분 보유력과 환경오염물질 정화력이 낮다. 더욱이 연중 5개월 미만인 식물생육일수와 여름철의 높은 온도로 토양 중의 유기물 함량을 증가시키기 어려워 사질토양의 약한 체질을 개선시키기도 어렵다. 이렇듯 우리 토양은 생산력과 환경정화능력이 높지 않은 허약 체질이기 때문에 잘 관리하지 않으면 안된다.

그러나 오늘날에 이르러 수은, 납 등 중금속, 독성유기화합물, 유류, 농약, 비닐 등 토양오염물질의 급증은 가뜩이나 허약한 우리 토양을 더욱 나쁘게 만들고 있다. 농지에서 사용하고 있는 농약과 비료의 양이 세계적으로는 평균 99kg, 미국은 평균 94kg인데 반해, 우리나라는 이보다 4배 이상 많은 400kg에 달한다고 한다. 농약과 비료의 성분은 대부분 질소나 인으로 농촌지역 수질, 토양오염의 주요 원인이 되고 있다.

오염토양을 복원하는 생물, 물리, 화학적 방법은 많지만, 식물로 오염물질을 제거, 분해, 고정시켜 그 해를 줄여서 흙 본연의 기능을 살려내는 식물을 이용한 오염토양 복원기술이 최근 세계적 관심을 끌고 있다. 식물이 자라지 못하는 토양은 더 이상 토양이 아니며, 토양이 건강해야지만 우리 인류가 존재한다. 우리 민족은 어느 민족보다도 토양에 대한 애정이 깊었음을 우리가 잊어서는 안된다.

■ 참고문헌

권동희. 1998, 『지리이야기』, 한울.

권혁재. 1998, 『자연지리학』, 법문사.

_____ 외 4인. 1993, 『인간과 자연』, 한국방송통신대학교.

김종흡. 1992, 『신비롭고 고마운 토양권』, 전파과학사.

김주환 외 4인. 1991, 『자연과 환경』, 교학연구사.

임수길. 1998, 우리삶의 터전① 『흙의 건강이 국가 흥망성쇠의 좌우』, 동아일보사.

최대웅·정영상. 1994, 『토양학과 고고학』, 강원대학교 출판부.

한국지구과학회. 1995, 『최신지구학』, 교학연구사.

松井 健·近藤鳴雄, 『土の 地理學』, 朝倉書店.

Press, Frank and Siever, Raymond. 1998, *Understanding Earth*, W. H. Freeman and company.

DeBlij, H. J. and Muller, P. O. 1996, *Physical Geography of the Global Environment*, Wiley.

http://www.nhq.nrcs.usda.gov/BCS/soil/survey.html

제7강 환경과 인간

장상섭

지난 산업혁명 이후 지구의 환경은 빠른 속도로 변화하고 있다. 과거 지질 시대에도 환경 변화는 여러 번 나타났지만, 지금처럼 빠른 속도로 진행되면서 심각한 환경 문제를 초래한 적은 없었다. 최근의 지구 환경 변화는 그동안 인구의 급속한 증가, 산업화, 도시화 등에 의해 '지속 불가능한 개발'에 주력한 결과로 나타나고 있다. 이러한 인위적인 지구 환경 변화는 도시화, 농업, 공업 등 인간 활동에 의한 급격한 환경 변형의 직·간접적인 결과이다. 다시 말해서 인구 증가와 이에 따른 인구 과잉, 경제 성장에 대한 욕구와 그에 따른 자원의 지나친 사용이 지구의 환경 변화를 촉진하는 주 요인이 되고 있고, 이로 인해 다양한 환경 문제가 발생하고 있는 것이다.

본 장에서는 지구 환경의 개념과 환경 변화에 대해 이해하고, 최근 전 세계적으로 문제가 되고 있는 지구 온난화 현상, 오존층 파괴, 산성비, 환경 호르몬 등 환경 문제의 원인과 미치는 영향에 대해 살펴보고자 한다.

1. 환경의 이해

1) 환경의 어의

'환경'이란 말은 물리적 공간의 의미로 사용되어 왔으나, 현재는 일반적으로 작용하는 모든 것에 대하여 그 장소의 전상황(全狀況)을 의미하는 것으로 쓰인다. 그리고 환경이란 말은 프랑스어의 milieu라는 단어에서 유래되었는데, 19세기 이후 현재의 의미로 사용되고 있다. 여기서 milieu의 mi는 영어의 middle(중앙), lieu는 place(장소)를 의미한다. 이 용어는 파스칼(B. Pascal)이 처음으로 사용하였다. 이 외에도 프랑스어의 ambiancle, entourge, 영어의 environment, climate, 독일어의 umwelt, umgebung 등도 같은 의미를 가지고 있다. 이상의 단어들의 공통적인 의미를 생각해 보면, 모든 주변부 혹은 주위를 둘러싸고 있다는 의미로 함축시킬 수 있다. 따라서 환경이란 주체를 둘러싸는 장소 전체가 아니라 주체의 존재와 행동에 대해 적극적으로 작용하거나 반작용을 미치게 하는 인자(因子)를 의미한다.

2) 환경의 개념

일반적 환경

환경의 개념을 정립하기 위해 우리는 다음 학자들의 환경에 대한 정의를 살펴볼 필요가 있다고 생각한다. 프래트(R. Platt)는 환경을 "인간에게 영향을 미치는 모든 조건"이라고 했으며, 환경 계획학자인 에크보(G. Eckbo)는 "시간과 공간 양쪽의 물리적·사회적 생태계"라고 했다. 생태학자인 사우스위크(C. H. Southwick)는 "유기물이나 유기물 집단을 둘러싸고, 이것에 영향을 미치는 조건과 같은 작용"이라고 했다. 이와 같이 환경에 대한 개념을 요약해 보면, 표현의 어감은 다소 다르지만 모두 인간을 둘러싸고 인간 생활에 영향을 미치는 모든 것을 환경의 개념에 포함시키고 있다. 이러한 개념에 의해서 우리는 자연환경·경제환경·사회환경·문화환경·생활환경·역사적 환경 등의 용어를 사용하고 있다. 이것이 우리가 사용하는 일반적 환경의 개념이라 할 수 있다.

지리적 환경

지구상의 각 지역의 인간생활은 제각기 다른 특색을 나타내고 있으며, 인간활동에 의한 환경변화도 다양하게 나타나고 있다. 환경이란 인간과 직접, 간접으로 어느 정도 서로 관계있는 모든 외적 조건을 의미하는 것으로서, 인간과 전혀 관계없는 공간은 환경에 해당되지 않는다. 이렇게 환경의 개념과 인간의 측면에서 생각할 수 있는 지리적 환경의 개념은 고대부터 히포크라테스·헤로도투스·스트라보 등의 학자들에 의해 명시되었고, 중·근세를 거쳐 19세기 후에는 리터(C. Ritter), 라첼(F. Ratzel), 블라쉬(Vidal de la Blache) 등의 지리학자들에 의해 계승, 발전되었다. 이들은 인간이나 역사에 영향을 미치는 지리적 환경에 중점을 두고 인간의 행동이나 역사를 생리적, 직접적인 환경의 영향에 의하는 것이라고 하여 합리적으로 설명하고자 하였다. 근세 이후 지리적 지식의 확대는 지표에 전개하는 여러 현상 사이의 인과관계의 규명을 촉진하고, 19세기에 들어와서 지리적 환경론은 체계를 갖추게 되었다.

3) 환경의 종류

자연환경

자연환경이란 인간의 생명 유지와 생활에 관련된 자연적 배경의 모든 것을 말한다. 자연의 모든 현상은 그 자체만으로는 인간생활과 관계가 없으며, 인류가 출현하기 전부터 독자적인 변화를 이루어왔다. 자연환경은 지형·지질·토양·지하자원 등의 암석권, 수리적·지리적·관계적 위치, 식생·동물 등의 생물권, 기상·기후 등의 기권(氣圈), 해양·육수 등의 수권(水圈) 등으로 구성되어 있다. 이들 각각은 상호 복잡하게 관련을 맺고 유기적으로 구성되어 있다. 자연환경은 자연 사상 자체의 시간적 경과 속에서 그 성질을 변화시키고 있으나, 그 의미는 인간 쪽의 변화에 따라 달라지고 있다.

사회환경

사회라고 하는 말은 광의로는 공동생활을 영위하는 집단, 협의로는 특정한 중간의식을 지닌 사람들의 집단을 의미한다. 이 집단사회는 각각의 관습, 전통, 제도라고 하는 환경을 스스로 창조하고 그 속에 존재하고 있다. 공동생활이 사회환경의 일부라고 간주할 수는 없으나, 현재 사람들에 의해 지지되고 통제된 관습이나 풍습 등이 사회생활 중 가장 중요한 사회환경으로 간주될 수 있다. 법률은 어떤 조직적 권력에 의해서 만들어졌기 때문에 사회환경이 아니고 일반적 제한으로 생각하는 것이 적당하다고 본다.

2. 환경 변화

1) 환경 변화에 대한 인식

역사적으로 살펴보면, 인구가 적고 인간의 활동 규모가 그다지 크지 않은 동안에는, 인간의 생산활동에 의해 생기는 자연 환경의 변화는 비교적 작고, 지역적으로도

<표 7-1> 인간활동에 의한 지구환경 변화의 몇 가지 문제점

- 인위적인 대기 중 CO_2, 다른 온실 기체 및 SO_2의 유입으로 인한 기후 변화
- C, N, P, S, 미량 금속들과 다른 원소들의 생지화학적 순환이 파괴됨
- SO_2, NOx 방출과 산성비
- NOx, VOC 방출과 광화학 스모그, 대류권 오존의 발생
- 염화탄소의 방출과 성층권 오존층의 변화로 인한 자외선량 증가
- 증가되는 열대 우림 파괴와 기타 대규모 서식지 파괴가 기후에 미치는 영향
- 급격한 생물 종의 멸망으로 생물 다양성소멸
- 살충제와 같은 생물에 해로운 화학제의 사용과 보급의 결과
- 농업 용수나 생활, 산업 오수 처리로 인한 영양염의 축적
- 천연 자원의 개발과 이로 인한 폐기물 처리와 화학적 오염의 문제
- 수질과 수량
- 폐기물 처리: 생활, 독성 화학 물질, 방사성 폐기물

a) 지난 40년간의 연간 인구 증가율 1.6~2.0%가 모든 문제점에 공통적으로 적용되었음.

자료: 동아일보사, 『환경 변화와 미래』, 1999.

한정된 것이며, 지구 규모의 물리적·화학적·생물적 평형을 파괴하는 듯한 것은 아니었다. 그러나 산업혁명 이후 과학과 기술은 점차 밀접하게 결합되어, 과학적 지식은 생산기술에 응용되고 생산활동은 과학을 발전시키는 주요 요소가 되어, 과학기술의 급속한 진보가 일어나고 생산력의 비약적인 증대를 가져왔다. 그와 함께 세계의 인구도 뚜렷한 증가를 나타내었다. 그 결과 대량생산·대량소비 아래 자연환경의 변화는 점차 커져서 지구 온난화, 오존층 파괴, 산성비, 스모그, 사막화 현상, 물 부족 등과 같은 급속한 환경문제를 야기시키고 있다.

인구증가와 경제 성장 욕구에서 파생되는 인간활동에는 화석연료와 생연료의 사용, 토지 형질 변경, 농·목업 생산, 염화탄소와 기타 인공합성 화학물질의 생산과 배출 등이 포함되어 있다. 이러한 모든 인간의 활동으로 인해 토양, 수권, 대기권으로 많은 화학물질 등이 배출되어 심각한 환경문제를 일으키고 있는 것이다(<표 7-1>).

2) 인위적인 환경 개조

기후 개조

인류는 기후에 순화를 하는데 있어서, 보다 적극적으로 행동하여 기후환경을 인간 생활에 유리하게 개조하려고 노력해 왔다. 인간은 농작물의 재배와 함께 본격적인 기후 개조를 시작했다고 볼 수 있다. 농업의 시작은 수리 사업의 시작이다. 따라서 고대 나일 문명이나 메소포타미아 문명 또는 황하 문명 등의 발생에 기후 개조가 중요한 영향을 미쳤다고 생각한다. 농경지를 경작할 때 토양을 갈아 엎어주는 것 자체

가 일종의 소규모 기후 개조라고 할 수 있다. 토양의 물리적 성질을 바꾸어 농작물 성장에 유리한 토양 기후로 개조를 해주는 것이다.

온실 재배도 열 환경을 개조하여 인공적으로 농작물에 적당한 기후환경을 만들어 주는 기후 개조라고 볼 수 있으며, 방풍림 조성 또한 강풍 지역이나 해안에서 바람과 모래의 이동을 막는 역할을 통해 기후 개조의 역할을 한다. 중규모의 기후 개조는 과학적인 이론을 통해 이루어지는 것이 보통인데, 인공강우는 그 대표적인 예이다.

지형 개조

인간이 의도적으로 지형을 개조하는 직접적 지형 개조에는 농경지 조성·제방 축조·광산 채굴·하천 개수·운하 건설·도로 건설 등이 포함된다. 그리고 인간의 의도와는 관계없이 그 행위의 결과로 나타나는 2차적인 지형의 변화가 있다. 대체로 예상하지 않았던 변화가 일어나기 때문에 심각한 문제를 일으킨다. 즉 삼림 벌채로 인한 산사태와 하천의 침식·운반·퇴적량의 증가 또는 광산 채굴, 지하수의 과도한 이용으로 인한 지반 침하 등이 그것이다. 초기의 것으로는 고분(古墳) 축조로 인한 것과 그 외 농경생활과 관련된 경지 개간, 관개 시설 건설 등에 의한 것이 있고, 해안 매립 사업과 풍수해 방지를 위한 제방 건설, 외적 방어용 성곽 축조 등도 포함된다. 최근에는 과학 기술을 이용하여 생산적 목적으로 이루어지는 것이 대부분인데, 주로 해안의 간척과 매립 사업, 광산 개발 등은 그 대표적인 예이다.

국토개발과 자연 개조

고대 국가부터 경제적 기반을 강화하기 위해서 국가적 차원의 자연 개조사업이 진행되었다. 산업혁명 이전에는 주로 농업과 관련된 것이고, 이후에는 근대적인 방법으로 지하 자원 개발·하천의 종합 개발·치수 사업 등이 이루어졌다. 근대적인 방법으로 대규모의 자연 개조를 진행시켜온 대표적인 국가들은 국토가 넓어 각종 자연 재해가 빈번히 발생하는 미국, 러시아, 중국 등이 대표적이다. 러시아는 1948년 자연 개조 계획을, 중국은 1949년 국토개발계획을, 미국은 1933년부터 TVA계획을 국가적 사업으로 실시하였다.

3. 환경 문제

세계는 지금 심각한 지구환경 문제에 직면하고 있다. 대부분의 환경 문제는 자연적인 환경 변화보다는 인간의 직접적인 또는 간접적인 활동에 의한 인위적인 환경변화에 의해 야기되고 있다. 여기서는 전지구적인 규모로 발생하고 있는 지구 온난화 현상, 성층권 오존층 파괴, 산성비 문제 그리고 최근에 논란의 대상이 되고 있는 환경 호르몬에 대해 살펴보기로 한다.

1) 지구 온난화 현상

지구 온난화 현상으로 인해 지구의 평균 기온이 지금 서서히 상승하고 있으며, 이대로 간다면 21세기 중반에는 1~4℃의 기온 상승이 일어날 가능성이 높아지고 있다. 이와 같은 지구 온난화 현상은 일반적인 대기오염보다도 환경문제로서의 성격이 훨씬 광범위하다. 명칭조차 세계 온난화가 아니라 지구 온난화(global warming)라고 하고 있다. 따라서 그 결과는 원인 제공자와 피해자를 구분하지 않고 떠안게 되어 있다. 기온이 앞으로 수십 년 정도 사이에 평균 기온이 1~4℃나 상승한다는 것은 이제까지의 지구 역사에서 매우 드문 일로, 인간생활과 지구상의 모든 생물에 대하여 엄청난 영향을 미치게 된다.

문제는 이러한 기온 상승의 원인이 어디에 있느냐, 인간활동이 앞으로의 기후에 어떠한 영향을 미칠 것인지, 그리고 지구 온난화로 인한 기온 상승이 환경에 어떠한 영향을 미칠 것인지 하는 것이다.

(1) 온실 효과 기체와 지구 온난화

태양으로부터 오는 단파장 복사열은 대기권의 극히 일부분만을 데우며, 대기권을 주로 데우는 것은 흡수된 태양 에너지가 지표에서 장파장의 적외선(열) 형태로 다시 방출되는 복사열이다. 태양 복사 에너지의 약 30%는 대기층에서 반사돼 우주 공간으로 흩어져 나가고 나머지인 70%는 대기, 구름, 지표에 흡수된다. 이렇게 흡수된 태양 복사 에너지는 다시 지구 복사 에너지의 형태로 우주 공간으로 방출되면서 복사 평형을 이루게 된다. 이때 수증기, 이산화탄소, 메탄 등 온실 효과 기체의 대기 중 농도가 짙어지면 반사파 중 긴 파장의 복사파(적외선)가 이들 기체에 흡수된다. 이러한 온실기체들은 적외선 주파수와 비슷한 주파수로 진동을 일으키기 때문에 적외선의 에너지를 흡수할 수 있다. 그러면 대기가 갖는 복사에너지의 양이 증가돼 점차 지구의 온도가 상승한다.

사실 정확한 표현을 하자면, 대기로 흡수된 열량이 마치 담요로 덮어씌운 듯 탈출되지 않기 때문에 대기의 온도가 올라가는 것으로 '담요 효과(blanket effect)'란 말이 더 어울린다. 지표에서 방출되는 적외선 복사는 대기권에 존재하는 수증기, 이산화탄소, 메탄, 아산화질소와 기타 온실 효과 기체에 흡수돼 결과적으로 대기권이 데워지는 것이다. 이러한 현상을 '온실 효과(greenhouse effect)'라 하며, 온실 효과로 인해 지구의 평균 기온이 약 15℃로 유지되어 생물이 살 수 있는 환경이 조성되고 있는 것이다. 만약에 온실 효과가 없다면 지구의 기온은 약 35℃나 내려간 영하 19~20℃ 정도가 될 것이다.

그런데 온실 효과 기체란 어떠한 기체이며, 어떤 성질을 가지고 있는 것일까? 자연계에 존재하는 대표적인 온실 효과 기체는 이산화탄소, 아산화질소(N_2O), 메탄(CH_4), 염화불화탄소류(CFCs), 수증기 등이 있다. 온실 효과 기체라는 것은 가시 광선은 투과시키지만, 적외선은 잘 흡수하는 광학적 성질을 가진 기체이다. 대기 중 온실 효과 기체의 함량은 공기 총량의 0.1% 이하로, 이것은 지구의 기후를 고르게 유지하는 데 필요한 양이다. 현재 지구 온난화 현상과 기후 변화에 대한 우려는 화석 연료의 사용, 삼림 파괴, 농업과 공업으로 인한 공해, 인위적인 염화불화탄소류와 기타 다른 인간 활동으로 인해 대기 중으로 방출되는 온실 효과 기체 때문이다. 이와 같이 대기권에서 적외선을 흡수하는 온실 효과 기체의 축적은 온실 효과의 증폭과 그로 인한 지구 온난화 현상을 야기시키고 있다.

온실 효과 기체 중 가장 영향이 큰 것은 이산화탄소이다. 산업혁명 이후 석탄, 석유 등과 같은 화석 연료의 소비가 급증하면서 대기 중의 이산화탄소 농도는 매년 증가 일로를 걷고 있다. 미국 스크립스 해양 연구소의 찰스 킬링(Charles Keeling)은 국제 지구 관측의 해인 1958년부터 하와이 마우나 로아 관측소에서 정기적으로 대기 중의 이산화탄소 농도를 측정해 왔다. 그 결과 대기 중의 이산화탄소 농도는 1958년에 315ppm이었던 것이 1987년에는 약 350ppm, 그리고 1993년 말에는 360ppm에 달했다(<그림 7-1>).

지난 300년 동안 대기 중의 이산화탄소 농도는 약 30% 정도, 즉 85ppm이 증가하였다. 이러한 증가는 대부분 인간사회의 화석연료 사용과 삼림 파괴에 기인한다. 1993년 화석연료의 사용과 시멘트 생산을 위해 60억 톤의 탄소가 이산화탄소로 배출되었다. 화석연료 사용으로 방출되는 전체 탄소의 약 절반이 대기 중에 방출되는 것으로 알려지고 있다. 계속된 화전농과 토지 이용 등을 위한 삼림 파괴 등도 이산화탄소를

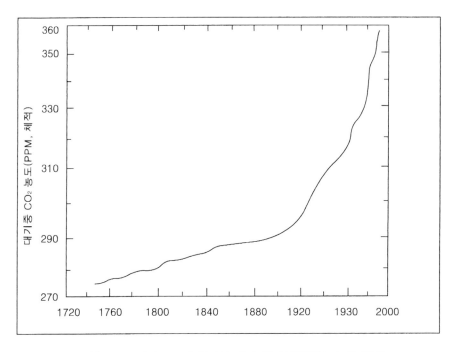

<그림 7-1> 지난 300년 동안의 대기 중 이산화탄소 농도 변화

배출한다. 삼림을 벌채하여 태우거나 방치하면, 식물 속에 유기물로 고정되어 있는 탄소 성분이 이산화탄소로 방출된다. 이산화탄소의 농도 증가가 삼림 파괴 등에 의해 어느 정도 일어나고 있는가를 정확하게 추측한다는 것은 대단히 어려운 문제로, 연구자에 따라 그 추정치에 차이가 있지만, 현재로서는 화석연료 소비로부터의 이산화탄소 증가의 20% 정도로 생각되고 있다.

아산화질소(N_2O)는 토양이나 물 속의 미생물에 의해서 만들어지는 자연 발생 기체로서, 질소 비료의 대량 사용은 간접적으로 아산화질소 증가에 관여한다. 요소와 질산암모늄 비료에 사용되는 질소의 일부는 토양에 있던 박테리아에 의해 이산화질소로 바뀌어 대기로 방출된다. 아산화질소는 비료의 사용으로 인해 여간 300만~450만 톤의 질소가 아산화질소 형태로 대기 중에 방출되는 것으로 알려지고 있다. 아산화질소는 지표에서 재복사되는 적외선 복사를 차단함으로써 대류권의 온도를 상승시킨다.

메탄(CH_4)은 매우 효과적인 온실 효과 기체로서 호수와 늪, 논, 하천 등의 물 속에서의 유기물의 부패 발효, 동물의 장내 발효, 화석연료와 생연료의 사용, 쓰레기 매립 등으로 주로 발생한다. 대기 중으로 유입되는 메탄의 60% 이상이 인간의 활동과 연관되어 있는 것으로 추정된다. 메탄의 대기 중 농도는 200년 전에 비해 2배 정도 증가하였으며, 현재 대기 중에 약 1.7ppm 정도의 농도를 유지하고 있다. 메탄은 이 산화탄소에 비해 대기 중의 농도는 훨씬 낮지만 적외선 복사를 차단하는 데에는 이 산화탄소보다 20배나 효과적이다.

염화불화탄소류(CFCs)는 온실 기체로서 자연발생적인 것이 아니라 인공 합성물이 다. 염화불화탄소류는 에어컨과 냉장고의 냉매, 스프레이 분사제, 스티로폼 컵 제조, 산업용 용매 등으로 널리 사용된다. 염화불화탄소류에는 프레온 CFC-11과 CFC-12 두 종류가 있다. 대기 중의 염화불화탄소류의 양은 이산화탄소에 비해 훨씬 적지만, 온실 효과 기체로서는 1만 배나 강력하고 대기 중 잔류 기간이 매우 길다. CFC-11 은 대기 중에 약 75년간, CFC-12는 약 150년간 잔류하는 것으로 알려져 있다.

대기권의 수증기는 가장 중요한 온실 효과 기체이다. 대기권의 수증기 양은 지구 의 온도에 비례하기 때문에 지구 온난화 초기에는 대기 중 수증기의 양이 증가할 것 이다. 수증기 양이 증가하면 지표에서 나오는 적외선 복사를 더욱 많이 흡수할 수 있 기 때문에 온난화를 가속화시킨다.

(2) 지구 온난화의 영향

기후 변화

인위적으로 온실 효과 기체가 대기 중으로 방출되어 나타나는 온실 효과의 증폭으 로 예상되는 가장 명백한 효과는 기온 상승이다. 기후 변동에 관한 정부간 패널 (IPCC)의 조사 결과에 따르면, 다음 세기 지구의 평균 기온 상승률은 매 10년간 0. 3℃에 달할 것이라고 한다. 이것은 지난 1만 년 역사상 가장 높은 상승률이다. 더 나 아가 IPCC는 2025년의 지구 평균 기온이 1990년에 비해 1℃ 상승할 것 같다고 결 론 내렸고, 앞으로 국제 사회가 당장 조치를 취하지 않는다면 2025~2050년에 대기 중 이산화탄소 양이 두 배가 될 것이며, 앞으로 1백 년간 지구 온도가 1~3.5℃ 상승 하고, 해수면은 15~95㎝ 정도 높아질 것이라고 추정하고 있다.

그러면 대기 중의 이산화탄소 농도가 2배로 증가할 경우 기온 상승은 어느 정도가 될까? 온실 효과 기체 배출에 대한 몇 가지 시나리오를 근거로 대기-해양 시스템 모 델을 사용하여 추정한 바에 따르면, 지구 전체의 평균 기온 상승은 4.0~5.2℃로 어 느 연구에서나 거의 같은 정도의 결과가 나오고 있다.

기상청 기상연구소는 1998년 말 제주도 고산 기상대에서 측정한 결과, 국내 대기

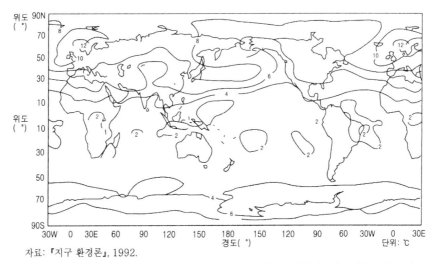

자료: 『지구 환경론』, 1992.

<그림 7-2> 대기-해양 혼합층 모델을 사용하여 대기 중 이산화탄소 농도를 2배로 하고
계산한 경우와 현재의 농도로 계산한 경우의 세계 연평균 지표 기온의 차

중 이산화탄소 평균 농도가 1997년보다 3ppm가량 늘어난 370ppm이었으며, 이는
국내 이산화탄소 연평균 증가량 1.5ppm의 2배에 달하는 것이라고 밝히고 있다. 그
리고 최근 25년 사이 우리나라 주요 지점의 평균 온도가 0.96℃ 상승했다는 연구 결
과가 나왔다.

한국교원대의 정용승 교수는 '한국의 최근 기온 변화'란 보고서에서 서울, 부산
등 주요 도시를 포함한 전국 9개 측정소의 연평균 기온이 지난 1974년 이후 작년까
지 25년 동안 0.96℃ 상승했다고 밝혔다. 1974년의 9개 지점 평균 온도는 12.5℃였
으나, 97년에는 13.5℃를 기록했다는 것이다. 정 교수는 기온상승 속도가 1982년 이
후 특히 빨라지고 있다고 말했다. 또한 강수량도 꾸준한 증가 추세를 보이고 있는데,
1906년 이후의 국내 강우량 통계를 분석한 결과, 지난 92년 동안 우리나라 연평균
강수량은 약 182㎜ 정도 많아진 것으로 알려지고 있다. 이는 지구가 온실 가스의 효
과로 점점 더워지고 있다는 온난화 현상을 반영하는 것이라 할 수 있다.

세계 각 지역의 기온 상승 분포에 대해서는 개개의 연구마다 세세한 점은 다르나,
위도가 높을수록 기온 상승폭이 크다는 특징은 공통적이다. 기온 상승에 따라 해양
등으로부터의 수분 증발량이 증가하여 지구 전체로서는 강수량이 증가한다. 그러나
강수량의 변화도 지역적으로 한결같이 일어나는 것은 아니다. 특히 대륙 내부에서는
강수량이 적어지는 지역도 생기고, 토양 수분의 증발량이 많아지는 곳도 있어 토양
중의 수분이 저하하여 사막화가 진행되는 지역도 생긴다(<그림 7-3>).

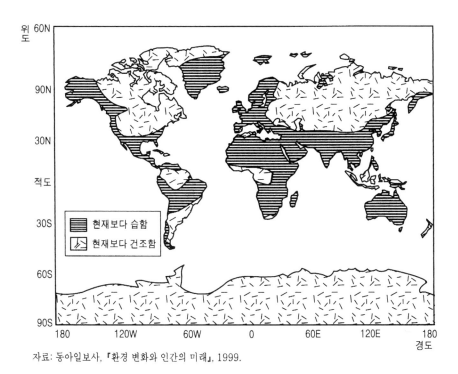

자료: 동아일보사, 『환경 변화와 인간의 미래』, 1999.

<그림 7-3> 지구가 온난화할 경우 예상되는 전세계 토양 중 수분함량의 예상 변화양상

기온과 강수량의 급격한 변화에 따라 나타나는 가장 큰 문제는 육상 생태계의 교란이다. 이러한 생태계의 교란은 지구 온난화에 따른 토양 수분의 분포 변화에 의해 발생한다. 토양 수분의 변화는 온난화가 가져온 물 순환의 변화로 생긴다. 건조 지역, 반건조 지역, 농지의 분포가 달라지며, 전 지역의 물 균형이 깨진다. 토양 수분의 변화는 미생물과 곤충 및 해충의 분포도 변화시킬 가능성이 있다. 또한 일부 동식물 종의 수가 증가하고 일부는 감소하기도 한다. 그러나 삼림과 같은 대규모 생태계는 환경 변화를 따라갈 만큼 빠르게 이동할 수가 없으므로 지구가 온난해지면 결국 육상 생물 종은 그 수가 감소할 것이다. 그린피스는 연례 보고서에서 2000년까지 지구 온난화 등의 이유로 동식물 2만 5,000여종이 멸종할 것이라고 예측했다. 결국 기후 변화에 적응 못한 종은 점차 자취를 감추고, 상대적으로 영향을 받지 않은 해충은 창궐한다는 예상이다.

<표 7-2> 해수면 상승 추정치(2000년~2100년)

(단위: cm)

범주	2000년	2025년	2050년	2075년	2100년
최소	4.8	13	23	38	56
최소-중간	8.8	26	53	91	144
중간-최고	13.2	39	79	137	217
최고	17.1	55	117	212	345

자료: Hoffman, John S. et al., *Projecting Future Sea Level Rise*, 1983.

해수면 상승

지구 온난화에 의해 야기될 수 있는 문제 중 하나는 해수면 상승이다. 해수면 상승을 일으키는 요인으로는 해수면보다 위에 있는 빙하의 융해와 해수의 온도 상승에 따라 일어나는 팽창이다. 지구 온난화를 일으키는 열은 대부분 대류권 바람이나 해류에 의해 전달된다. 바람과 해류가 적도에서 극 지역으로 순환하면서 열이 지구 전체에 퍼진다. 극 지역으로 전달되는 전체 열의 약 40%가 해류를 통해 이루어진다. 극 지역으로 전달된 열은 산악 빙하와 극 빙산을 녹이고, 이로 인해 지하수의 바다 유입이 증가함에 따라 해수면은 상승하게 된다.

전 지구적인 해수면 상승률을 보면, 100년 간 10.5±1.0cm 상승한 것으로 알려지고 있다. 최근 100년간의 해수면 상승에 대한 여러 가지 요인들의 기여도를 보면, 해수 온도 상승에 따른 해수면 팽창의 기여도는 4±2cm, 육지의 빙하는 4±3cm, 그린란드의 빙상은 2.5±1.5cm, 남극 빙상은 0±5cm로, 이들의 총 합계는 10.5±11cm이다.

앞으로 100년 동안 지구 온난화가 가속되면 해수의 열 팽창이 일어나고, 극 지방과 고산 지대의 빙하가 녹아 해수면은 약 60cm 정도 상승할 것으로 추정되고 있다. 그리고 대기 중의 이산화탄소 농도가 2배가 되는 시기에는 약 20~120cm 정도의 해수면 상승이 일어난다고 추정되고 있다. 해수면 상승으로 인해 가장 문제가 된 것은 전세계 저지대의 침수이다. 해수면이 1m 상승하면 전세계 인구의 20%가 사는 지역이 침수되거나 크게 변할 것이다. 전문 연구기관의 보고에 의하면 해수면이 15~95cm 정도 상승하면 마샬 군도의 80%, 방글라데시 17%, 네덜란드 6%의 육지가 침수된다고 한다. 현재 전세계 인구의 21%가 반경 30km 이내의 섬에 거주하는 점을 감안할 때 2050년에 해수면이 20cm만 상승해도 7천 8백여 만 명이 물난리를 겪거나 수몰될 것으로 예상된다.

2) 성층권 오존층 파괴

오존(O_3)은 지표에서 고도 60km에 걸쳐 농도 변화를 보이면서 존재하며, 대기권 전체 기체의 약 0.0008%를 차지한다. 대기권 오존의 90%는 성층권 오존으로서 성층권 상부의 19~48km 사이에 주로 분포한다. 성층권 오존은 자연적으로 만들어져 오존층 보호막을 형성하고 있다.

(1) 오존의 중요성

성층권 오존은 다음과 같은 2가지 중요한 기능을 가지고 있다. 그 중 하나는 지구 둘레에 오존층 보호막을 형성하여 태양으로부터 지구에 도달하는 유해한 자외선의 99%를 차단해주는 기능이다. 자외선은 지구에 도달하는 태양 복사량의 2%를 차지하고 있는데, 이 에너지의 파장은 1~400nm(1nanometer=10억분의 1m)로 우리 눈에는 보이지 않는다. 이 중에 생명체에 치명적인 자외선은 파장이 작은 200~280nm의 자외선인 UV-C와 280~320nm 사이의 UV-B 자외선이다. 오존은 이러한 자외선을 차단하여 지구의 생명체를 보호하는 방패 역할을 하고 있다. 지구상에 생명체가 존재하게 된 것도 오존층이 형성되고나서부터라 할 수 있다.

오존은 지구의 기온을 조절하는 기능을 가지고 있다. 성층권의 오존은 지구 대기권으로 유입되는 자외선을 흡수함으로써 대기권의 일부를 따뜻하게 한다. 즉 오존은 온실 기체의 하나로서 온실 효과를 일으키는 역할을 하기도 한다.

(2) 오존의 생성과 소멸

성층권의 오존은 파장 180~240nm인 자외선이 산소 분자(O_2)에 흡수될 때 만들어진다. 자외선을 흡수한 산소 분자는 2개의 산소 원자로 쪼개지고(O_2+자외선→O+O), 2개의 산소 원자는 각기 다른 2개의 산소 분자와 결합해 2개의 오존 분자를 만든다(O_2+O→O_3). 오존 분자는 파장 200~320nm인 자외선에 노출되면 파괴되어 다시 산소 분자와 1개의 산소 원자로 쪼개진다(O_3+자외선→O_2+O). 이러한 과정에서 열이 방출되어 성층권을 데운다. 이러한 과정이 반복되면서 오존의 생성과 소멸은 서로 동적인 균형을 이루게 된다.

인간 활동에 의해 오존의 생성과 소멸은 자외선과 대기의 천연 기체들에 의해 동적인 균형을 유지하고 있었다. 오존은 파괴되는 즉시 다시 생산되어 균형을 맞추었기 때문에 성층권 오존은 비교적 안정된 상태를 유지하고 있었다. 그래서 지구가 자외선으로부터 보호되었으며, 성층권의 온도도 비교적 안정될 수 있었던 것이다.

오존의 양은 돕슨(Dobson) 단위로 측정 가능하다. 돕슨 단위(DU)는 1920년대 말 처음으로 오존층의 두께를 측정한 돕슨(G. M. B. Dobson)의 이름을 딴 것이다. 돕슨 단위는 오존이 공기 칼럼당 1대기압과 0℃에서 1/100㎜ 두께로 존재하는 양에 해당한다. 오존층의 평균 두께는 이 상태에서 약 320DU에 불과하다. 이는 대략 지표면 1㎠당 오존 분자 8.6×1018개에 해당한다.

(3) 오존층의 파괴

1985년 영국의 남극 조사소 과학자들은 1977∼85년 남반구 봄철인 9, 10월에 남극 상공의 오존층이 얇아졌고, 그 원인은 프레온 가스로 알려진 불화염화탄소(CFCs)라고 발표하였다. 그후 수많은 연구 결과로 인해 지구의 평균 오존량은 1978∼85년 연간 0.5%씩 감소하여 왔다. 미국의 항공우주국(NASA)의 연구에 의하면, 현재 남극 상공의 오존층이 무려 절반 가량 파괴됐으며, 이로 인해 생긴 오존홀이 날로 커지고 있고, 오존홀의 크기가 무려 3천2백만㎢에 달한다고 한다.

불화염화탄소는 오랫동안 스프레이 캔의 분사제, 스티로폼 제품, 용해제, 냉장고와 에어컨의 냉매로 사용되어 왔다. 불화염화탄소는 가장 강력한 인위적인 오존 파괴 화합물로서 성층권에 도달하면 강한 자외선에 의해 분해된다. 불화염화탄소가 자외선과의 광화학 반응에 의해 염소 원자(Cl)가 유리되고, 유리된 염소 원자는 촉매 작용을 통해 오존층 밀도를 저하시키는 것으로 알려지고 있다. 즉 염소 원자는 오존을 공격, 일산화염소(ClO)와 산소 분자(O$_2$)로 분리시키며, 이 과정이 반복됨에 따라 오존층의 밀도는 저하되는 것이다. 오존층의 파괴 과정은 다음과 같다.

(freon 11) $CFCl_3$ + hv → $CFCl_2$ + Cl
(freon 12) $CF2Cl_2$ + hv → CF_2Cl + Cl
h = 프랑크 정수, v = 방사 파장(nm)

Cl + O3 → ClO + O$_2$
ClO + O$_3$ → Cl + O$_2$

오존층 밀도가 저하되면 생물에 유해한 자외선 UV-B가 다량 지표에 도달하게 된다. 대기 중 오존량의 1%가 감소될 경우, UV-B의 입사량은 2% 정도 증가하고, 그로 인해 악성 피부암 발생률은 3%, 백내장 발생률은 0.6% 정도 증가하며, 작물의 생육, 수량 그리고 수중 플랑크톤류 등에도 악영향을 주는 것으로 보고된 바 있다. 지난 10년 사이 서울의 오존량이 4% 감소하는 등 오존층 파괴가 심각한 것으로 밝혀지고 있다.

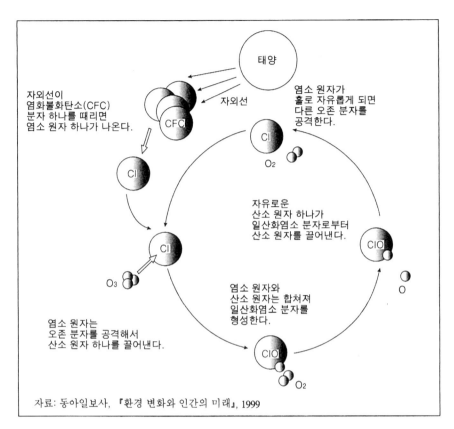

자외선이
염화불화탄소(CFC)
분자 하나를 때리면
염소 원자 하나가 나온다.

태양

자외선

염소 원자가
홀로 자유롭게 되면
다른 오존 분자를
공격한다.

CFC

Cl

Cl

O₂

자유로운
산소 원자 하나가
일산화염소 분자로부터
산소 원자를 끌어낸다.

Cl

ClO

O₃

O

염소 원자와
산소 원자는 합쳐져
일산화염소 분자를
형성한다.

염소 원자는
오존 분자를 공격해서
산소 원자 하나를 끌어낸다.

ClO

O₂

자료: 동아일보사, 『환경 변화와 인간의 미래』, 1999

<그림 7-4> 성층권 오존의 파괴과정

 기상청은 '1988~98년 10년간 서울의 오존량이 매년 평균 0.4%씩 감소해 전체적으로는 4%가 준 것으로 조사됐다.'고 발표했다. 오존층 파괴는 자외선 복사량 증가로 이어지는데, 기상청이 1998년 여름(6~8월) 한반도에 관측된 자외선 지수를 분석한 결과 서울과 제주에서는 「높음」(7~8.9 이상)이 20회 이상 나타났고, 특히 서울에서는 「매우 높음」(9 이상)이 무려 6차례 나타났다. 기상청은 서울의 오존량 손실이 북극 지방의 오존층 파괴 현상이 한반도가 위치한 북반구 중위도에 영향을 미쳐 일어난 것으로 보고 있다.

3) 산성비

(1) 산성비의 발생 원인

대기 중에는 340ppm(대기 중의 약 0.03%)의 CO_2가 포함되어 있는데, 이 CO_2가 빗물에 충분히 녹아 평형 상태가 되었을 때 pH 값은 약 5.6이 된다. 일반적으로 내리는 정상적인 강수는 약산성인 셈이다. 그러나 산성비(acid rain)라고 하는 것은 산화황·산화질소 등에 의해 대기가 오염되어, 정상 대기의 pH 농도 5.6보다 낮은 산성을 강하게 띠는 강우를 말한다.

오늘날 화석연료의 연소와 인간들의 여러 활동에 의해 인위적으로 산화황이 자연적으로 만들어지는 양을 초과하고 있다. 인위적으로 형성된 산화황의 약 70%는 화력발전소에서 석탄을 사용해서 만들어진 것이다. 산화질소의 경우 자동차 매연이 주된 공급원이며, 화력발전소에서도 많은 양이 배출되고 있다. 1990년대 초 화석연료의 사용에 의해 이산화황의 형태로 배출된 황은 연간 거의 9000만 톤에 이른다. 이 양은 자연적·인위적으로 배출되는 산화황의 50% 이상에 해당한다. 산화질소의 경우, 지표면에서 대기로 방출된 산화질소에 의한 전세계 총 질소량은 연간 약 4500만 톤에 이른다. 이 중 55% 정도가 화석 연료의 연소로 배출된 것이다.

산성비는 산화황이나 산화질소와 같은 대기 오염 물질이 대기 중의 물(H_2O), 하이드록실기(OH기) 그리고 햇빛과 화학 반응이 일어나 황산(H_2SO_4)이나 질산(HNO_3)의 미세한 물방울로 전환될 때 형성된다. 온도, 습도, 빛의 강도, 대기의 이동, 대기를 이루고 있는 입자의 표면 특성 등과 같은 여러 가지 환경적 요인들이 이 화학 반응에 영향을 미친다.

전 지구의 환경적 측면에서 주요 관심사는 이들 산성비는 오염 배출원인 대도시나 공업 지역은 물론 국경을 넘는 오염 물질의 장거리 수송에 의해, 오염 배출 지역과는 수백km 이상 떨어진 지역에서도 발생하여 심각한 피해를 주고 있다는 점이다. 그 대표적인 예는 북유럽과 서유럽 국가와의 관계이다. 즉 오염 물질의 배출원은 영국·벨기에·서독 등이지만, 이 물질의 장거리 수송에 따른 피해 지역은 노르웨이·스웨덴 등지가 되고 있는 것이다. 편서풍대에 속하는 서부 유럽에서 대기 중으로 배출된 황산화물·질소산화물이 편서풍을 타고 북유럽으로 장기간 수송되는 사이, 황산이나 질산으로 변화하면서 강수중으로 녹아들어 산성비를 일으키는 것으로 밝혀졌다. 북유럽에 오염을 일으키는 물질 중 약 70%는 서유럽에서 수송된 것으로 알려져 있다.

우리나라에서 발생하는 산성비의 주요 원인 물질인 황산염의 19~39%가 바람을 타고 중국에서 날아오는 것으로 밝혀졌다. 국립환경연구원은 95년부터 장거리 이동

대기 오염 물질을 추적, 조사한 결과 우리나라에서 발생하는 전체 황산염 중 북서풍이 불 때는 39%, 남서풍이 불 때는 19% 정도가 중국에서 날아온 사실을 밝혀냈다. 황산염이 산성비의 주요 원인 물질이라는 점에서 볼 때, 이번 조사 결과는 우리나라 산성비에 중국 오염 물질이 적지 않은 영향을 미친다는 점을 다시 한번 입증한 셈이다. 또 국립환경연구원은 하루에 100~325톤의 아황산가스가 중국에서 날아온다고 밝혔다. 이는 우리나라의 하루 평균 아황산가스 발생량(약 4,000톤)의 2.5~8.1%에 이른다. 아황산가스는 황산염의 초기 단계 물질로 바람을 따라 황해를 넘어오면서 수분을 함유, 황산염으로 변한다.

(2) 산성비가 미치는 영향

호수의 무생물화

호수에 서식하는 수생 생물들은 산성비로 인해 수서 환경의 산성화가 촉진되어 점점 사라지고 있다. 수생 생물들은 pH값의 변화에 민감하여 수서 환경이 조금만 산성화되더라도 서식하지 못하게 된다. 또한 수서 환경 주변의 토양이나 암석이 산성화됨에 따라 이들 속에 함유되어 있는 알루미늄과 같은 중금속이 호수나 하천으로 용출(溶出)되어 수서 환경의 중금속 농도를 증가시킨다. 그 결과 물고기가 호흡할 때 아가미의 막을 통해 이루어지는 산소 전달 작용에 이상이 생겨 결국 물고기는 호수에서 사라지고 만다. 수산(水酸) 알루미늄의 독성은 물의 pH가 5일 때 가장 강하다. 이같이 산과 중금속의 상승 효과로 인하여 그 피해는 더욱 증대된다.

호수가 산성화되어 pH가 5.5 이하가 되면 어란(魚卵)은 부화되지 않으며, 결국 호수나 하천 등의 담수어의 종류나 개체수가 감소하거나 전멸하게 된다. 노르웨이 경우 1970년대 후반 남부 지방에서 조사된 바에 의하면, 약 5000개의 호수 중 ⅓에는 어류가 전혀 살고 있지 않으며, 나머지 지역도 어류의 종류나 개체수가 계속 감소하고 있는 것으로 알려졌다. 스웨덴의 경우도 상황은 비슷하다. 스웨덴 남부의 한 호수에서 pH와 투명도의 경년 변화를 조사한 결과, 20세기 전반까지 변동이 없던 pH는 1950년대 이후 급격히 저하되어 1970년대에는 4.0~5.0 정도로 나타났다. 이같은 호수의 산성화로 인해 1951~1973년 사이 화학적 산소 요구량(COD)은 24㎎/ℓ에서 8㎎/ℓ로 감소하였다. 이 결과 호수 중의 유기물이 계속 감소하여 결국 플랑크톤 등의 생물이 감소하여 호수의 무생물화가 나타나게 되었다.

<표 7-3> 1988년 유럽 전지역에서 조사된 삼림 피해면적

국가 또는 지역	총 삼림 면적 (1000ha)	추정된 피해 면적 (1000ha)	피해 면적 비율 (%)
체코슬로바키아	4,578	3,250	71
그리스	2,034	1,302	64
영국	2,200	1,408	64
구소련(에스토니아)	1,795	933	52
서독	7,360	3,827	52
이탈리아(터스커니)	150	77	51
리히텐슈타인	8	4	50
노르웨이	5,925	2,963	50
덴마크	466	228	49
폴란드	8,654	4,240	49
네덜란드	311	149	48
벨기에(프랑드르)	115	53	46
동독	2,955	1,300	44
불가리아	3,627	1,560	43
스위스	1,186	510	43
룩셈부르크	88	37	42
핀란드	20,059	7,823	39
스웨덴	23,700	9,243	39
벨기에(월로니아)	248	87	35
유고슬라비아	4,889	1,564	32
스페인	11,792	3,656	31
아일랜드	334	100	30
오스트리아	3,754	1,089	29
프랑스	14,440	3,321	23
헝가리	1,637	360	22
구소련(리투아니아)	1,810	380	21
이탈리아(볼자노)	307	61	4
포르투갈	3,060	122	4
다른 지역	13,474	-	-
총 면적	140,956	49,647	35

자료: 동아일보사, 『환경 변화와 미래』, 1999.

토양과 삼림 생태계 파괴

육상에서는 토양에 포함된 유기물이 자연적으로 분해돼 산성 물질이 형성된다. 이렇게 형성된 산성 물질은 암석의 침식 작용을 통해 다시 중화된다. 이렇게 해서 토양은 자연 상태에서 산성화하지 않아 많은 생물과 식생이 성장해 나갈 수 있는 것이다. 그러나 산성비가 내려 토양의 산성화가 촉진되고 암석에 의한 독성 금속 물질의 이동과 농축 현상이 나타나 삼림 생태계를 파괴시킨다. 토양이 산성화하면서 중금속과 독성 알루미늄 농축과 영양염 고갈 등의 현상이 일어난다. 토양 특성의 변화와 대기

오염 등 복합적인 압력은 삼림 생태계를 파괴시키는 심각한 요인이 되고 있다. 주변 환경 오염으로 약해진 삼림은 해충에 대한 저항력이나 가뭄 등을 이겨낼 수 있는 힘이 사라져 결국 고사하고 만다.

스칸디나비아 반도 남부 삼림지역에서는 절족 동물이나 지렁이의 개체수가 감소하고 종조성(種組件)이 변하는 등의 피해를 입고 있으며, 수목의 나이테 폭이 1950년경부터 감소하는 경향을 보이고 있다. 통일 독일 이전의 서독의 경우 산성비로 인해 전체 삼림의 50% 이상이 피해를 입은 것으로 되어 있다. 1982년과 1983년 전국적으로 분포해 있던 전나무의 60%와 75%가 산성비의 피해를 입은 것으로 알려졌다.

산성비에 의한 건축물과 구조물의 부식

산성비는 토양, 삼림, 호수 등의 자연 환경에 영향을 줄 뿐만 아니라 대리석, 석회암, 금속, 콘크리트 등으로 만들어진 건축물이나 구조물에도 악영향을 미친다. 오늘날 대기 중에 증가된 산성 물질에 의한 부식이 과거 수천 년 동안 일어났던 것보다 훨씬 빠른 속도로 진행되고 있다. 이 같은 작용으로 인해 고대 양식의 조각, 석상, 예술품, 건축물 등이 심하게 부식되어 심각한 문제가 되고 있다. 그리고 오늘날 도시 지역의 수많은 자동차, 철 구조물, 페인트, 콘크리트 구조물 등이 산성비에 의한 부식으로 많은 피해를 받고 있다.

4) 환경 호르몬

정자수를 감소시키는 등 생식 기능을 떨어뜨리고 선천성 기형, 사산(死産), 면역성 저하, 발육 장애 등을 일으킨다는 환경 호르몬은 지구 온난화, 오존층 파괴와 더불어 지구촌 3대 환경 문제 중의 하나로 다른 공해 물질이나 독극물과는 달리 인체 내에 지속적으로 흡수·축적될 경우 종(種)의 절멸(絶滅)을 부를 수 있다는 데 그 심각성이 있다. 때문에 아주 적은 양이라도 성 기능이나 생식 기능은 물론 면역 기능까지 파괴하는 '21세기의 인류 재앙'으로 알려지고 있다.

(1) 환경 호르몬이란?

환경 호르몬이란 환경을 오염시키는 화학 물질의 하나로 체내에 들어와 인체가 원래 가지고 있는 호르몬과 유사하게 작용하는 내분비 교란물질 또는 합성 혹은 자연 상태의 화학 물질을 말한다. 환경 호르몬은 생체를 교란시키고, 생체의 호르몬 양을 변화시키고, 생체의 생식 기능을 떨어뜨려 생식을 어렵게 한다. 환경 호르몬의 실체나 영향 등은 아직 완전히 규명되지 않고 있다.

환경 호르몬이란 말은 환경에 노출된 화학 물질이 생체내로 유입돼 마치 호르몬처럼 작용한다는 의미에서 만들어졌다. 1998년 5월 일본학자들이 NHK 방송에 출연했을 때 처음 등장한 용어다. 학술적 용어로는 내분비계 교란 물질(endocrine disrupters)이라 한다. 이것은 구체적으로 생명체의 항상성(Homeostasis) 유지와 발달 과정을 조절하는 생체 내 자연 호르몬의 생산·방출·이동·대사·결합·작용·배설 등을 간섭 또는 왜곡시키는 모든 체외 물질로도 정의된다.

환경 호르몬은 모두 인류가 소위 '발달과 편이'라는 이름으로 만들어낸 것들의 부산물이다. '문명의 파편들'이라는 환경 호르몬은 그 종류가 매우 다양하며, 지금까지 밝혀진 것만 해도 수백 종에 이른다.

(2) 환경 호르몬의 종류

내분비계 교란 물질인 환경 호르몬은 다이옥신, 폴리염화비닐(PCB), DDT 기타 농약 등 합성 화학 물질이 가장 널리 알려져 있다. 환경 호르몬의 종류는 광범위하다. 1990년대 들어 본격적으로 환경 호르몬의 유해성을 지적하기 시작한 세계야생보호기금(WWF)은 자연에 노출된 환경 호르몬의 종류를 67종으로 선정했다. 이를 크게 농약류(43종)와 합성 화합물류(24종) 두 종류로 구분할 수 있다. 농약류 중 가장 대표적인 환경 호르몬은 DDT이다. 1940년대 초 살충제로 사용돼 농업 생산을 크게 증가시키고, 모기를 박멸해 학질이나 황열병으로부터 수백만의 생명을 구했지만, 여기저기서 피해가 속출하자 1970년대에 사용이 금지된 물질이다. 같은 시기에 알드린, 일드린, 클로르단과 같은 농약 역시 비슷한 이유로 사용이 금지됐다.

한편, 합성 화합물류는 농약류를 제외하고 각종 산업계에서 파생하는 유해 화학물질을 일컫는다. 예를 들어 다이옥신은 제초제를 만들 때 부산물로 발생하거나, 소각장에서 피복 전선이나 페인트처럼 유기 염소계 화합물을 태울 때 생성되는 대표적인 환경 호르몬이다. 또 폴리염화비닐은 전기나 열의 전달을 막는 절연유의 원료인데, 변압기나 콘덴서를 비롯해 거의 전 공업 분야에 이용된다. 주로 산업 폐수에서 많이 검출되며, 한국에서도 오래 전부터 낙동강을 오염시키는 주범으로 인식되는 물질이다. 이 외에도 계면활성제로 사용되는 페놀류나 선박의 도료로 사용되는 트리부틸주석(TBT) 등 다양한 종류가 있다.

그러나 67종이란 수는 어디까지나 현재까지 알려진 화학 물질 중에서 색출된 것일 뿐이다. 매년 수십만 종 이상의 화학 물질이 실험실에서 합성되고 있기 때문에 자연계에 얼마나 많은 수가 존재하는 지 아무도 모르는 실정이다. 또 학자에 따라서 환경호르몬의 종류는 다양하게 구분된다.

일본의 경우 독자적으로 환경 호르몬을 143종으로 선정했다. 미국은 주별로 규제 물질의 종류가 다양하다. 그래서 67종에서 제외된 수은이나 카드뮴 같은 중금속류가 환경 호르몬에 포함되기도 한다. 미국 환경청(EPA)에서는 내분비 교란 물질로 확인된 물질(Known)인 DDT, 다이옥신, PCBs 등 19종, 내분비 교란 가능성 물질(Probable)인 2·4D, 납, 수은 등 29종, 내분비 교란 의심 물질(Suspect)인 프탈레이트·마라치온 등 26종으로 구별해 모두 71종을 환경 호르몬 물질로 발표하였다.

(3) 환경 호르몬의 피해와 대책

환경 호르몬이 구체적으로 어떻게 작용하는가는 아직 명확히 입증되지는 않았다. 과학자들은 다만 그 메카니즘에 관한 다양한 가설을 제시하고 있을 뿐이다. 유력한 가설 중의 하나는 소위 '모방 이론'이다. 모방 이론이란 환경 호르몬이 자연 호르몬을 흉내내 자연 호르몬과 같은 세포 반응을 유발한다는 이론이다. 환경 호르몬이 자연 호르몬보다 세포와의 반응이 약한 경우가 대부분이지만 어떤 경우에는 오히려 더 강할 수도 있다.

예를 들어 약용 합성 물질인 DES는 자연 에스트로젠(여성 호르몬의 일종)보다 반응의 강도가 훨씬 세다. 그 자체로는 세포 반응을 유발하지 않으면서 자연 호르몬과 결합할 수용체를 막아버림으로써 자연 호르몬의 기능을 마비시키는 경우도 있다. 그 결과 생명체의 기능 유지에 필요한 자연 호르몬의 작용이 감소하게 돼 많은 피해를 끼친다. 미국 플로리다 주의 호수에 서식하는 악어 수컷이 음경의 위축으로 번식이 감소한 것은 DDT가 분해돼 생성된 DDE에 의해 남성호르몬인 테스토스테론의 작용이 봉쇄됐기 때문이라는 연구 결과가 있다. 그리고 단백질 수용체와 결합해 비정상적인 세포 반응을 일으키는 환경 호르몬도 있다. 이러한 물질로는 다이옥신을 들 수 있다. 다이옥신은 그 자신이 마치 자연 호르몬처럼 작용해 단백질 수용체들과 결합, 완전히 새로운 세포반응을 일으킨다.

1990년대 들어 환경 호르몬이 생식 기능과 면역 기능을 약화시키고, 행동 이상을 일으키며, 암 발생률을 높인다는 점이 밝혀지기 시작했다. 이 가운데 가장 큰 관심사는 최근 세계 곳곳에서 보고되고 있는 생식 기능의 이상이다. 1999년 4월 일본 국립의약품식품위생연구소는 자국에서 시판 중인 컵라면 용기를 비롯한 25종류의 폴리스틸렌 용기에서 위험한 수준으로 우려되는 독성 물질이 검출됐다고 밝혔다. 비슷한 시기에 한 대학교 의학부에서 20대 남성 34명의 정액을 조사한 결과 정자의 농도와 운동성이 세계보건기구(WHO)의 기준을 충족시킨 사람은 단 1명뿐이라는 충격적인 사실이 전해졌다.

　1996년 스코틀랜드에서는 1984~1995년에 남성의 정자수가 매년 2%씩 감소했다는 연구 결과가 나왔고, 벨기에 켄트시 정자은행에서는 수정이 안 되는 정자가 1980년 5.4%에서 1996년 9%로 늘었다는 사실이 보고됐다. 프랑스에서는 평균 정자수 감소는 물론 평균 고환 크기도 1981년 18.9g에서 1991년 17.9g으로 작아졌다는 연구 결과가 나왔다. 인간 생식에 우려할 만한 조짐은 고환암과 사내아이의 생식기관 이상의 급증에서도 나타난다. 암컷으로 성전환 되고 있는 물고기와 야생동물의 '암컷화'등 생태계의 이상한 현상과 유방암·전립선암도 크게 늘어나고 있다. 이 모든 변화에는 한 가지 공통점이 있다. 자성(雌性) 호르몬인 에스트로겐에 노출됨으로써 유발된다는 것이다.

　여성의 경우도 예외가 아니다. 1998년 말 미국 버팔로 대학 병역학자들은 온타리오 호에 서식하는 오염된 물고기를 먹으면 여성의 월경 주기가 짧아진다는 연구 결과를 발표했다. 또 임신 기간이 지체될 가능성도 지적했다. 실험 대상은 낚시꾼의 부인이나 여성 낚시꾼 2천여 명이었다. 물고기를 오염시킨 물질은 다이옥신과 PCB로 알려졌다. 또한 오염된 물고기를 많이 먹은 산모에게서 태어난 아기들 가운데 출생 시 뇌의 크기가 작고 운동 신경 장애 등을 경험하는 경우가 상대적으로 많은 것으로 조사됐다.

　전문가들은 환경 호르몬 대책으로 △유기 농산물을 먹을 것(국내 추정 환경 호르몬 67개 성분 중 농약이 41종) △아기에게 모유를 먹일 것(분유 수유가 불가피하면 유리 젖병을 쓸 것) △플라스틱 제품의 사용을 줄일 것(불가피할 경우 상대적으로 안전한 폴리에틸렌, 폴리프로필렌 제품을 쓸 것) △쓰레기 발생을 최소화 할 것 △플라스틱 용기를 전자 레인지에서 사용하지 말 것 △염소 표백한 세정제·위생용품의 사용을 줄일 것 등을 권고하고 있다.

　일반 농산물 대신 농약을 사용하지 않은 유기 농산물을 먹는 것이 환경 호르몬으로부터 우리 건강을 보호하는 최선의 길이다. 1998년 시민의 모임 검사 결과 우리가 즐겨먹는 시금치, 배추, 오이, 대파, 깻잎 등에서 환경 호르몬으로 추정되는 농약이 검출됐다. 또 덴마크 유기농 협회의 조사에 따르면 일반 근로자의 정자수가 1㎖당 55만 개인 것에 반해 유기 농산물을 꾸준히 섭취해 온 농민과 근로자의 정자수는 1㎖당 1억 개인 것으로 나타났다.

　플라스틱 도시락, 컵, 접시 등 플라스틱 용기의 사용을 피하도록 한다. 특히 플라스틱 용기에 뜨겁고 기름기가 있는 음식을 담으면 환경 호르몬 물질이 나올 수 있다. 플라스틱 우유병은 환경 호르몬인 비스페놀 A를 원료로 하는 폴리카보네이트로 만든다. 1998년 시민의 모임에서 플라스틱 우유병의 비스페놀 A의 양을 측정한 결과 소독 시간과 상관없이 비스페놀 A가 검출됐다. 환경 호르몬이 없는 유리젖병으로 바꾸는 것이 좋다. 어린이들의 학교 급식 용기도 플라스틱 제품이 많다. 오랫동안 사용한 용기일수록 환경 호르몬의 용출량이 증가하기 때문에 내열 유리나 도자기류 등 안전한 식기로 대체하는 게 바람직하다.

어린이 장난감을 선택할 때에도 주의해야 한다. 염화비닐(PVC) 제품의 치아발육기나 유아용 장난감으로부터 환경 호르몬 작용이나 발암성이 있는 프탈산에스테르가 나온다. 불가피하게 플라스틱 제품을 사용해야 한다면 폴리에틸렌 제품을 사용한다. 심지어 고무 젖꼭지 등 영·유아 용품도 환경 호르몬 물질로 만들어진 경우가 있으니 제품을 선택할 때는 무엇으로 만들었는지 꼼꼼히 확인해야 한다.

염소 표백제가 든 플라스틱 제품이나 가정용 세제 등의 사용을 줄인다. 우리가 사용하는 플라스틱 제품에는 염소 표백제가 들어 있는 제품도 많다. 이들 제품은 소각할 때 환경 호르몬의 일종인 다이옥신을 다량 발생시킨다. 또 가정용 세제 중에서도 염소표백제가 든 제품이 많다.

■ 참고 문헌

권동희·김주환. 1990, 『지구 환경』, 신라출판사.
_____. 1992, 『환경 재해』, 신라출판사.
권동희·김주환·김창환. 1993, 『환경과 생활(환경 지리학적 접근)』, 도서출판 신라.
권동희·김창환·장상섭·최병권. 1991, 『교양 지리』, 도서출판 신라.
신현국. 1994, 『시민을 위한 환경 이야기』, 김영사.
와다 다케시, 박헌렬 옮김. 1992, 『지구 환경론』, 도서출판 예경.
Mackenzie, F. T., Mackenzie, J. A., 김예동·강성호 옮김. 1999, 『환경 변화와 인간의 미래』, 동아일보사.
Hoffman, John S. et al. 1983, *Projecting Future Sea Level Rise*, Washington, D. C.: U. S. Environmental Protection Agency.
Brown, Lester R., 김범철·이승환 옮김. 1990, 『지구환경보고서』(State of the World 1990), 따님.

제8강 새로운 지역지리*

손명철

지리학(geography)이라고 하는 학문의 내부구조를 들여다 보면, 지리학은 기본적으로 이중적 이원성(double dualism)을 가지고 있다. 지리학은 접근방법에 따라 계통지리학(systematic geography)과 지역지리학(regional geography)으로 나누어지며, 계통지리학은 다시 그 연구대상이 자연현상이냐, 인문현상이냐에 따라 자연지리학(physical geography)과 인문지리학(human geography)으로 구분된다. 하나의 주제에 초점을 맞추고 여러 지역을 포괄하여 접근하는 방식을 계통지리학적 접근 혹은 주제적 접근(thematic approach)이라 하며, 하나의 지역에 초점을 맞추고 여러 주제들을 통합적으로 연계시켜 접근하는 방식을 지역지리학적 접근 혹은 지지적 접근(地誌的 接近, regional approach)이라 한다. 지형학, 기후학, 생물지리학 등은 자연지리학의 하위영역들이며, 경제지리학, 도시지리학, 역사지리학 등은 인문지리학에 속하는 분야들이다. 지리학은 이처럼 자연과학뿐만 아니라 인문, 사회과학 영역에 해당하는 현상이나 주제들을 연구대상으로 삼고 있기 때문에 종합과학(synthetic science) 혹은 교량학문(bridge science)이라 불리기도 한다.

'지리학의 이중적 이원성'과 '종합과학으로서의 지리학'이라는 지리학의 학문적 특성은 시대에 따라 영욕을 달리하여 왔다. 개별 현상들을 종합적인 관점에서 유기적으로 바라볼 수 있는 학문이 곧 지리학이라고 하는 찬사에서부터, 전문성을 지닌 학문이라기보다 단순한 상식의 집합에 불과하다는 질책에 이르기까지 지리학에 대한 평가는 다양하게 제시되어 왔다.

---

* 이 글은 필자의 박사학위논문 내용 중 일부를 수정·정리한 것임.

이 장은 지역지리학에 관한 내용으로 구성되어 있다. 지역지리학은 대체로 1950 년대 이전까지의 전통지역지리와 실증지리학(혹은 공간분석론)을 거쳐 1980년대 이후에 등장하고 있는 신지역지리학으로 구분된다. 신지역지리학은 한마디로 '이론화된 지역지리학(theoretical regional geography)'이라 할 수 있다. 이는 이전의 지역지리학이 특정 지역의 자연적, 인문적 사실들을 아무런 연계성 없이 단순히 나열하던 방식을 탈피하여, 지역내 모든 현상들이 서로 어떻게 연계되어 있는가를 밝히려 한다. 이는 단순히 접근방식이나 분석기법상의 변화를 의미하는데 그치는 것이 아니다. 그것은 근본적인 공간관의 변화－공간 혹은 장소란 특정 시점에서 하나의 완결된 평형상태로 존재하는 것이 아니라, 역사적으로 끊임없이 생성되고 변화하는 프로세스－를 함축하고 있다. 여러분은 이 장에서 신지역지리학의 다양한 논의들을 살펴봄으로써, 사회이론의 핵심분야로서 공간이론이 어떻게 구축되어 가는가를 이해하게 될 것이다. 사회이론으로서의 공간이론에 대한 이해는 우리의 삶과 사회, 혹은 현대 세계에 대한 보다 깊이 있는 이해를 위해 필수적인 과정이라 하겠다.

1. 전통지역지리와 새로운 지역지리

최근 국내 지리학계에서는 '국학으로서의 지리학', '지역지리학의 르네상스', '지역연구의 활성화' 등 다양한 모습으로 지역지리의 중요성이 거론되고 있다. 이 절에서는 근대화·도시화의 진전으로 현실세계가 변화함으로 인해 전통지역지리[1]가 학문적 적실성을 상실해가는 과정과 그것이 지닌 학문 내적인 취약성을 살펴보고, 최근 지리학 내외의 지적 도전에 직면하여 대두되고 있는 신지역지리 논의를 전통지역지리와 비교·검토함으로써 그 윤곽을 보다 명료하게 살펴보고자 한다.

1) 산업화의 진전과 지역지리 연구

1950년대에 들어와 '계량 및 이론 혁명'이 본격적으로 논의되기 이전까지의 지리학은 어떤 개념적 준거에 적합한 지식이나 구조화된 개념에 의해 정의되는 독립된 분과학문으로 인식되지 못하였다. 당시의 지리학은 일반 과학이라기보다는 반복된

---

1) 이 글에서 말하는 '전통지역지리'란 2차대전 이전, 즉 지리학내에 실증주의 철학을 기반으로 한 계량혁명이 본격적으로 도입되기 이전의 지역지리를 통칭하는 것이다.

▲1백년 전의 모습

◀현재의 모습

<그림 8-1> 제주시 관덕정 인근 지역의 100년 전과 현재의 모습

훈련이나 야외조사를 통해 학습되는 하위분과로 이해되었으며, 따라서 지리학자가
되기 위해서는 지도 읽는 법을 배우고, 경관-주로 기복(起伏)과 농업적 토지이용패
턴-의 주요 특징을 파악하며, 현지 주민의 생활방식에 대해 조사하고 그들의 생활
방식을 이해하는 것이 필수적이었다.

1950년대 이후 이와 같은 지역지리학은 침체의 길을 걷기 시작하였다. 당시 지역
지리학의 위기는 지역지리 자체에 대한 실망이라기보다는 사람들의 생활이 현대화
되면서 생겨난 현실세계(reality)의 변화를 반영하는 것이라 볼 수 있다. 전근대적인

농촌지역이 급속히 산업화되면서 과거와는 아주 색다른 경관을 나타내게 되고, 인구도 급격한 변동을 겪게 되었다.

지역의 변화는 단순히 경관상의 변화만을 의미하는 것은 아니다. 지역의 변화는 그곳에 살고 있는 사람들의 의식과 행태, 생활양식의 변화를 수반하는 것이다. 따라서 그것은 지역연구의 방법론적 변화를 요구하는 것이기도 하다.

이에 따라 지금까지의 단선적인 역사적 접근법은 이러한 지역변화를 설명하는데 유용한 도구가 되지 못하였다.[2] 지역지리학은 무력해지고, 세계는 더 이상 과거에 의해 설명될 수 없으며, 현재의 기능에 의해서만 설명이 가능하게 되었다. 즉, 전통적인 지역지리방법론은 생산수단이 발달하고 사회적 관계가 복잡해져서, 형태와 기능 사이의 관계가 분명치 않은 근대화된 지역에서보다는 주민의 생활이 단순하고 사회적 활동이 경관상에 직접적으로 표출되는 전근대적인 지역에 더욱 용이하게 적용될 수 있는 것으로 간주되었다.[3]

전통지역지리의 쇠퇴를 단순히 현실세계의 변화에 따른 학문적 적실성의 결여만으로 모두 설명하기는 어렵다. 학문 내적인 취약성도 전통지역지리의 발전에 중요한 장애요인이 되었다. 전통지역지리가 지니고 있던 내적 취약성이란 어떤 것인가? 우선 지역이 가지는 고유성(the unique)과 특이성(the singular)만을 지나치게 강조하거나, 일반화를 소홀히 함으로써 어떤 한 지역에 대한 연구결과와 그것으로부터 얻어진 통찰력이 다른 새로운 지역을 연구할 때 아무런 도움이 되지 못한다는 점, 그리고 지리학 이외의 여타 사회과학에서 이루어진 방법론과 분석기법을 충분히 원용하지 못하고 있다는 점이 그것이다. 뿐만 아니라 연구자 개인의 자의적이고 과도한 절충주의(eclecticism)와 연구 '주제(themes)'와 '문제(problems)'를 선정할 때 이루어지는 무원칙한 선택, 그리고 경관연구에만 편중되어 있을 뿐 사회적으로 의미 있는 문제와 사회현상에 대한 연구는 상대적으로 대단히 빈약하다는 점[4] 등이 그것이다.

이와 같이 산업화·도시화로 인한 현실세계의 근본적인 변화와 전통지역지리 연구가 지니는 여러 가지 학문 내적인 취약성 등의 요인이 복합적으로 작용함으로써, 2

---

2) 이는 특히 우리나라보다 근대화 과정을 먼저 경험한 프랑스의 사례에서 잘 나타난다. 프랑스는 1936년에 이미 도시화율이 52%에 이르게 되고, 2차대전 이후에는 농촌지역이 급속하게 근대화되면서 역사적 접근법 위주의 지역지리 연구가 한계를 드러내기 시작하였다. 우리나라도 1977년에 도시화율이 50%선을 넘어섰으며, 1995년 현재는 78.5%를 나타내고 있다.
3) 리글리는 산업혁명 이후 현실 세계가 이전과는 완전히 달라지면서 지역지리의 생명력도 쇠퇴할 수밖에 없었다고 진단한다. 그는 농민, 농촌사회, 그리고 말(馬)과 마찬가지로 '지역'지리도 산업혁명의 희생물로 보고 있다.
4) 이는 특히 2차대전 이전 독일과 프랑스 학자들의 지역지리 연구에서 두드러지게 나타난다.

차대전 이후 지역지리 연구는 지리학내에서 급속하게 위축되어 갔다.

2) 새로운 지역지리 연구

전통적인 지역지리가 쇠퇴했다고 해서 지리학에서 지역을 연구해야 할 필요성이 없어진 것은 아니다. 산업화의 진전으로 지역의 다양성 혹은 고유성이 완전히 소멸한 것도 아니다. 계량혁명을 통해 전통적 지역지리를 비판하면서 등장한 공간분석론이 방법론적으로 많은 문제를 노정하고 '막다른 골목'에 다다름에 따라, 1980년대 이후 새로운 지역지리(new regional geography)[5]에 대한 논의가 활발히 진행되고 있다. 이는 전통적인 지역지리를 과거의 모습 그대로 부활시키자는 것이 아니라, 지역차(地域差, nuances of areal differentiation)에 민감하게 대응할 뿐만 아니라, 이것이 현대사회가 작동하는데 있어서 어떻게 중심적 역할을 하는가를 보여줄 수 있는 새로운 지역지리를 발전시키자는 것이다.

새로운 지역지리를 주장하는 사람들은 지역을 바라보는 관점이 과거와는 판이하다. 이들은 우선 지역을 사회적 행위의 산물로 본다. 지역이 각각 다른 것은 사람들이 행위를 통해 다르게 만들기 때문이라는 것이다. 동시에 지역은 자기재생산적 실체(自己再生産的 實體, self-reproducing entities)이기도 하다. 왜냐하면 지역은 곧 사람들의 학습이 이루어지는 맥락(context)이기 때문이다. 지역은 그 지역에 살고 있는 사람들에게 사회화의 역할모델을 제공하며, 특정한 가치와 태도를 심어준다. 사람은 장소 속에서 만들어지고, 장소가 달라지면 사람도 달라진다는 것이 이들이 지역을 인식하는 주요 인식소이다. 이와 같은 신지역지리는 몇 가지 측면에서 전통지역지리와 확연한 차이를 보여준다(<표 8-1>).

먼저 전통지역지리와 신지역지리는 서로 다른 철학적 기반을 가지고 있다. 전자가 경험주의(empiricism) 그것도 소박한 경험주의 철학을 토대로 하고 있는데 비해, 후자는 실재론(實在論, realism)에 기초하고 있다. 신지역지리는 포스트모더니스트들의 인식론적 지향을 보이기도 하는데, 그것은 반정초주의(反定礎主義, anti-foundationalism)

---

5) 신지역지리는 학자들에 따라 다양한 용어로 표현되고 있다. "재구성된 지역지리(reconstructed regional geography)" 혹은 "신세대 지리(new age geography)" (Thrift, N. J.); "변형된 지역지리(transformed regional geography)" (Scargill, D. I.); "사회적-과학적, 현대 지역지리(social-scientific, contemporary regional geography)" (Gilbert, A.); "부활된, 신지역론(resuscitated, resurrected, new regionalism)" (Warf, B.) 등. 이들이 사용하는 용어는 각각 달라도 지역의 고유성을 인식하면서 보다 이론화된 지역지리 그리고 차이에 민감한 지역지리를 지향한다는 점에서 이들은 공통의 지적기반을 갖는다.

<표 8-1> 전통지역지리와 신지역지리 비교

	전통지역지리	신지역지리
논의시기	19세기 후반~1950년대	1980년대 이후
철학적 배경	경험주의	실재론
주요 연구방법	記述중심	說明과 解釋중심
설명대상 時點	과거(혹은 현재) 시점	현재(혹은 미래) 시점
고유성의 動因	지역내 제요소의 결합	지역간 상호작용
연구 이면의 함의	세계를 알기 위한 도구	실천적 행위 도구

입장에서 통일적이고 단선적인 인식체계를 거부한다. 전통지역지리 연구가 사물이나 현상에 대한 단순한 기술(記述, thin description) 위주의 방법이었음에 반해, 신지역지리는 그것의 의미와 상징까지를 따져 묻는 심층기술(深層記述 thick description)을 추구한다. 시간을 다루는 방식 혹은 연구대상이 되는 시점에서도 양자는 분명한 차이를 나타낸다. 전통지역지리에서의 시간은 대체로 과거 혹은 과거시점이었으나, 신지역지리는 과거에 비추어 이해되는 현재, 즉 현재를 대상으로 하는 학문이며 동시에 미래에 대한 과학이다. 그러나 무엇보다 양자의 차이를 의미있게 드러내 주는 것은 지역적 고유성(regional uniqueness)이 형성되는 메카니즘을 서로 다르게 보고 있다는 점이다. 양자 모두 지역의 고유성을 중요하게 인식하고 있으나, 전통지역지리에서 인식했던 고유성은 폐쇄체계 속에서 지역내 제 요소들의 다양한 결합방식에 의해 형성된 것이었음에 반하여, 신지역지리에서 중요하게 인식하고 있는 지역의 고유성은 오늘날과 같이 개방체계 속에서 활발하게 진행되고 있는 지역간 상호작용[6]에 의해서 형성된 것이다.

한편, 소단위 지역의 고유성에 대한 와프(Warf)의 논의는 신지역지리가 지향하는 바를 보다 명료하게 이해하는데 도움을 준다. 그의 주장에 따르면, 우선 신지역지리는 설명의 '보편적 법칙'을 거부하며, 올바른 탐구목표로서 개별적 특성(the idiographic)에 대한 기술을 부활하려는 인식론적 특징을 가진다. 뿐만 아니라 장소의 국지적 고유성을 인정하고 그것을 이론적 개념들을 동원하여 역사적으로 상세하고 풍요롭게 기록하려는 방법론적 특징을 지닌다. 요컨대, 신지역지리란 기존의 지리학 연구에서 소홀히 다루어졌던 공간(혹은 지역, 장소)의 의미와 역할을 적극적으로 파악하고 해석하려는 것이며, 공간이 가지는 의미의 풍요성을 제대로 드러내려는 지적 시도이다. 이 같은 관점의 변화는 인문지리학과 사회이론의 방법론적 만남이 중요한 계기가 되었다.

---

6) 매시는 이러한 지역 고유성의 근원을 불균등 발전과 해당 지역의 역사에서 비롯되는 것으로 말하고 있다.

2. 공간과 사회: 지역지리와 사회이론의 만남

'공간'은 그 속에 온갖 사상(事象, things)을 담고 있는 단순한 용기(容器, containers)가 아니다. 그것은 한낱 어떤 존재의 외부환경에 불과한 것이 아니라, 존재를 존재이게 하는 본질적 차원이다. 지금까지 지리학 연구에서는 공간의 의미가 매우 소극적으로 해석되었을 뿐만 아니라, 그 역할도 편협하거나 경직되게 파악되어 왔다[7]. 신지역지리 논의에서는 공간의 의미와 역할을 새롭게 인식하고 공간이 가지는 상대적 자율성 (relative autonomy of space)을 인정한다. 이 절에서는 신지역지리 연구의 핵심적 내용을 이루는 공간의 의미와 역할, 그리고 공간과 사회와의 관계에 대한 선행 논의들을 중점적으로 살펴보기로 한다.

1) 공간의 의미와 역할에 대한 새로운 인식

지금까지 지리학자들 특히 지역지리학자들이 아무리 자의적으로 지역 경계를 설정하고 지역의 개성을 단순히 기술하는 수준에 머물러왔다고 할지라도, 지리학 연구의 핵심 대상은 역시 장소(혹은 지역, 공간)이었음을 부인하기 어렵다. 장소와 공간은 지금도 다양한 형태로 논의되고 개념화되고 있음을 볼 수 있다. 그러나 이들은 주로 객관적 기준 없이 한두 개의 관찰시점을 선정하여, 제한된 구역의 측정 가능한 혹은 가시적인 속성들을 선별적으로 강조하는 방식을 취하고 있다. 따라서 그것이 공간적 분포를 구성하는 개별 요소들로 표현되건, 물리적 사실과 인공물이 결합하여 형성된 고유한 합성체(unique assemblages)로 표현되건, 혹은 하나의 체계 속에서 서로 상호 작용하는 단위로 표현되건, 국지화된 공간 형태로 표현되건 간에, 장소와 공간은 그 위에서 인간활동이 펼쳐지는 얼어붙은 무대에 불과한 것으로 묘사되어 왔다. 심지어 새로운 인간주의를 주창하는 지리학자들, 즉 장소를 주체에 대한 객체로 보고 장소란 곧 개별 인간이 느끼는 가치와 의미의 중심이며, 정서적 연계와 유의미성이 구축되는 지점이라고 보는 사람들마저도 장소란 본질적으로 스스로는 꼼짝도 못하는 비활성체(非活性體)적인 것으로 인식하고 있다.

최근에 지역지리를 새롭게 구축하려고 시도하는 학자들은 이들과는 아주 상이한 입장을 취하고 있다. 그러면 과연 신지역지리를 주창하는 사람들이 말하는 '공간

---

7) 국내외를 막론하고 대체로 기존의 지리학 연구들은 공간(혹은 지리)을 특정 변수값의 단위 지역간 차이로 간주하거나, 거리마찰 혹은 시간거리나 비용거리 등의 한정된 의미로 인식하여 왔음을 부인하기 어렵다.

(space)'의 의미는 무엇이며, 그것은 사회와 인간의 삶 속에서 어떤 역할을 수행하는가? 이 질문에 대한 대답은 두 가지 갈래로 제시되고 있다.

우선 매시(Massey)는 이에 대한 대답을 시대에 따라, 혹은 패러다임에 따라 다르게 제시하고 있다.

    " …전통지역지리에 있어서 공간 혹은 공간적인 것이라는 의미속에는 '장소(place)'라는 개념과 '자연 세계(natural world)'에 대한 관심, 그리고 풍요성(richness)과 특이성(specificity)에 대한 인식이 내포되어 있다. 그런데 계량 및 공간분석학파가 등장하면서 이 모든 것들을 거리라고 하는 단순한(그러나 계량화가 가능한) 개념으로 환원시켜 버렸다. 즉, 이들에 의해 공간은 하나의 단일차원(a dimension)으로 환원되어 버렸다. 1970년대에 진행된 논의들[8]은 공간적인 것의 중요성을 평가절하함으로써 그것의 내용에 대한 논쟁마저도 모두 무시해버리고 말았다. 본래 '공간적'이라는 용어의 의미 속에는 사회세계의 전반적인 양상들이 모두 포함된다. 그것은 거리 그 자체뿐만 아니라 측정치에서의 차이, 거리 개념이 가지는 내포(內包, connotations)와 거리에 대한 감상(感想, appreciation) 모두를 포함한다. 그것은 이동(movement)의 의미도 가진다. 지리적 차이, 장소 개념, 특이성, 그리고 장소들 사이의 차이도 포함하며, 상이한 사회들과 주어진 특정 사회의 상이한 부문들이 이들 모두에게 부여하는 상징과 의미까지도 포함한다."

이와 같이 매시는 공간 혹은 공간적인 것의 의미를 지리학내의 주요 패러다임을 모두 수용하여 매우 광범하고 풍부한 의미로 규정하고 있다.

한편 프레드(Pred)는 '공간'이나 '공간적인 것'이라는 용어보다 '장소'와 '지역'이라는 용어를 즐겨 사용하면서, 장소란 안정적으로 고정된 존재(存在, being)가 아니라 끊임없이 역동적으로 변화하면서 생성(生成, becoming)되는 과정(過程, process)으로 인식한다. 그의 주장에 따르면,

    " …장소는 항상 인간활동의 산물을 드러내 보여준다; 그것은 늘 공간과 자연을 전유(專有)하고 변형시키는 것과 밀접한 연관을 가지며, 여기서 말하는 공간과 자연이란 시간 및 공간상에서 사회가 재생산되고 변형되는 것과 따로 떼어서 생각할 수 없는 성질의 것이다. 이와 같이 장소란 시간 및 공간상에서의 지속적인 인간활동(human practice) - 그리고 그것으로 인한 인간의 경험 - 에 의해 특성이 부여된다. 그러므로 그것은 인간활동과 사회적 상호작용이 펼쳐지는 단순한 무대(scene)나 현장(locale) 혹은 환경(setting)이 아니다. 그것은 끊임없이 생성[9]되는 것이며, 현재의 무대를 장소로서 창출하고 이용함으로써 특정한 맥락 속에

---

8) 주로 정치경제학적 관점에서의 논의들을 말한다.
9) 프레드가 강조하는 장소의 생성(becoming of place)이라는 개념은 화학자 프리고진의 저서에서 원용한 것으로 보인다. 프리고진은 비선형·비평형 상태의 정상상태(steady state)가 불안정해졌을 때 나타나는 다중정상상태, 공간 및 시간적인 진동현상, 그리고 질서 있는 구조의 형성에 관하여 탁월한 연구업적을 이룩하였으며, 한계에 봉착해 있는 결정론적이고 가역적인 종래의 뉴튼 역학체계에서 벗어나 확률적이고 비가역적인 접근방식으로 자연과학의 개념

서 역사형성에 기여하는 어떤 것이다."

새로운 지역지리학을 주창하는 사람들은 공간이 수행하는 역할에 대해서도 보다 적극적인 의미를 부여한다. 이들의 견해에 따르면, 공간은 사회적 프로세스의 산물 이상의 중요한 역할을 수행한다. 물론 공간적 분포와 지리적 차이를 사회적 프로세스의 산물로 볼 수도 있다. 그러나 이들은 동시에 사회적 프로세스가 어떻게 작동하는가에 영향을 미친다. '공간적인 것'은 단순히 결과물에 불과한 것이 아니다. 그것은 설명력의 일부이기도 하다. 따라서 지리학자들이 자신들이 연구하는 공간적 윤곽을 만드는 사회적 동인이 무엇인가를 인식하는 것만이 중요한 것은 아니다. 여타 사회과학자들이 자신들이 연구하는 프로세스들은 필연적으로 거리나 이동 그리고 공간적 차이와 연루되는 방식에 따라 다르게 구축되고 재생산되며 변화한다는 사실을 아는 것 역시 중요한 일이다. 결국 공간적인 것만이 사회적으로 구축되는 것은 아니다. 사회적인 것 역시 공간적으로 구축된다.

신지역지리 논의에서 이처럼 공간의 의미와 역할을 풍요롭고 적극적으로 인식하게 된 것은 이를 주장하는 학자들이 철학적으로 새로운 시공간 개념을 수용하면서부터 시작되었다. 일반적으로 기존 사회이론들이 수용해온 공간과 시간 개념은 칸트철학에서 정립된 개념이었다. 칸트철학에서는 공간과 시간은 분리될 수 없는 동일한 차원이며, 그것은 결국 존재의 단순한 외적 조건, 즉 환경이나 무대에 불과하다. 이에 반해 하이데거의 공간과 시간 개념은 공간이 시간과 같지 않음을 전제로 한다. 시간은 객체가 존재하는 외부환경이 아니라 대상의 존재적 본성을 나타낸다.

특히 기든스(Giddens)는 자신의 여러 논저에서 칸트의 공간-시간 개념이 아니라 하이데거의 개념에 준거하여 사회이론을 구축하고 있다. 그는 하이데거의 공간 개념에서 더 나아가 공간 역시 인간의 외적 조건인 수동적 환경에 불과한 것이 아니라 사회적 상호작용의 틀(setting)을 형성하는 계기로 파악하고 있다. 다시 말하면, 사회이론을 구축함에 있어서 공간은 사회적 상호작용의 틀로 취급될 때 가장 잘 이해될 수 있으며, 여기서 말하는 틀이란 인간활동의 단순한 분포가 아니라 그 속에서 인간활동이 수행되는 바로 그 로케일의 양태(features of the locales)를 조정하는 어떤 것이라는 입장이다. 기든스의 이와 같은 공간인식[10]은 지리학자들과의 활발한 학문적

을 재정립함으로써, 자연현상은 물론 다양한 사회적·문화적 현상들에 대한 이해를 통하여 지식의 통일을 이루고자 한다.

10) 이러한 공간인식은 드립트(Thrift)에게서도 발견할 수 있다. 공간과 시간의 차이를 뚜렷하게 구분하는 것은 아무 의미도 없다. 다만 공간-시간이 존재할 뿐이다. 시간이나 공간 둘 가운데 어느 하나에 더 비중을 두려는 시도는 모두 무의미하다. 무엇보다 기동성(mobility)이라는 개

대화를 가능하게 한 토대가 되었다.

2) 공간과 사회, 혹은 공간적인 것과 사회적인 것 사이의 관계

공간과 사회와의 관계, 혹은 공간적인 것과 사회적인 것 사이의 관계에 대한 관심은, 1980년대 들어와 지리학과 사회학 분야 학자들의 학문적 교류가 빈번해지면서 본격적으로 논의되기 시작하였다. 기든스는 이제 "인문지리학과 사회학 사이에는 아무런 논리적 혹은 방법론적 차이가 없다!"고 결론 짓고, 사회이론가들에게 지리학으로부터 유용한 아이디어와 개념들을 좀더 많이 배워올 것을 권유하고 있다. 어리(Urry) 역시 "지금까지 사회과학자들, 특히 사회학자들은 사회적 현상의 공간적 차이(spatial variations)에 대해 제대로 관심을 기울이지 않았다"고 진단하고, 사회계급을 공간적 차이의 관점에서 분석하고 있다. 지리학계에서는 특히 그레고리(Gregory)가 인접 사회이론가들과의 대화와 논쟁을 활발하게 전개해오고 있다.[11] 인문지리학과 사회학의 만남은 대화의 문을 연 지 불과 몇 년만에『사회적 관계와 공간구조』(1985)[12]라는 기념비적인 지적성과물을 생산하였으며, 이는 오늘날까지도 이들 두 분야 모두에서 가장 많이 인용되는 연구물 중 하나로 손꼽히고 있다.

이와 같이 인문지리학자들이 사회 이론가들과 적극적으로 지적교류를 넓히면서, 이들 분야에서는 공간과 사회에 대한 논의가 진지하게 진행되고 상당한 연구성과도 얻어지고 있다. 그런데 이러한 교류의 성과가 지리학내에서는 특히 지역지리 분야에 커다란 영향을 미쳤을 뿐만 아니라, 현재 논의되고 있는 새로운 지역지리 연구는 대부분 사회학 분야와의 교류에서 얻어진 지적성과를 이론적 토대로 삼고 있음에 주목할 필요가 있다.

공간과 사회와의 관계 혹은 인문지리학과 사회학과의 방법론적 만남의 성과를 새로운 지역지리 연구로 가장 적극적으로, 그리고 구체적으로 수용한 학자는 프레드이다. 그는 "장소의 생성(becoming of place)"이라는 개념을 핵심 축으로 하여, "사회

념이 공간과 시간 모두를 취하는 개념인데, 이는 이제는 잊혀졌거나 잘못 이해되고 있는 시간지리학의 기본적인 통찰력 가운데 하나이다.

11) 그는 일찍이 기든스의 구조와 행위에 관한 이론을 "구조화(structuration)" 이론이라 명명한 장본인이기도 하다.

12) 이 논집에는 모두 14명의 학자들이 '공간과 사회'라는 대주제하에 4개의 세부 논제를 중심으로 논의를 펼치고 있다. 지리학 분야에서는 Derek Gregory를 비롯하여 Doreen Massey, Andrew Sayer, Edward W. Soja, David Harvey, Richard Walker, Philip Cooke, Allan Pred, Nigel Thrift가, 그리고 사회학 분야에서는 John Urry, Peter Saunders, Alan Warde, R. E. Phal, Anthony Giddens가 참여하였다.

적인 것이 공간적인 것이 되고, 공간적인 것이 곧 사회적인 것이 된다"는 주장을 실제 경험적 사례연구를 통해 역사적이며 실증적으로 보여주고 있다. 그의 견해에 따르면,

> " …모든 장소는 역사적이고 우연적으로 생성되며, 이는 바로 그 장소에서(그리고 경제적으로, 정치적으로 혹은 그 밖에 어떤 상호의존성을 가지는 장소이면 어디에서나) 일어나는 구조화과정의 물질적-연속적 전개과정과 불가분의 관계를 가진다. 혹은, 모든 장소는 계속 진행되고 있는 과정(process)인 바, 이 과정 속에서 사회형태와 문화형태의 재생산, 삶의 궤적, 자연과 공간의 변동이 서로서로를 형성하며, 동시에 시·공간적으로 특이한 경로-기획의 교차와 권력관계도 끊임없이 서로서로를 형성한다. 그리고 이들이 서로를 형성하는 방식은 보편적 법칙에 따르는 것이 아니라 역사적 상황에 따라 달라진다."

요컨대, 공간구조가 형성되는 것은 곧 사회적 재생산(그리고 전반적인 구조화 과정)이 이루어지는 바로 그 순간이며, 사회적 재생산(그리고 전반적인 구조화 과정)은 곧 공간구조가 형성되는 바로 그 순간이다.

한편, 실재론 철학에 기반하고 있는 학자들은 복잡하게 형성되는 공간과 사회와의 관계를 실재론적 관점에서 재정립하려 한다. 우선 실재론은 실증주의나 정치경제학적 관점과는 상이한 새로운 공간관을 제시하고 있으며, 실재론적 공간관을 수용한 지리학자들은 사회와 공간과의 관계에서 '공간의 상대적 자율성(relative autonomy of space)'을 주장한다. 공간에 대한 실재론적 해석에 따르면, 공간과 사회는 동일한 차원에서 논의될 수 없는, 즉 존재론적으로 다른 층위에 있는 존재이다. 공간과 사회는 서로 다른 속성을 지닌 대상이며, 따라서 공간이 사회와 똑같은 인과력을 가지는 어떤 것으로 간주되어서는 안된다는 것이다.

이상일은 이와 같은 실재론적 공간관을 기반으로 '공간의 상대적 자율성'이란 개념을 도출한다. 그는 어떤 사회형태 혹은 사회적 프로세스와의 관련하에서 공간이 가지는 '상대적' 자율성을 세이어(Sayer)의 표현을 빌려 '공간이 만드는 차이'라고 설명한다. 여기서 공간이 만드는 차이란 공간이 그것을 구축하는 사회구조에 완전히 환원될 수 없는 궁극적인 구체성을 갖는다는 의미이다. 그는 더 나아가 공간이 구체성을 획득하면서 차이를 만드는 것은 로캘러티(혹은 local, locale)로 통칭되는 지역사회의 고유성에 기인하는 것으로 본다. 로캘러티는 바로 공간이 만드는 차이의 내용을 구성하기 때문이다. 이렇게 볼 때 모든 사회 구조적 과정은 국지적으로 고유성이 획득된 장소들(혹은 로캘러티들)에 의해 차별적으로 매개되며, 이와 같은 로캘러티의 지속적인 매개과정은 공간현상의 구체성을 더욱 강화시킨다. 따라서 공간의 상대적

자율성은 바로 공간이 가지는 이러한 매개적 속성에 의거하여 정의되어야 한다.

그런데 박서호는 이와 동일한 논리구조 속에서 공간과 사회의 위치를 치환하고 있다. 특정 시점(t1)에서의 공간(St1)과 또 다른 시점(t2)에서의 공간(St2) 간에 변화와 차이를 만드는 계기를 마련하는 것이 곧 사회라는 것이다. 다시 말하면, 공간은 사회를 매개로 하여 변화하고 차이를 나타내며, 사회는 공간이 구성되는 터로서 공간을 매개하는 위치에 있다는 것이다. 이와 같은 맥락에서 그는 '공간의 상대적 자율성'은 공간물신주의를 극복하는 논리를 찾았으나, 공간의 독자성을 불완전한 상태에 방치한 것으로 비판하고 있다.

요컨대 이상일이 공간에 대한 사회적 인과력의 상대적 우월성을 지적하고 있는데 반하여, 박서호는 사회와 공간 간에는 어느 한쪽이 결정론적으로 우위에 있는 것이 아니라 비결정론적이며 서로 동시적인 관계에 있다고 강조하고 있다.

3. 신지역지리 연구의 주요 접근법

신지역지리 연구는 크게 네 갈래로 논의가 전개되고 있다. 구조화이론에서 출발하여 시간지리학으로 연결되는 연구 흐름, 공간적 분업이론을 기반으로 하여 지역문제에 포괄적으로 접근하고 있는 연구들, 그리고 세계 체제론을 공간적 관점에서 재해석하려는 연구들, 마지막으로 가장 최근에 등장하고 있는 것으로 탈-후기 구조주의 시대에 인간주체를 강조하려는 연구가 그것이다. 이 절에서는 먼저 이들 네 조류의 연구 흐름들을 대표적인 연구자들의 입장과 경험적 연구 업적들을 중심으로 살펴본 후, 종합적인 고찰을 통해 이들 논의의 통합을 시도하고자 한다.

1) 구조화 이론적 접근

이는 기든스의 구조화 이론과 헤게스트란드의 시간지리학을 주요 아이디어로 하는 연구들이다. 구조화 이론은 구조주의 맑시즘의 과도한 결정론과 현상학의 비역사적, 비맥락적 접근사이의 결함을 극복함으로써, 다양한 하위분야로 갈라져 있는 지리학을 통합할 수 있는 '종합적' 도구로 받아들여지고 있다. 이는 능동적이고 의식있는 인간주체를 상정하며 사회구조를 의식적 행위의 비의도적 산물로 파악함으로써, 사회구조는 이를 창출하는 인간의 의도적 행위로 환원될 수도 없고 이에 독립적일 수도 없다는 입장을 취한다. 이러한 입장에 따르면, 현실 세계에 대한 연구에는 통상 세 가지 분석수준이 존재한다. 구조(structures)와 제도(institutions), 그리고 행위자(agents)가 그것이다. 구조란 사회적 실천에 깊이 내재되어 있으며 상대적으로 불변적이고, 인간의 일상생활을 지배한다. 노동과 자본 간의 관계, 사회적 성 관계(gender relations), 국가 등은 모두 구조의 차원에 속한다. 제도란 구조가 실제로 표출된 것이며, 시공간상에 신장되어 있다. 예컨대, 국가의 각 기관이나 다국적 기업, 노동조합, 지방정부, 그리고 가족 등을 들 수 있다. 마지막으로 행위자란 인간행위자를 말하는 것으로, 이들은 행위수행을 통해 사회적 과정의 결과를 조형한다.

　이와 같은 전통 속에서 그레고리는 영국 요크셔 지방의 양모공업의 지리를, 프레드는 스웨덴 남부 스케인 지방의 엔클로저 운동과 장소의 생성을, 그리고 디어와 무스(Deer & Moos)는 캐나다 온타리오주 해밀턴 지역에서의 정신질환자들의 게토형성을 연구하였다. 특히 그레고리가 구조화 이론을 그의 경험적 연구(「지역변동과 산업혁명」, 1982년 박사학위논문)에 끌어들이는 두 가지 궤적을 주목할 필요가 있다. 하나는 구조화이론에서 나온 개념을 사용해서 요크셔 지방 양모공업에 대한 역사지리를 연구하는 것이고, 다른 하나는 과연 구조화 개념에서 시·공간 이론이 어떤 함축적 의미를 가지는 가를 분석하는 것이다. 그는 지역변동의 지리를 세 가지 스케일에서 파악하고 있는데, 지방 스케일, 지역 스케일, 그리고 국가 스케일이 그것이다. 그레고리에게 있어서 중요한 것은 이러한 세 가지 공간적 스케일을 고립적으로 나누어서 연구를 수행하는 것이 아니라, 하나의 스케일에서의 시·공간 리듬이 다른 스케일의 그것과 어떻게 연관되는가를 밝히는 것이다. 또한 그의 주요 연구초점은 경제지리이지만 이는 정치지리와 이데올로기지리와도 밀접하게 중첩되어 있다.

　그러나 이와 같은 접근은 인간행위의 의식적이고 의도적인 특성에 상당한 관심을 기울이는 반면 이와 동등하게 중요한 다른 한쪽, 즉 일상생활의 의식적 행위가 사회구조를 비의도적으로 생산·재생산한다는 사실을 소홀히 하고 있다는 비판에 직면하고 있다.

2) 공간 분업론적 접근

　이는 매시의 공간적 분업이론을 기반으로 하여 지역의 고유성과 그것의 변화 메카니즘을 밝히려는 소위 '로캘러티 연구'들이다. 매시의 주장에 따르면, 지역의 사회적·공간적 구조는 그 지역의 '역할', 즉 국가 및 국제적 분업내에서의 비교우위에 기초해서 파악될 수 있다는 것이다. 시간이 경과함에 따라 지역의 '역할'이 변하기 때문에 각 시기별 투자 특성과 일치하는 '투자의 층(layers of investment)'이 마치 지층과 같이 한 층씩 누적되어 간다. 이처럼 각각 새로운 생산의 라운드(round)가 지역내에 침적되기 때문에, 지역의 모습은 항상 이전 투자층의 잔여에 의해 영향을 받고 계속 변형된다. 따라서 개별 지역은 광범한 경제적 프로세스 속에서도 고유한 정체성(正體性, unique identities)을 획득할 수 있다는 것이다.

여기에는 매시의 연구가 단연 주류를 이루며, 어리와 마쿠센(Markusen)의 연구도 포함된다. 최근에는 영국의 7개 소지역을 사례로 경제 재구조화라고 하는 보편적 프로세스가 각 소단위 지역에 어떤 상이한 영향을 미치며, 이들 지역은 이러한 프로세스에 어떻게 대응하는가를 집중적으로 분석한 연구물이 출판되기도 하였다.

매시의 이론은 구조화 이론이 가지는 오류, 즉 생산이론의 부재를 비판하면서 등장하였지만, 이것 역시 사회적 재생산과 정치 그리고 지역주민의 일상생활과 같은 생생한 이슈에 대해 침묵함으로써 문제점으로 비판받고 있다. 특히 스미스(Smith)는 로캘러티 연구(The CURS research)가 전통적인 지역지(地域誌, chorology)로 대표되는 비이론적 경험주의로 매몰될 위험성을 지적하고 있다. 그의 주장에 따르면 로캘러티 연구는 로캘러티 자체를 위한 연구가 되어서는 안되며, 그것은 좀더 광범한 법칙과 일반화를 추구하려는 맥락 속에서 연구되어야 한다. 하비(Harvey) 역시 이와 같은 로캘러티 연구에 비판적인 입장을 취하고 있는데, '이론을 내팽개치고, 장소와 순간의 특이성으로 퇴행하여, 소박한 경험주의에 탐닉하면서 사례와 똑같은 수의 이론을 양산하는 유혹'에 대해 경고하고 있다.

3) 세계 체제론적 접근

이는 왈러스타인(Wallerstein)의 세계 체제론을 공간적 관점에서 재해석하려는 입장이다. 왈러스타인의 주장에 따르면, 이제 세계는 국가간 연계성이 대단히 밀접하기 때문에 어떤 한 지역의 사회·경제적·정치적 동인을 올바로 분석하기 위해서는 세계를 총체적인 하나의 단위로 간주하지 않으면 안된다. 세계체제는 그 자신만의 동인을 가질 뿐만 아니라 세계체제를 구성하는 각 지역의 동인에 결정적인 영향력을 행사한다. 자본주의 세계체제는 기본적으로 핵심부와 주변부, 그리고 반주변부로 구성되어 있다. 그런데 반주변부는 핵심부와 주변부를 제외한 단순한 나머지 지역이 아니다. 그것은 세계경제에 중요하고도 지속적인 영향을 미치며, 핵심부와 주변부 사이의 관계가 양극화하는 것을 완화시켜준다.

여기서 한 가지 주목해야 할 것은, 세계체제의 구조는 결코 고정불변의 것이 아니라는 점이다. 그것은 끊임없이 변화한다. 무엇보다 핵심부 국가들 사이의 경쟁 정도가 시간의 경과에 따라 달라진다. 하나의 핵심국가가 다른 모든 국가들을 지배하기도 하고, 세계체제내에서 특정 국가의 지위가 상승하기도 하는데, 이는 세계체제의 정치적, 경제적 순환주기가 특정 국가에 유리하게 작용할 때 이 기회를 어떻게 활용하느냐에 따라 달라진다. 결국 세계체제는 역동적인 것으로서, 이는 한 국가의 발전을 제한할 뿐만 아니라 촉진시키기도 한다.

지역지리연구 측면에서 볼 때, 이는 다음과 같은 시사점을 제공한다. 즉 비록 세계는 우리의 봉(oyster)이지만, 동시에 그 세계는 끊임없이 변화하는 맥락이다. 한 지역이 외부와 맺는 연계는 어느 정도 그 지역의 내부구조를 결정한다. 그러나 동시에 외부적 연계는 한 지역이 자신의 구조를 개선할 수 있는 기회를 부여하기도 한다. 세계체제내에서의 국가별 지위 변동에 대한 논의는 세계체제가 자신의 구성인자들을 제약할 뿐만 아니라 동시에 그들이 자신의 지위를 향상시킬 수 있도록 도와주기도 한다는 사실을 보여준다.

테일러(Taylor)는 이러한 맥락에서 로캘러티와 범세계경제를 연계시켜 특정 국가내 특정지역의 변화를 구명하려는 연구를 시도하였다:

" …어떤 지역이 흥망성쇠의 노정에서 지금 어디에 위치해 있는가? 지역이 형성되는 과정에서 외부 힘은 어떤 역할을 하였는가? 지역은 범세계적 분업체계에 어떻게 적응하고 있는가? 한 지역의 쇠망이 그 지역이 속한 대륙의 지위에 어떤 영향을 미칠 것인가? …지역은 영원하지도 독립적이지도 않다. 그러나 각 지역을 분석해야만 세계를 제대로 이해할 수 있다. 지역을 올바로 이해하기 위해서는 세계경제 속에서 그 지역이 차지하는 위치를 알아야 하며, 세계경제를 제대로 이해하기 위해서는 세계를 구성하고 있는 각 장소를 알아야 한다."

이처럼 그는 로캘러티와 세계체제는 두개의 분리된, 상호 무관한 현상이 아니라 하나의 동전의 양면과 같은 것으로 보고 있다. 한편 브래드쇼우(Bradshaw)와 하우슬라덴(Hausladen)은 자본주의 사회가 아니라 사회주의 사회에서의 지역변화에 대하여 세계체제론적 접근을 시도하고 있다. 이들은 모두 소련을 연구대상으로 하고 있는데, 전자는 페레스트로이카 정책이 공간변화에 미친 영향을, 후자는 시베리아 개발이 소련 연방내 러시아의 발전과 16~20세기 초까지 세계경제 발전에 어떤 역할을 하였는가를 추적·분석하고 있다.

4) 탈-후기 구조주의적 접근

이는 최근 인문사회과학계에서 이루어지고 있는 다양한 연구성과들을 기반으로 하여, 인간의 주관성과 주체가 충분히 고려되는 새로운 지역 설명 틀을 구축하려는 시도이다. 이 논의는 거의 전적으로 드립트(Thrift)에 의해 주도되고 있다. 그는 1980년대 초반에 이미 "시공간 속에서 사회적 행위를 규정하는 힘은 과연 무엇인가"라는 문제를 제기하면서, 구조화 학파의 주요 관심사를 엄밀하게 검토한 바 있다. 그는 여기서 구조화 학파는 비기능주의적 사회이론을 표방하고 있지만 구조화이론 속에도 여전히 결정론적 요소가 온존해 있다고 비판하고, 좀더 소규모 공간 스케일에서 고유한 사건(unique events)을 고려하려 할 때 사회이론은 어떠해야 하는가를 논의하고 있다. 이 논의는 이후 인문지리학, 특히 지역지리학을 새롭게 구축하려는 많은 학자들에게 커다란 영향을 미치게 되었으며, 신지역지리 연구의 중요한 하나의 흐름을 형성하는 단초가 되었다.

한편 1980년대 중후반을 거치면서 여러 가지 이론적, 경험적 연구들을 거쳐, 드립트는 최근 자신이 이전에 제기한 문제의식을 확대 발전시킨 새로운 지역지리 연구방향을 제시하고 있다. 그는 "탈-후기 구조주의(post-poststructuralism)의 맥락 속에서 어떻게 지역지리 연구를 수행할 것인가?"라는 질문을 던지며, 우선 오늘날 지역지리 논의의 다양한 변종들-지역적 분포를 지도화 하기, 로캘러티 연구, 장소에 대한 인간주의적 접근 등-에 대해 예리한 비판을 가한다.

　" …이들은 다분히 문제의 소지가 있다. 첫번째 것은 지도를 곧 텍스트로 간주한다는 점에서, 두번째 것은 그 속에 구조주의가 은밀히 숨겨져 있다는 점에서, 그리고 세번째 것은 본질로서의 장소에 애착을 가진다는 점에서 각각 문제점을 안고 있다."

특히 로캘러티 연구에 대한 그의 비판은 더욱 구체적이며 신랄하다.

　" …1980년대 후반은 인문지리학내에서 로캘러티 개념에 대한 논쟁이 활발하게 전개된 시기이다. 1980년대 영국에서 일어난 경제적, 사회적, 문화적, 그리고 정치적 변화를 이해해야 할 특별한 필요에서 비롯된 로캘러티 개념은 점차 탈맥락화, 일시적 구경거리화(spectacularized), 그리고 포스트모던화하고 있다. 이 용어는 그 자체로서 수많은 이론가들의 논의초점이 되었으며, 어떤 특별한 해결책이 있는가에 대해 충분한 검토도 없이 많은 사람들을 열광케 하였다. 아마도 로캘러티 논쟁의 중요한 장점은 이런 것이 아닐까: 아무나 집적거릴 수 있다는 것. …그러나 여기서 한가지만은 분명해졌다; 기존의 로캘러티 논쟁에서 언급된 로캘러티는 주체와 주관성이 결여된 로캘러티라는 것. 1980년대 중반에 활발하게 진행된

구조-행위논쟁은 대부분 구조 쪽의 승리로 결판이 났다."

그러면 드립트가 주장하는 새로운 지역지리는 과연 어떤 모습인가? 그는 "어떤 한 지역의 총체적인 생활방식을 충분히 이론화된 방식으로 발견해내고 재현하는 것"을 신지역지리학의 궁극적인 목표로 상정하고 있다. 그리고 이러한 목표에 이르기 위해서 신지역지리학이 해결해야 할 3가지 과제를 지적하고 있다.

첫째, 현재 만연하고 있는 비판적 실재론이 어떤 결과를 가져올 것인가 하는 점이다. 실재론이 신지역지리의 연구 방법과 목적을 명료하게 밝히는데는 크게 공헌하였으나, 이는 동시에 학문의 객관성에만 집착하게 하거나 생생한 경험세계를 애매하게 다루는 등의 문제점을 안고 있다는 것이다. 둘째, 근래에 있었던 지리학에서의 구조와 행위수행의 논쟁은 구조의 승리로 끝났다. 따라서 인간의 행위수행은 신지역지리에서도 여전히 이론화되지 못한 채 방치되어 있으며, 어떤 맥락 속에서 주관성을 이론화하려는 연구도 거의 손을 놓고 있는 상태이다. 셋째, 맥락은 분명히 존재하며, 지역지리는 맥락의 중요성을 포착하는 것을 자신의 목적 가운데 하나로 삼아야 함에도 불구하고 지금까지 맥락은 거의 무시돼 왔다는 점이다.

요컨대 신지역지리학의 가장 중요한 목표는 주관성과 주체가 설자리가 마련된 설명 틀을 구축하는 것, 다시 말하면 인간 주체에 대한 충분히 맥락화된 설명틀과 맥락에 대한 충분히 주체화된 설명틀을 구축하는 것이어야 한다는 것이 드립트의 일관된 주장이다.

5) 종합적 고찰

앞에서 살펴본 바와 같이, 새로운 지역지리 연구는 다양한 지적흐름 속에서 논의가 진행되고 있다. 이들 접근법은 각각 상이한 인식론적 토대 위에서 서로 다른 설명틀로 지역의 고유성과 장소의 생성·변화 메카니즘을 규명하려 한다. 그렇다면 이렇게 다양한 접근법들 사이의 관련성은 무엇이며, 오늘날 급격하게 변화하는 한국의 소단위 지역을 연구하는데 있어서 이들 접근법이 가지는 적실성은 어떠한가? 여기에서는 이와 같은 문제의식하에 상기한 접근법들을 어떻게 통합할 것인가를 모색해보고자 한다.

다양하게 제기되고 있는 새로운 지역지리 논의를 통합하고자 시도한 대표적인 학자는 와프이다. 그는 구조화이론(와프는 이를 '아래로부터의 접근'이라 부른다)과 공간 분업론(이것은 '위로부터의 접근'이라 부른다)을 통합하여 장소에 대한 핵심이론으로 구축하는 것이 가능하다고 보고, 이를 '신지역론'(new regionalism)이라 부르고 있다.

　그는 먼저, 국가적 및 범세계적인 공간경제 수준의 프로세스나 이에 대한 풍부한 정보를 무시하는 관념론적 접근(idealist approaches)[13]과, 반대로 지방 수준에서 활동하는 행위자(local agents)의 중요성을 무시하는 법칙추구적 입장[14] 가운데 어느 것을 선택해야 하는가 라고 묻고, 이러한 난제에서 벗어날 수 있는 한가지 길은 '공간 스케일이 달라짐에 따라 의식적 행위(conscious action)가 가지는 중요성도 달라진다'는 점에 주목한다. 이러한 접근은 생생한 경험과 사회-공간적 구조를 동시에 모두 고려하면서, 의식적 행위가 가지는 '한계성(boundedness)'이 연구의 공간적 스케일에 따라 각각 다른 함의와 분석적 유용성을 지닌다는 사실을 깨닫는 것이다.

　요컨대 구조화 이론은 방법론적으로 몇 가지 문제를 안고 있지만 로캘러티와 생생한 경험의 수준에서 진행되어야 할 연구에는 가장 적절하고 성공적인 이론이라는 것이다. 그러나 이보다 공간 스케일이 더 클 경우, 개별 행위자의 의식을 다루는 것은 별 의미가 없으며, 이 때에는 국가나 자본의 흐름, 시장행태, 그리고 자원배분과 같은 '구조적 규정력(structural determinants)'에 토대를 둔 연구가 좀더 충실한 설명력을 가질 수 있다는 것이 와프의 주장이다.

　이와 같이 와프는 기본적으로 소단위 지역(로캘러티)을 연구하는 데는 구조화이론적인 접근이 가장 적절하다고 보고, 다만 공간 스케일이 커질수록 개별 행위자의 중요성이 감소하기 때문에 다양한 '구조적 규정력'을 설명의 기반으로 삼아야 한다고 주장한다. 공간적 스케일에 따라 의식적 행위가 지니는 중요성이 달라진다고 한 그의 지적은 탁견이라 아니할 수 없다. 그러나 앞의 언명만으로는 충분치 않다는 점이 또한 지적되어야 한다. 특정한 공간 스케일에서 행위 주체인 인간의 의식적 행위가 가지는 중요성은 시대에 따라, 그리고 국가나 지역에 따라 각각 달라진다고 하는 점이 동시에 지적되어야 한다. 그것은 시·공간적으로 의식적 행위의 주체인 개별인간이 다르기 때문인데, 여기서 특별히 주목해야 할 행위주체들 사이의 상이점은 바로 세계가 어떻게 움직이고 있는가를 아는 능력(knowledge ability)과 그것을 앎으로 인해 상황변화에 맞추어 자신의 행위를 적절하게 변경할 수 있는 능력(capability)이 다르다고 하는 점이다.

　그렇다면 행위주체가 가지는 이러한 능력의 차이는 어디에 기인하는 것인가? 그것은 우선 지방정치의 활성화 여부에 기인한다고 볼 수 있다. 자신이 살고 있는 지역사회의 문제를 명확하게 인식하고 이를 공론화하여 정치적 과정을 통해 해결하려는 의

---

13) 여기서는 구조화이론을 중심으로 하는 접근법을 말한다.
14) 공간 분업론적 접근법을 달리 표현한 것이다.

지와 경험을 얼마나 가지고 있으며, 이러한 제반 여건이 어느 정도 제도적으로 뒷받
침되고 있느냐에 따라 행위자의 능력은 차이를 보일 수밖에 없다. 이러한 측면에서
볼 때, 우리 사회의 경우에는 서구 선진 사회와 비교하여 상대적으로 행위주체의 능
력이 상당히 제한적일 개연성이 높다고 보아야 할 것이다.

■ 참고문헌

박서호. 1993, 「사회와 공간간의 관계에 대한 연구-조선시대 문중마을을 대상으로-」,
　　　서울대 환경대학원 박사학위논문.
이상일. 1991, 「실재론의 지리학적 함의와 공간의 상대적 자율성에 관한 연구」, 서울대
　　　대학원 지리교육과 석사학위논문.
Giddens, A. 1979, *The Class Structure of the Advanced Societies*, London: Harper & Row.
_____. 1981, *Power, Property and the State: A Contemporary Critique of Historical Materialism*,
　　　vol.1, Berkley: University of California Press.
Gregory, D. and Urry, J. eds., 1985, *Social Relations and Spatial Structures*, London:
　　　Macmillan.
Hoekveld, G. A. 1990, "Regional Geography Must Adjust to New Realities," in R. J.
　　　Johnston, J. Hauer, G. A. Hoekveld, eds., *Regional Geography: Current Development
　　　and Future Prospects*, London and New York: Routledge, pp.11-12.
Johnston, R. J. and Claval, P., eds. 1984, *Geography Since the Second World War: An
　　　International Survey*, Croom Helm.
Johnston, R. J. 1991, *A Question of Place: Exploring the Practice of Human Geography*,
　　　Oxford: Blackwell.
Massey, D. 1984, "Introduction: Geography Matters," in Doreen Massey and John Allen,
　　　eds., *Geography matters! A reader*, Cambridge: Cambridge University Press, p.5.
_____. 1993, "Questions of Locality," *Geography*, 78(2), p.148.
Pred, A. 1985, "The Social Becomes the Spatial, the Spatial Becomes the Social: Enclosure,
　　　Social Change and the Becoming of the Places in Skåne," in Gregory, D. and Urry,
　　　J., eds., *Social Relations and Spatial Structures*, London: Macmillan, p.337.
Thrift, N. 1990, "For a New Regional Geography 1," *Progress in Human Geography*, 14(2),
　　　pp.272-279.

Thrift, N. 1991, "For a New Regional Geography 2," *Progress in Human Geography*, 15(4), pp.456-465.

_____. 1993, "For a new regional geography 3," *Progress in Human Geography*, 17(1), pp.92-100.

Wallerstein, I. 1974, *The Modern World-System: Capitalist Agriculture and the Origins of the European World-Economy in the Sixteenth Century*, New York: Academic Press.

_____. 1979, *The Capitalist World-Economy*, Cambridge: Cambridge University Press.

Warf, B. 1988, "The resurrection of local uniqueness," in Golledge, R., Couclelis, H. and Gould, P., eds., *A Ground for Common Search*, Santa Barbara, CA: Santa Barbara Geographical Press, p.51.

_____. 1989, "Locality Studies," *Urban Geography*, 10(2), p.179.

제9강 관광과 세계인식

김선희

현대 산업사회를 사는 우리들은 다양한 여가활동 중에서 유독 많은 비용과 시간을 투자해야 하는 관광을 즐기는데 주저함이 없다. 우리는 왜 떠나고 무엇을 보고 싶어 하고 추구하는 것일까? 그리고 관광은 우리들의 삶에서 어떤 의미이며, 국가와 지역에 어떤 영향을 주고, 줄 수 있을까? 나아가 우리나라는 과연 세계 관광시장의 중심에 설 수 있는 것일까? 나는 이 모든 해답의 본질적인 출발점을 남과 다른 차별성(ditterence) 또는 우리들의 정체성(identity)을 이해하는데서 찾고자 한다. 본 장에서는 관광지리적 시각으로 국토와 세계를 이해하고, 올바른 관광관을 정립할 수 있도록 중요한 계기를 제공하고자 한다.

1. 사라지는 국경, 좁아지는 세계

1) 관광과 지리인식

관광은 생활환경의 변화를 바라는 인간의 기본적인 욕구를 충족시키기 위하여 일상생활권을 떠나 다시 돌아올 예정으로 타지역이나 타국을 여행하는 행위로, 나아가 역사발전과 사회구조 변화 등에 민감하게 반응하는 여가활동의 한 형태이다. 관광이 인간의 시간적·공간적 선택과정의 결과라고 한다면, 관광객의 공간적 선택 즉 관광 목적지의 결정은 서로 다른 지역의 다양한 지리적 요소들과 이들의 결합으로 나타나는 지역성 또는 지역적 차별성과 밀접한 관계가 있다.

지리학은 지표의 자연현상과 인문현상이 결합되어 인간이 만들어내는 다충적 구성요소로 이루어진 지역(장소)을 연구하는 학문으로 지표상에서 일어나는 모든 현상들이 주된 연구대상이 된다. 관광현상 역시 지표공간에서 일어나는 인간행동의 결과로서 지리학의 관심영역 가운데 하나이다. 관광이 지리학의 연구대상이 되는 것은 지역 또는 지표공간에 다양한 형태로 분포되어 있는 관광자원이 모든 지리적 조건과 밀접한 관련이 있을 뿐 아니라 관광현상이 지역경관의 구조와 형태, 지리환경의 이용과 보존, 지역발달 등 지역사회와 광범위하게 연계되어 있기 때문이다.

장소 또는 지역은 시·공간적으로 끊임없이 변화하는 생동체로서 지리학의 고유한 연구영역이 되어왔을 뿐 아니라 다양한 인간활동과 불가분의 관계를 맺어 왔다. 이러한 장소적 차별성은 관광매력 요소를 구성하는 본질적인 인자로써 관광욕구를 유발시키고 동기를 충족시켜 주며, 나아가 관광현상의 지역적·구조적 특성에 영향을 주게 된다. 로빈슨(Robinson)은 "관광은 관광지, 교통, 설비 등을 구성요소로 하며, 여기에 인구, 지형, 기후, 취락, 문화재, 산업입지, 교통과 접근도 등과 관련되어 있어서 관광의 매력은 그 성격상 대단히 지리적이라 할 수 있다"고 하여 관광동기와 지리적 요소와의 깊은 관계를 강조한 바 있다.

2) 관광이란 무엇인가

오늘날 우리가 흔히 일상용어로 사용하고 있는 관광(tourism)은 1811년 영국의 스포츠 잡지에서 "조직적으로 이루어지는 여행"을 'tourism'으로 표기하면서부터 '여행' '유람', '소풍', '시찰', '왕래' 등을 포함하는 보다 상위의 총체적 학술적 개념으로 발전하였다. 인간이 만들어 내는 다양한 사회문화적 현상가운데 하나로 자리잡고 있는 관광은 시대적 변천과 인간의 욕구변화에 민감하게 반응하며, 여러 가지 복합적인 요소가 내재되어 있어서 일률적으로 정의내리기가 쉽지 않으나 동·서양을 막론하고 몇 가지 본질적인 속성을 발견할 수 있다.

첫째, 일상생활권 또는 정주지를 떠나서 이루어지는 행위이다. 관광은 인간의 공간적 이동을 전제하고 있으며, 여기에서 일상생활권을 떠난다 함은 공간(지역)은 물론 해방감과 같은 심리적인 영역도 포함된다.

둘째, 일정한 시간적인 범위를 필요로 한다. 길든 짧든 시간적 범위의 차이는 있다고 하더라도 다시 돌아올 예정을 전제한 이동이므로 이사, 통근, 이민 등의 이동과는 구별되어야 한다.

셋째, 관광욕구를 충족시키는 행위이다. 관광은 본질적으로 순수한 즐거움을 추구하는 행위로 해방감과 함께 자신을 가장 솔직하게 표현할 수 있고 자아를 실현시킬수 있는 수단의 하나이다.

넷째, 관광은 자발적인 행위이어야 한다. 자유시간에 자유의사에 의해서 출발하게되는 자유선택적인 행위로 타인의 강압이나 의무감 등을 기초한 관광은 그 궁극적인목적을 달성하기 어렵다.

다섯째, 관광은 경제적 소비를 수반하는 경제활동이다. 대부분의 관광행위는 많든적든 위락을 위한 소비를 전제하고 있기 때문에, 경제적 소비가 없는 위락행위는 엄밀하게 관광으로 간주될 수 없다.

여섯째, 관광은 사회·문화적 행위이다. 타지역이나 타국에서 사람과 사람의 접촉으로 시작하는 관광행위는 싫든 좋든 출발지와 경유지, 목적지 등에서 관광객과 원주민, 관광객들 간의 사회·문화적 교류 또는 갈등구도를 형성하게 된다.

일곱째, 관광은 환경이 밑천이다. 나라든 지역이든 각기 공간적인 범위를 가지고있고 그 범위 안에서 인간은 자연과 교감을 나누며 삶을 영위하고 있다. 인간의 관광욕구는 바로 지역마다 각기 다른 지형, 기후, 식생, 토양, 수문 등의 자연요소들이 독특하게 결합되어 만들어 내는 자연환경의 차이에서 출발한다. 또한 자연환경의 차이는 그 곳에 삶의 뿌리를 내리고 사는 사람들의 생활에 깊숙이 영향을 주어 고유한역사와 문화를 형성하는 기틀이 됨으로써 오늘날 관광욕구를 유발시키는 모든 요소가 기본적으로 지역환경과 결합되어 있다.

3) 관광의 구조와 분류

관광이 인간의 공간적 이동을 전제하고 있다면 관광행위가 성립하기 위해서는 관광객, 관광자원, 관광사업 등 3가지 기본적인 요소가 갖추어져야 한다. 여기에 장소, 교통, 편익시설 등 다양한 사회·경제적 요소에 영향을 받는다. 장소는 관광목적지를 설정하는 데 영향을 주며, 교통은 여행자가 목적지에 도달할 수 있는 수단이며, 편익시설은목적지에 도착한 후 어떠한 숙식과 서비스를 제공받을 것인가에 영향을 주게 된다.

관광객의 관광하고자 하는 의지는 관광행위의 제1 성립요소이다. 관광객은 누구나관광의욕과 동기를 가지고 있으며, 관광의 수요자 또는 소비자로서 관광시장을 형성하는 주체가 된다. 즉 관광의사의 결정자로서 관광객은 그 목적에 따라 순목적 관광객과 겸목적 관광객으로 나누고, 여행범위에 따라 국내관광객과 국제관광객으로 분류될 수 있다.

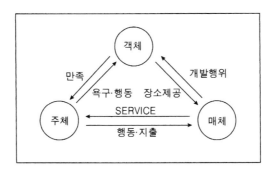

<그림 9-1> 관광의 구조

　관광자원은 관광행위의 두번째 성립요소로서 관광객에게 관광의욕을 유발시키고 관광동기를 충족시켜 줄 수 있는 관광대상이 된다. 즉 관광객체인 관광대상은 자연경관으로부터 풍속, 문화, 사적, 산업시설, 인물 등 물적·인적, 문화·역사적 요소에 이르기까지 매우 복합적인 성향을 띤다.

　관광사업은 관광주체와 관광객체를 결합시켜 주는 매체로써 관광의 성립요건이 된다. 여기에는 도로·교통시설 등 공간적 매체, 숙박·휴식시설 등 시간적 매체, 여행알선·관광접대·관광안내·관광선전 등 기능적 매체, 제도·법규 등 정책적 매체 등이 있다.

　관광은 공간범위, 관광목적, 관광객의 특성, 체재유형, 교통수단, 관광규모 등에 따라 다양하게 분류될 수 있다. 관광의 가장 일반적인 분류는 관광활동의 공간적 범위에 따른 것으로 특히 국제관광은 자국을 떠나 인종과 언어, 관습 그리고 국경을 초월하여 세계를 무대로 이루어지는 것으로 외국인의 국내여행(in bound)과 내국인의 해외여행(out bound)이 모두 포함된다. 따라서 관광의 목적지가 외국이라는 점에서 국내 관광과는 달리 상세한 관광정보는 물론 여권·비자·출입국절차·세관 및 검역 상식·에티켓 등에 신경을 써야 한다.

4) 관광객과 관광동기

　누구를 관광객으로 볼 것인가 하는 문제는 관광 또는 여행의 범위가 광범위한 만큼 정의 내리기가 어려우며, 관광객은 관광경제 및 관광산업, 관광개발계획 수립 등을 위한 기초자료가 된다. 세계관광기구(WTO)는 국제관광객을 첫째, 위락과 건강상의 이유로 여행하는 자, 둘째, 회의참석·경제·외교·예술·종교 등 국제행사 참여를

<표 9-1> 관광의 공간범위에 의한 분류

위한 일시적인 방문객, 셋째, 상업·견학 등을 목적으로 외국에 입국하는 자로 규정하고 있다. 또한 방문기간에 따라 국제관광객은 외국에서 24시간 이상 6개월 이내의 체류자를 의미하며, 체류기간이 24시간 이상 3개월 이내는 일시방문객으로 규정하고 있다. 한편 1963년 로마에서 열린 유엔(UN)의 국제관광회의에서는 취업 또는 거주, 해외주둔 군인 등을 제외한 다른 목적으로 일상의 거주지를 떠나 다른 나라를 방문하는 사람(visitor)을 여행목적과 체제기간에 따라 다음과 같이 구분하고 있다.

① 관광객(tourist): 레저, 레크리에이션, 휴가, 스포츠, 건강, 교육, 종교, 사업, 가족·친지방문, 회합 등의 목적으로 방문한 지역에서 24시간 이상 체류하는 일시적인 방문객

② 소풍객(excursionist): 유람객을 포함하여 방문한 지역에서 숙박하지 않고 24시간 이내 체류하는 일시적인 방문객

한편 사람들은 왜 관광을 떠나는 것일까? 관광행위가 성립되기 위한 1차적인 요소가 관광객의 욕구와 동기이다. 개인의 관광행동을 이해하기 위해서는 관광객을 하나의 의사결정자로 보아야 하며, 개인의 성격, 가족구성단계, 지각, 학습, 동기, 태도, 비용, 시간, 정보 등 다양한 요인들이 의사결정에 영향을 주게 된다. 일반적으로 관광객의 행동과정은 관광욕구 유발→정보수집 및 검토→관광목적지 결정→관광계획 및 준비→관광경험→욕구충족 및 만족도 평가 등으로 이루어지며, 이러한 과정을 통하여 관광객들은 다양한 정신적·육체적인 경험과 만족도를 높여가게 된다.

관광욕구가 관광행위를 일으키게 하는 심리적인 원동력이라고 하면 관광행위를

성립시키는 구체적인 힘을 관광동기라 할 수 있다. 이것은 관광욕구 자체가 관광행위를 결정하는 것이 아니라, 다양한 자극과 제반 조건들이 갖추어지고 여기에 관광동기가 부여될 때 비로소 관광행위로 표출될 수 있다는 것이다. 개인에게 관광동기를 유발시키는 환경에는 심리적인 요소는 물론 성별, 연령, 교육수준 등 인구통계학적 요소, 교통수단, 여행거리, 여행경험과 소득정도 등 물리적인 요소, 관광을 둘러싸고 있는 분위기와 같은 사회적 요소들이 영향을 준다.

맥킨토시(Mcintosh)는 관광의 동기를 크게 육체적·문화적·관계적·개인적 동기 등 네 가지 범주로 나누고, 구체적으로 여덟 가지의 관광동기를 제시하고 있다.

① 육체와 정신의 휴식: 산업화, 도시화, 자동화 등 현대 산업사회에서 받게 되는 긴장, 스트레스, 압박 등으로 사람들은 이전보다 더 많이, 더 자주 몸과 마음의 휴식과 기분전환을 필요로 하게 되었다. 이러한 휴식 또는 기분전환은 개인에 따라 다양한데 생활방식, 환경, 분위기를 바꾸기도 하고 여행, 스포츠 등으로 해소하기도 한다.

② 건강: 신선한 공기와 햇빛, 물, 온화한 날씨 등은 개인의 건강을 위해 중요한 요소들이다. 의학적인 예방, 치료를 위해 온천을 하며, 요양·보양을 위한 곳이 훌륭한 관광지가 되기도 한다.

③ 스포츠 활동: 최근 관광현상에서 가장 두드러지는 점은 스포츠와 관련된 관광행태가 증가하는 것으로 과거 피동적인 행태에서 능동적이고 참여적인 행태로 변화하고 있다. 관광행태의 변화는 생활수준의 향상과 더불어 참여적이고 자극적인 것을 원하는 사회속성과 관계가 깊다.

④ 위락: 본질적으로 관광동기 가운데 가장 중요한 것은 순수한 즐거움을 위한 것이라고 할 수 있으며, 관광에 있어서 즐거움과 낭만은 관광의 1차적인 속성인 동시에 중요한 동기유발 요소가 된다.

⑤ 호기심과 문화: 관광의 근본적인 동기는 미지의 세계에 대한 호기심과 관심이다. 타국의 역사, 문화, 민속, 미술, 음악, 영화 등에 대한 관심은 물론 올림픽 게임, 민속축제 등은 관광의 중요한 동기를 자극한다.

⑥ 인간관계: 친지와 친구를 방문하고 새로운 친구를 사귀기 위해 여행을 하는가 하면, 단순히 일상생활과 가족, 이웃 등으로부터 벗어나고자 여행을 즐기는 경우도 있다.

⑦ 종교: 종교성지나 종교적으로 중요한 나라를 방문하고자 하는 것도 중요한 관광동기가 된다. 주로 성지순례와 같은 것으로 이루어지며, 바티칸, 예루살렘, 아랍국가 등이 이에 속한다.

⑧ 개인적 이유: 직업 또는 업무상, 교육, 취미 등 개인의 발전과 지위향상을 위해 갖게 되는 관광동기이다.

<그림 9-2>
종교관광은 가장 일찍부터 발달
한 관광의 한 형태로 세계적인
종교성지를 중심으로 관광 견인
력이 크게 신장되고 있다. 태국
은 불교의 발상지는 아니지만
현재 가장 대표적인 불교국가로
수도 방콕의 관광자원 대다수가
불교 사원과 관련 유적으로 이
루어져 있다.

2. 관광은 진정 무공해 산업인가?

1) 세계의 관광환경은 변하고 있다

관광은 소비를 기초로 하는 서비스 상품으로서 경제발전과 국가정세 변화에 민감
한 반응을 보이기 때문에 사회적 여건이나 정책적인 지원 없이 단독으로 그 효용성
을 발휘하기란 어렵다. 세계 모든 국가는 특히 부존자원이 빈약한 나라들은 관광을
국가지원 전략산업으로 육성하고 있으며, 국내적으로도 지역개발의 중요한 동기부여

가 되고 있다.

인구·사회적 환경변화의 특성으로 첫째, 관광인구의 고령화를 들 수 있다. 제2차 세계대전 후의 베이비붐 세대가 현재 세계관광에 참여하는 주된 연령층에 도달하였는데, 이들 대부분은 경제적 풍요와 함께 많은 여가시간을 누리는 사회계층을 형성하고 있다. 둘째, 취업여성의 증가, 늦은 결혼연령, 자녀수의 감소 등 사회환경의 변화는 여성의 관광참여율을 높이고, 관광지출율이 높은 계층이 늘어나고 있다. 셋째, 유급휴가의 증가, 근로시간의 단축, 출입국 절차의 간소화 등은 관광환경 개선은 물론 관광의 장거리화, 국제화 추세를 가중시키고 있다.

경제적 환경변화는 국내외 관광에 직접적인 영향을 미친다. 1990년대 이후 세계경제는 GNP의 연간 성장율이 3% 이상을 보이고 있으며, 가처분소득의 증가로 지속적인 관광성장이 전망된다. 경제규모의 확대, 기술발전, 국제경쟁력의 제고 등은 물가안정과 함께 다양한 문화활동에 대한 욕구를 유발시킬 것이다. 반면 국제적인 환율변동은 국가별 관광교류에 영향을 줌으로써 관광유발국과 송출국의 성장차를 보일 것이다.

정치적 환경변화는 실질적으로 세계의 관광성장에 지대한 영향을 미쳤다. 독일의 통일, 구소련 정권의 해체, 홍콩 반환의 중국 등이 좋은 예이다. 특히 중국의 경우 홍콩 반환 후에도 기존의 관광체계를 유지하여 홍콩 관광환경을 지원할 뿐 아니라, 본토의 개발정책을 지속적으로 추진하여 세계관광의 가장 큰 잠재시장으로 부각되고 있다. 아시아 대다수의 국가들은 관광을 국가 정책산업으로 육성하고자 지원하고 있으며, 아셈(ASEM)의 발족으로 아시아와 유럽의 교류협력 증진은 관광성장의 기틀이 되고 있다. 미주지역에서는 그 동안 계속되어 왔던 유엔의 쿠바에 대한 제재조치가 철회되고, 지역협력기구인 나프타(NAFTA)의 협력체제 강화 등으로 세계관광 교류 활성화를 꾀하고 있다. 최근 알바니아 사태와 심각한 경제악화 등으로 관광환경의 불안이 야기되고 있음에도 불구하고 구소련 지역은 옐친 대통령의 재선과 체첸과의 휴전, 보스니아 사태의 종결 등 정치적 안정세로 관광의 점진적인 발전이 기대된다.

그 밖에 관광수요의 급격한 증가는 다양한 기술혁신과 발전에 힘입어 보다 편리하고 안락하게 그리고 값싸게 이용할 수 있는 교통기반 시설을 필요로 하고 있으며, 특히 세계 관광성장에 직접적으로 영향을 주고 있는 항공교통에 대한 세계 각국의 관심과 투자가 증대되고 있다. 또한 관광 안전상의 문제는 관광객의 증가와 관광인구의 노령화에 따라 그 중요성이 커지고 있으며, 정부와 업체 간의 긴밀한 유대와 협력체계가 요구되고 있다.

2) 잘못된 관광이 나라를 망친다

오늘날 관광인구의 폭발적인 증가추세는 전 세계적으로 관광의 중요성과 효용성에 대한 관심을 집중시키고 있다. 이는 관광산업이 대체로 상품화 과정에서 자원의 소모율이 매우 낮고, 외화가득률이 높아 국제수지 개선은 물론 고용기회의 증대, 교역의 촉진, 국민소득의 증대, 지역경제 개발 촉진 등에 기여하기 때문이다. 관광은 이러한 경제적 효용성과 더불어 타국이나 타지역의 풍속, 관습, 문물, 제도 등을 이해하고, 국제친선과 문화교류의 증진 등 비경제적인 효용성과 교육적, 문화적, 국민보건 및 복지 차원에 이르기까지 그 가치가 매우 높게 평가되고 있다.

(1) 관광의 긍정적 효과

관광의 경제적 효과는 한 나라의 경제적 존립이 좌우될 수 있는 중요한 문제이다. 관광의 다양한 영향 가운데 가장 긍정적인 평가를 받고 있는 경제적 효과는 지금까지 관광에 따른 각종 폐해현상을 그 그늘 밑에 가려두게 했던 요인이기도 하다. 관광을 통한 경제적 효과는 국제수지의 개선, 고용증대, 국민소득의 증대, 교역의 촉진, 조세수입의 증대, 지역경제의 개발, 관련산업의 발전 등 매우 다양한 측면에서 그 부가가치가 나타난다. 선진국이나 후진국을 막론하고 오늘날 관광에 대한 관심과 적극적인 정책적 지원을 아끼지 않는 것 또한 이러한 이유에서이며, 세계 몇몇 관광선진국은 자국의 총외화가득율에서 관광수입이 차지하는 비중이 20~30%를 넘고 있는 실정이다.

관광의 사회·문화적 효과는 관광이 국가나 지역간의 인적 교류를 기초하고 있는 사회문화적 현상이므로, 사회의 기저면에서부터 국가의 문화적 자긍심에 이르기까지 폭넓은 파급효과를 나타내고 있다. 관광객은 사회화과정을 통하여 관광행동을 형성하고 지역사회의 제반여건에 영향을 받게 되며, 싫든 좋든 관광목적지에서 그곳의 주민과 시간적·공간적으로 만남을 갖게 된다. 이러한 만남 속에서 관광객과 관광지 주민 사이에는 반목과 적대심, 조화와 협력 등과 같은 교류를 통해 다양한 문화를 만들어 낸다. 즉 관광을 통한 문화적 접촉(cultural contacts)과 문화충격(culture shock)의 사이를 좁혀가는 것이 관광의 문화적 역할이라 하겠다. 빈번한 관광왕래는 국가홍보와 국제친선, 지역감정 해소를 통한 국민화합과 상호이해 촉진, 균형 있는 지역문화의 발전 등에 한다.

이 밖에도 관광을 통해 교육적 효과, 레크리에이션 효과 및 사회와 가족구조의 긍정적 변화와 지역주민의 세계관 확대, 자연환경의 보호, 현대적 주거양식 도입 등 다양한 효과를 기대할 수 있다.

(2) 관광의 부정적 효과

지금까지 관광소비가 국제수지 개선 등과 같은 자국의 경제문제를 해결하는 데 크게 공헌하고 있다는 점과 관광의 부정적 효과를 측정·평가하는 일이 경제적 이익을 통계수치로 파악하는 일보다 난해하다는 등의 이유로 주로 관광의 긍정적 효과에만 관심을 보여 왔다. 그러나 관광이 매우 주목받는 종합적 사회현상으로 부각되면서 관광의 부정적 효과들이 최근 들어 관광의 윤리성과 함께 더욱 높은 관심의 대상이 되고 있다.

관광의 경제적 역기능으로 경제의 종속화, 지역경제의 누수현상, 물가상승, 경제적 불안정 등이 초래됨으로써 잘못된 관광정책과 개발, 관광행태는 국가의 경제적 기반을 약화시킬 뿐 아니라 여타 분야에 대한 폐해현상이 심각하게 대두될 수 있다.

관광의 사회·문화적 역기능은 경제적 측면보다 훨씬 더 본질적이며, 심각하여 국가와 사회의 규범과 도덕성, 문화적 정체성 등에 영향을 준다. 관광의 사회적 역기능은 인구구조의 분극화, 가족구조의 파괴, 소비지향적 풍조, 각종 사회 병리현상의 만연 등을 초래하며, 문화적으로는 문화의 충돌로 인한 장애, 고유문화의 상품화, 전통문화유산의 상실, 문화적 자긍심의 약화 등을 초래하게 된다.

관광의 환경적 역기능은 관광의 다양한 파급효과 가운데 가장 심각한 폐해현상으로 받아들여지고 있으며, '관광이 진정 무공해 산업인가?'라는 의문을 제기할 수 있는 동기를 부여하게 한다. 환경이란 인간과 자연적 특성 모두를 지칭함으로써 복합적인 개념으로 이해해야 한다. 인간들의 순간적인 희열을 위한 기회에 편승하려는 열망 때문에 소수의 사람들은 그러한 오락이 미래에 미칠 결과를 고려하지 않은 듯이 보인다. 이러한 현상은 자연관광자원이 탁월한 곳에서 두드러진다. 날로 늘어나는 관광수요에 대한 영향을 장기적으로 고려하지 않고 지금처럼 자연의 관광적 이용이 계속된다면 자연은 점차 제 모습을 잃게 되고 나아가 우리의 생활환경도 위협받게 될 것이다. 잘 보존된 자연자원은 중요한 관광자원으로 각광받게 되는데 이러한 자연환경이 무리한 관광개발로 각종 환경파괴와 생태계 변화 등을 가져오며, 관광객에 의한 사적과 자연환경의 훼손 등 일명 관광공해(tourism pollution) 문제가 최근 심각하게 대두되고 있다. 관광개발과 관광행위로 인한 환경의 변화는 관광수용능력이 부족하거나 수용한계를 초과하였을 때 발생하게 된다. 대표적인 예로 수질오염, 동·식물 파괴에 따른 생태계의 변화, 관광지와 관광시즌의 교통혼잡, 소음공해, 아름다운 자연환경에 조화를 이루지 못하고 들어서는 각종 관광시설물의 부조화와 조망권 침해 등을 들 수 있다.

이 외에도 관광현상에 따른 역기능은 교육환경의 파괴, 주민들간의 이질화, 관광의 정치도구화 등 다양한 측면에서 발견된다. 관광현상은 다양한 인간심리가 관광행

<그림 9-3> 동유럽은 세계 냉전체제의 종결과 구소련의 붕괴와 함께 세계 관광시장에 개방되었으며, 그 가운데 러시아는 관광객 유치 및 관광수입 면에서 가장 현저한 신장을 보여 동유럽의 관광시장을 주도하고 있다.

위로 표출되는 것이므로 지역사회와 주민에게 많은 영향을 주며, 현대관광이 지역주민과의 가치독립성이 확보되는 인간지향적 활동이라는 점에서 상기한 여러 가지 부정적 요인들을 간과한다는 것은 관광의 본질을 왜곡시킬 우려가 있다. 따라서 지금까지 나타난 관광의 부정적 효용을 극복하려는 노력이 없다면 전체적으로 관광환경은 개선될 수 없으며, 관광입국으로의 진입은 어려울 것이다.

3. 관광시장의 무한한 가능성을 찾아서

1) 관광성장의 지속적인 힘

세계적으로 관광인구가 멈추거나 줄어들 기미가 보이지 않고 있다. 관광의 지속적이고 왕성한 성장의 힘은 어디에서 비롯되는 것인가? 세계는 이제 생존권의 시대에서 생활권의 시대로 접어들었고, 이러한 변화의 징후들은 다양하게 나타나고 있다.

경제적 풍요는 세계적으로 관광을 성장시킨 제1의 원동력이다. 다른 어떤 여가활동보다 관광은 경제적·시간적 여유를 필요로 한다. 때문에 세계 경제의 안정과 신장, 유급휴가의 확대 등에 따른 소득증대는 전세계인들에게 생활의 질적 향상을 위한 적극적인 관심과 참여를 자극하였다. 소득증가는 개인의 가처분소득(disposable income)을 크게 늘렸고, 소비패턴에 있어서도 의식주비에 비하여 관광과 여가활동을 포함한 이른바 문화비(cultural expenses)의 소비율이 높아졌다. 이러한 현상은 관광욕구를 직·간접적으로 자극하여 국내외적으로 관광왕래가 매년 급속한 속도로 증가하였으며, 여기에 동서 냉전체제의 붕괴, 항공교통의 발달, 여행상품의 다양화, 각국의 적극적인 관광정책 등으로 관광산업은 21세기 가장 전망이 밝은 산업으로 인식되고 있다.

여가시간의 확대는 관광욕구를 유발하고 동기를 자극시킬 수 있는 필수요건이 된다. 관광이란 본질적으로 비구속, 비의무, 비필수 활동이므로, 여가시간에 크게 영향을 받는다. 여가시간(leisure time)이란 개인의 생활시간인 24시간 가운데 자기개발과 자아실현을 위해 쓰여지는 활동시간으로 단순한 여유시간(spare time) 또는 자유시간(free time)과는 구별해야 한다. 산업혁명 이후 산업현장의 노동시간과 가사노동 시간이 대폭 줄어들었으며, 노동운동이 국제적으로 활발하게 전개됨에 따라 노동환경의 개선은 물론 각국의 적극적인 복지정책에 힘입어 노동제일주의 사회에서 생활제일주의 사회로의 전환이 빠르게 전개됨으로써 세계적인 관광성장 추세를 뒷받침 해 주고 있다.

교통수단의 발달은 세계인의 관광욕구를 자극하는 또 다른 요인으로 작용하고 있다. 대중 교통의 발달, 자가용 승용차의 보급, 항공노선의 확대, 다양한 통신수단의 보급 등은 관광을 장거리화, 국제화시켰으며, 특히 항공교통의 비약적인 발달은 세계를 시간적·공간적으로 축소시키는 일대 전환점을 마련하였다. 항공교통은 지리적인 장애를 극복하게 하였으며, 제트여객기와 같은 보다 빠른 교통수단의 등장은 60시간 이내에 지구를 일주할 수 있게 하였다. 한편 육상교통에 비해 상대적으로 침체

되어 있던 해상교통은 점차 고급화, 대형화 추세를 보이면서 페리보트(ferry boat)와 같은 초호화 유람선 등이 항공교통 못지 않게 세계의 관광시장 확대에 기여하고 있다. 이 외에도 논스톱 고속, 고속도로의 확대, 자가용과 렌트카 등의 보급으로 세계는 국경이 사라지는 지구촌 관광을 실현시키고 있다.

관광지향성 증대는 현대인이면 누구가 겪는 시대적 갈증요소이자 과다한 스트레스를 해소하는 방법으로 대두되고 있다. 사회가 산업화·도시화될수록 사람들은 다양한 긴장감에 시달리고 일상생활에 지쳐간다. 사람들은 이러한 긴장감을 해소하고 인간성 회복과 자아실현을 위해 끊임없이 삶의 돌파구를 찾고 있으며, 매일같이 반복되는 일상생활권을 벗어나 육체적·정신적 해방감을 얻고자 노력한다. 이러한 인간의 본능적 욕구가 시간적·경제적 풍요와 결합되면서 현대인들은 몇 일간의 휴가를 위해 1년을 개미처럼 일하고, 자연을 찾아 썰물처럼 교외로 빠져나가는가 하면 멀리 해외로까지 나가는 데 주저함이 없다.

그 외 전세계적인 관광성장의 배경에는 탈냉전시대를 맞은 세계정세의 변화와 국제관계의 개선, 교역의 확대 등에 영향을 받는다. 또한 교육기회의 확대 및 대중매체의 발달 등은 타국과 타문화에 대한 관심과 정보욕구를 증대시켰으며, 각국의 관광정책 활동의 강화, 패키지투어 가격의 저렴화, 관광에 대한 가치관의 변화 등은 관광이 인간의 기본권 가운데 하나인 행복추구권으로 인식되면서 세계의 관광을 크게 성장시키고 있다.

2) 관광성장의 흐름

이제 관광은 우리 일상생활에서 빼놓을 수 없는 여가활동의 한 부분으로 자리잡고 있다. 국내외를 막론하고 현대 관광의 특성을 한마디로 요약하면 놀랄만한 관광수요의 증가와 관광공간의 세계화라고 할 것이다. 이는 관광의 대중화, 산업화, 정책화를 유도하게 됨으로써 지구촌 관광시대를 열었다고 볼 수 있다. WTO는 1980년 마닐라 선언에서 국제관광의 무형적 편익의 중요성을 강조한 바 있으며, 1996년도 세계 관광인구는 5억 9,364만 명으로 전년에 비해 5.3% 증가하였고 관광수입 면에서는 4,227억불로 6.0% 증가하여 관광수입 증가율이 관광객 증가율을 상회하는 것으로 조사되었다. 이러한 관광수입의 신장은 세계 상품 수출액의 8.3%, 세계 서비스 산업 교역량의 35.3%를 점유한 것으로 나타났다. 그러나 1997년으로 접어들면서 세계 경제는 아시아를 필두로 침체국면에 처하게 되었고, 이러한 여파는 세계 관광성장과 흐름에 적잖은 걸림돌로 작용하였다. 1997년도의 세계 관광성장을 보면 관광객

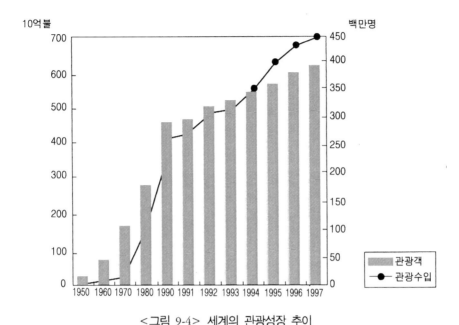

<그림 9-4> 세계의 관광성장 추이

2.93%, 관광수입 2.70% 증가에 그쳐 세계적인 경제불황을 반영한 것으로 보인다. 그러나 20세기 말의 관광침체 국면은 그다지 오래 가지 못했다. 1999년 이후 세계 경기회복에 대한 낙관적인 전망과 실물경제의 지표 개선 등은 관광산업이 21세기 국가 경쟁력을 좌우하는 핵심산업으로 확고한 자리를 구축하게 될 것으로 전망된다.

세계의 지역별 관광객 유치 동향을 보면 1996년 동아시아 및 태평양 지역이 8,700만 명으로 전년대비 9.2% 증가한 반면, 지금까지 세계의 관광흐름을 주도해 온 유럽 및 미주지역은 각각 4.5%, 3.9% 성장에 그치고 있다. 그 가운데 러시아는 전년대비 관광객수 57.5%, 관광수입 19.8%의 성장율을 기록하여 동유럽의 관광신장을 대변해 주고 있으며, 중국(홍콩 포함) 역시 전년대비 관광객 28.3%, 관광수입 29.6%의 급속한 성장세를 보이고 있다. 이 외에도 관광객과 관광수입 등에서 빠른 성장을 보인 국가는 터키, 호주, 폴란드, 멕시코, 인도네시아, 일본, 스페인 등으로 성장율 10%를 상회하고 있다. 그러나 국가별 관광 점유율은 프랑스, 미국, 스페인, 이탈리아 순이며, 이들 국가는 관광외화 수입 면에서도 상위권을 점유하여 아직도 세계 관광시장이 유럽과 미주지역에 편중되어 있음을 시사해 주고 있다. 우리나라는 관광객 유치 면에서 세계 32위권의 점유율 0.6%를 나타내고 있는, 반면 관광수입 면에서는 총 5,430백만 불을 벌어들여 점유율 1.3%의 세계 21위권을 차지하고 있다.

3) 세계의 주요 관광시장

관광의 급속한 성장은 관광송출국의 환경변화와 함께 관광시장의 다변화를 유도하고 있다. 헤르만(Herman)은 관광산업이 2000년대 최대의 산업이 될 것이라고 전망하였으며, 서머싯(Somerset)은 관광산업이 세계 최대·초고속 성장산업으로 부상하게 될 것이라고 강조하여 세계 관광시장의 확대와 중요성을 예고하였다. 이것은 관광산업이 세계 무역액의 7% 이상을 점하는 무공해 산업으로서 석유, 자동차와 함께 세계 3대 무역상품으로 급신장하고 있음을 시사해 주고 있다.

세계은행(World Bank)에 따르면 세계 관광시장은 5가지의 유형으로 구분될 수 있다. 첫째, 북서부 유럽과 같이 산업화된 시장경제체재의 국가들은 국민 1인당 GNP가 높고, 부의 균형적인 분배와 복지정책의 성공으로 국내관광의 활성화는 물론 전국민의 50% 이상이 국제관광에 참여한다. 둘째, 동유럽 국가들에서 볼 수 있는 유형으로 관광이 정치적 환경에 많은 영향을 받아왔으며, 도시화, 산업화의 결과로 경제적인 풍요가 국민들에게 확산되면서 국내관광이 지속적으로 발전함에 따라 관광에 대한 사회간접자본의 공급에 주력하는 한편 소수 고소득층의 국제관광율도 증가하고 있다. 셋째, 고소득의 석유수출국은 1인당 GNP는 높은 반면 부의 균형적인 분배가 이루어지지 않아 계층간의 관광참여가 뚜렷이 구분된다. 대다수 저소득층이 자급자족경제하에서 여가와 관광참여가 어려운 반면, 소수 부유층에서는 세계관광에 적극 참여하는 이중구조를 보인다. 넷째, 중간 소득의 개발도상국들로 산업화, 도시화가 시작되면서 여가 및 관광욕구가 확산되는 단계에 있으며, 소수 부유층을 중심으로 세계관광이 주도된다. 다섯째, 저소득의 개발도상국가들은 자급자족형의 경제체재하에서 현대적 개념의 여가 및 관광의식이 발달하지 못한 단계이며, 극소수의 부유층만이 세계관광에 참여하고 있다.

오늘날 세계 관광 송출국은 미국, 독일, 일본, 영국, 프랑스 등이 주축을 이루고 있으며, 여기에 우리나라를 비롯한 대만, 싱가폴, 태국, 중국 등 아시아 각국과 신흥공업국들이 가세하고 있다. 대륙별 관광시장의 특성을 살펴보면 다음과 같다.

유럽시장은 그 동안 세계 관광시장을 주도해 왔으며, EU통합으로 실질적인 단일 경제권을 형성해가고 있다. 1996년의 전반적인 경제 성장율이 2.5%에 이르렀고, 실업율 또한 안정되고 있는 유럽은 정치통합 및 단일화폐의 시행 등을 통한 관광교류의 연합을 추구하는 반면, 각국의 다양한 관광상품 개발과 문화적 홍보를 통한 개별 관광성장을 꾀하고 있다. 유럽의 지속적인 경제성장과 정치적 안정, 편리한 관광시설 및 서비스, 차원 높은 관광문화 상품 개발 등은 유럽의 관광시장 확대에 긍정적인 요인으로 작용하고 있다. 특히 냉전체제의 종식과 함께 러시아, 폴란드, 헝가리, 체코 등을 비롯한 동유럽의 관광시장 확대는 특기할 사항으로 유럽, 미국에 이어 제3의 관광시장으로 부상하고 있다.

미주시장은 유럽 다음으로 큰 관광 세력권을 형성하고 있다. 1995년 이후 미국의 경제상황이 그 어느 때보다 활황기를 맞이하면서, 1996년 경제성장율 2.2%, 실업율 5.5%의 안정적인 경제·사회여건이 지속되고 있는 가운데 국내는 물론 해외관광시장이 크게 확대되고 있다. 경제성장과 안정, 미 달러화의 강세 등으로 1996년 관광객 유치 면에서 7.5%, 관광수입 면에서 15.2%로 높은 점유율을 보였다. 북미에 비하여 경기침체 및 실업 등으로 관광성장이 둔화되고 있는 남미의 경우 세계 관광시장 점유율이 상대적으로 낮은 반면, 멕시코는 경기회복과 미국의 경기활성화에 힘입어 1996년 전년대비 관광객 유치 6.3%, 관광수입 11.8%의 성장율을 보여 관광환경의 전기를 맞고 있다.

아시아 시장은 관광객 송출 및 유치에 있어서 점차 높은 성장세를 보이고 있는데, 특히 일본은 세계 최대의 관광 송출국의 하나로 성장해 왔으나, 1997년 이후 엔화 강세와 경제불안 등으로 그 어느 때보다 외국 관광객 유치에 힘쓰고 있다. 중국은 1991년 자국민의 해외여행을 위해 아시아 국가들에 대한 관광목적의 출국 제한을 완화하였으며, 1996년 506만 명이 해외여행에 참여함으로써 아시아의 주요 관광 송출국으로 부상하고 있다. 특히 1997년 홍콩 반환을 계기로 중국의 관광잠재력은 더욱 확대되고 있으며, 우리나라와는 1998년 비자 없이 제주도 단체관광 입국이 허용됨으로써 한·중 관광발전에 전기를 마련하고 있다.

아셈(ASEAM) 국가들을 비롯한 동남아시아 각국들은 1990년대에 들어 높은 경제성장을 지속하여 평균 7%의 성장세를 보이고 있으며, 이들 국가의 해외관광 수요가 크게 증가하는 것은 물론 외국 관광객 유치에 관심과 투자를 기울임으로써 세계 주요 관광시장으로 부상하고 있다.

4. 관광의 영원한 밑천: 다양한 지리경관

1) 관광자원과 자연환경

(1) 위치와 지역성
세계 각 나라의 독특한 지역성을 이해하기 위해서는 위선과 경선으로 나타나는 수

<그림 9-5> 설악산 국립공원(강원도 속초시)   <그림 9-6> 한라산 백록담(제주도 북제주군)

<그림 9-7> 씨스텍(인천시 백령도)   <그림 9-8> 갯벌(경기도 화성군)

<그림 9-9> 경포 해수욕장(강원도 강릉시)   <그림 9-10> 북한강(강원도 춘천시)

<그림 9-11> 청령포(강원도 영월군)

<그림 9-12> 재인폭포(경기도 연천군)

<그림 9-13> 직탕폭포(강원도 철원군)

<그림 9-14> 오색약수(강원도 양양군)

<그림 9-15> 우포 늪(경상남도 창령군)

<그림 9-16> 영랑호(강원도 속초시)

리적 위치(site)와 지역간의 공간관계, 거리 등으로 나타나는 상대적 위치(situation), 수륙분포 및 고도 등으로 나타나는 지리적 위치(location)를 파악하는 것으로부터 출발해야 한다. 이들은 서로 결합하여 국가의 독특한 자연경관과 삶의 터전을 형성하게 된다. 즉 국가의 지구상 위치는 시간과 계절의 변화, 기후변화와 동식물의 분포, 지형과 지질환경의 변화, 수륙분포와 규모 등에 따라 다양한 자연환경을 형성하게 된다. 이러한 자연환경은 다른 나라와는 구별되는 독특한 삶의 터전으로서 인간과 불가분의 관계를 맺으면서 독특한 생활양식, 언어, 경제활동, 문화 등과 같은 인문환경을 만들고, 이는 결국 관광욕구 및 관광동기를 유발하는 본질적인 요소를 형성하게 된다.

(2) 기후와 동식물상

자연환경을 구성하는 여러 가지 요소 가운데 기후(climate)는 인간생활과 건강은 물론 동식물의 성장과 토양 및 지형변화 등에 많은 영향을 주며, 특히 관광활동에 지대한 영향을 준다. 적절한 기온과 습도, 미풍, 쾌청한 날씨, 일사량, 적설량, 계절의 변화 등은 인간의 관광활동에 중요한 기본요소일 뿐 아니라 관광자원의 형성과 변화에도 큰 영향을 준다. 엄격히 말해 관광하기에 가장 좋은 날씨란 정해져 있지 않다. 그린란드와 같은 빙하지역이나 사하라와 같은 사막지역에서도 관광의 적기는 존재한다.

이것은 각 기후대별로 독특한 자연경관을 형성하고 인간의 삶의 모습이 다르게 나타나며, 관광은 무엇보다 관광객의 주관적 선택의 결과이기 때문이다. 그러나 관광목적지의 쾌청한 날씨는 관광출발의 청신호로 여겨지고 관광의욕을 높이고 적극적으로 동기를 부여해 준다. 영국의 경우 대다수의 해변 휴양지가 따뜻한 남부와 동부에 입지하고 있으며, 지중해 연안의 모나코, 칸느, 니스 등 세계적인 휴양지가 모두 인간활동에 유리한 기후조건을 가지고 있다. 이들 지역은 빙하, 사막, 열대기후 지역에 비하여 상대적으로 관광환경적 우위를 점하고 있다.

식생은 기후, 지형, 토양과 밀접한 관계를 가지는데 삼림·초원·습지·사막 등과 같은 독특한 식생분포는 미학적, 휴양적인 가치를 지니고 있어서 다양한 동물상(animal life)과 함께 관광의 중요한 매력요소가 되고 있다. 특히 식물상은 기후의 영향을 반영하는 지표로 식생의 계절적 변화와 원시림 지대, 세계적인 식물군 등은 훌륭한 관광자원으로 인식되고 있다. 또한 다종다양한 야생동물의 서식과 각종 조류의 분포, 동물의 자연적 습관을 보는 것만으로 매력을 느끼기도 하며, 스포츠 목적으로 낚시와 사냥을 중심으로 한 관광이 발달하고 있다.

(3) 지형과 경관

관광의 자연적 요소가운데 수려한 경관(scenery)을 빼놓을 수 없으며, 각 나라마다 다르게 나타나는 자연경관은 지형적인 차별성으로 가시화된다. 세계 대지형의 형성은 판구조론(plate tectonic)에 근거하여 설명될 수 있다. 지각을 구성하고 있는 몇 개의 분리된 판들이 액체 상태의 맨틀 위를 떠다니면서 분리 또는 충돌함에 따라 세계의 다양한 지형들이 만들어지는데 여기에는 지진, 화산폭발, 조륙운동, 조산운동 등이 영향을 준다.

지구의 형성과 변화과정에서 만들어지는 각 나라의 독특한 산악, 해안, 하천, 평야, 사막, 화산, 빙하, 석회암 지형 등은 관광의 본질적인 매력을 형성하는 자연관광자원으로서 가장 큰 비중을 점유하고 있다. 특히 이러한 지형요소들이 풍화·침식·운반·퇴적과정을 거치면서 만들어 내는 다양한 지형지물들과 폭포, 계곡, 해변, 호수, 온천, 약수 등이 조화를 이룰 때 관광의 매력은 한층 증가한다. 알프스나 피레네 산맥, 그랜드캐니언, 나이아가라 폭포 등이 좋은 예이다.

이 밖에 관광의 자연적 매력요소로는 히말라야의 황색띠에서 볼 수 있는 해양생물 화석층이나 세계적인 공룡화석층 등은 지질과 관련된 대표적인 관광상품이다. 또한 세계적인 이상기상 현상, 토네이도(tornado) 현상, 운석의 낙하 및 별자리 관찰 등은 기상과 관련한 관광매력요소가 되며, 최근 급속하게 확대되고 있는 인공지형에 의한 지형환경의 변화와 관광활동을 위한 적절한 공간(space) 등은 관광의 기본적인 자연요소가 된다.

2) 관광자원과 인문환경

(1) 역사와 문화

각기 다른 자연환경은 인간의 삶의 형태와 관습, 가치관 등을 바꾸고, 이는 그들의 역사성과 결합되면서 독특한 문화 형태로 승화하게 된다. 한 나라 또는 민족의 생활양식으로 가시화되는 문화란 선조가 역사를 통하여 창조한 인간의 내적 정신활동의 소산으로서 관광의 중요한 매력요소가 된다.

세계의 문화권은 인종, 종교, 언어, 생활양식, 대륙 등 주제에 따라 다양하게 분류되며, 발생원인에 따라 1차 문화권과 2차 문화권으로 분류되기도 한다. 2차 문화권은 기존 문화권에서 파생된 것으로 유럽인종의 이주에 의해 형성된 아메리카나 호주지역의 문화권을 예로 들 수 있다. 종교에 의한 문화권으로는 불교문화권, 이슬람문화권, 기독교문화권, 유교문화권 등이 대표적이다. 세계 문화권의 형성은 각기 다른 역사성과 문화성을 바탕으로 독특한 관광환경을 만들어 내는데, 우리가 흔히 구대륙

<그림 9-17> 창덕궁(서울시 종로구)

<그림 9-18> 도자기 가마(경기도 이천시)

<그림 9-19> 화교촌(인천시 남동구)

<그림 9-20> 에버랜드 국화축제
(경기도 용인시)

<그림 9-21> 솟대(경기도 수원시)

<그림 9-22> 전통 민가(경상북도 울릉군)   <그림 9-23> 하회별신굿(경상북도 안동시)

<그림 9-24> 온천지구(경상북도 울진군)   <그림 9-25> 민속마을(전라남도 승주시)

<그림 9-26> 땅끝마을(전라남도 해남군)   <그림 9-27> 차 재배지(전라남도 보성군)

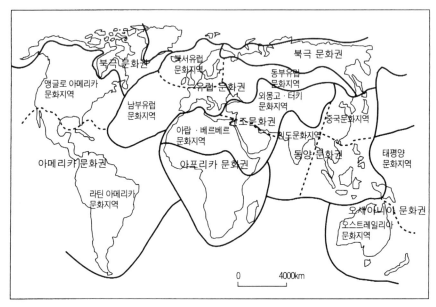

<그림 9-28> 세계의 문화권

이라 부르는 유라시아 대륙이나 아프리카는 신대륙에 비하여 역사·문화적 관광상품
이 많고, 이를 관광산업에 적절히 이용하고 있다. 예를 들면 셰익스피어의 생가, 피
사의 사탑, 이집트의 피라미드, 바티칸, 유럽의 중세 사원과 고풍스런 건축물, 로마의
고대 유적지, 중국의 만리장성과 자금성 등이 있다. 또한 세계적으로 알려져 있는 희
귀한 회화작품, 민족의 혼이 서려있는 각종 공예품과 기술, 다양한 색깔을 가진 음악
등도 각 나라의 고유한 역사와 문화가 숨쉬는 관광의 중요한 문화적 요소가 된다.

(2) 사회와 산업
한 나라의 문화유산이 창조되기까지는 그 민족의 사회규범적인 무형의 가치와 유
형의 생활상이 배경이 된다. 각 나라의 관습, 풍속, 인정, 친절 등과 같은 무형의 자
산과 주거형태, 생활도구, 음식물, 경제활동과 경제시설, 정치 및 교육시설 등과 같은
유형의 자산은 오늘의 사회상을 이해하는 기초가 된다. 이는 민족문화의 배경이자
미래사회의 지표가 되며, 인간이 만들어내는 살아있는 관광매력요소가 된다. 의회정
치의 본고장인 영국의 국회의사당, 세계 소프트 산업의 메카로 불리는 실리콘 밸리,
전통생활상을 보여주는 독특한 가옥과 촌락, 유럽의 장원들, 예루살렘과 부다가야와
같은 세계종교의 성지, 세계 각국의 벼룩시장, 브라질의 리오축제와 삼바춤, 프랑스

의 포도주와 같은 민속 음식 등은 관광의 대표적인 인문요소가 된다.

(3) 도시와 위락

현대인들은 너나할 것 없이 지쳐있다. 그들은 끊임없이 삶의 돌파구, 또는 재충전을 위해 산과 바다를 찾고 먼 외국으로 나가는데 주저함이 없다. 이것은 너무나 인공화되고 황폐해진 도시환경 또는 도시적 삶으로부터 벗어나려는 인간의 본능적인 표현일 것이다. 그런데 아이러니하게도 이들이 다른 나라를 방문할 때 가장 먼저 접하게 되는 경관이 도시경관이며, 관광시간의 많은 부분은 바로 이 도시에서 보내게 된다. 세계 각국의 도시는 가장 역동적으로 변화하는 경관을 보여주고 다양한 볼거리, 먹거리, 쉴거리, 살거리, 탈거리들을 제공하여 관광의 편리함으로 다가온다. 세계적인 관광도시로 널리 알려져 있는 파리, 런던, 로마, 아테네, 카이로, 북경 등은 가장 빈번한 관광목적지가 될 뿐 아니라 관광지의 배후 거점도시로서의 성격도 강하다.

현대의 관광은 참여적이고 적극적으로 이루어지는 것이 특징이다. 현대인들의 다양한 위락 욕구에 따라 실내외의 대규모 위락시설들이 개발되고 있다. 실내풀장, 해수욕, 보트놀이, 레크리에이션, 댄스, 박물관 관람, 등산, 피크닉, 산책, 골프, 스키, 마리나, 야영 등 각종 위락시설들은 관광지의 중요한 요건이 된다. 위락자원은 형성원인에 따라 자연적 위락과 사회적 위락으로 구분되고 활동공간에 따라 실내위락과 야외위락으로 나누어진다. 또한 이러한 관광과 위락활동의 거점이 되며, 관광객의 편의를 돕는 숙박 및 편의시설은 관광객 유치를 위한 중요한 인자로서 그 자체만으로도 관광매력요소가 되기도 한다. 이러한 편의시설은 점차 대형화·고급화 추세를 보이는 반면, 한편으로는 캠프, 임대, 야영 등의 저렴한 시설이 증가하여 관광편의시설이 양극화되고 있다.

(4) 입지와 접근성

관광자원의 입지적 특성과 접근 가능성은 관광발달에 중요한 영향을 미치는 지리적 요소이다. 관광은 본질적으로 인간의 공간적 이동 결과로 나타나는 사회현상이다. 관광지 또는 관광자원의 입지가 대중교통으로 쉽게 도달할 수 있는 편리한 접근성(accessibility)을 갖추었다면 관광활동은 더욱 활발해지고 관광매력도 더해진다. 반면 지리적으로 고립되어 있거나 교통이 불편할 때 관광활동은 지장을 받게 된다. 오늘날 세계는 지구촌으로 불리울만큼 점차 좁아지고 있다. 이는 교통 및 통신발달에 따른 전세계의 접근성이 높아졌기 때문이다. 출발지와 목적지간의 접근성은 지리적 거리, 시간적 거리, 비용적 거리, 사회적 거리 등 다양한 인자에 영향을 받는데, 현대

<그림 9-29> ◀도시지역은 관광객이 가장 먼저 접하게 되는 경관으로 세계적인 대도시들은 관광의 시종착 지점으로 관광거점이 되고 있다. 사진은 호주의 시드니 전경이다.

<그림 9-30> ▼자연관광자원은 관광의 매력을 구성하는 가장 기본적인 요소가 된다. 사진은 코파카바나 해안의 전경이다.

<그림 9-31> ▲세계적인 자연경관은 가장 큰 관광 견인력을 형성하며, 사진은 브라질과 아르헨티나의 국경지대에 위치한 세계 최대의 이구아수 폭포이다.

<그림 9-32> ▶세계 각국의 축제는 가장 참여적이고 활동적인 관광경험을 제공해 주고 있다.

산업사회로 갈수록 시간과 비용거리의 중요성이 커지고 있다.

대중교통의 발달은 관광수요의 증대, 관광범위의 확대, 관광횟수의 증가, 관광의 장거리화 및 국제화, 이용교통수단의 고급화 등 관광의 질적, 양적 변화를 초래하였다. 이러한 관광교통시설은 무엇보다 신속하고 쾌적해야 하며, 편리하고 저렴해야 한다. 최근 그 이용목적에 따라 항공, 항만, 크루즈, 기차, 버스, 승용차 등의 다양한 교통수단이 등장하고 있고, 그 자체가 또 하나의 관광매력으로 자리잡아 가고 있다.

5. 제대로 된 관광을 위한 지리학자의 제언

1) 관광은 '나'를 찾는 문화활동이다

인간은 끊임없이 변화를 추구하며 살아가고 있다. 관광은 생활환경의 변화를 바라는 인간의 본질적인 욕구충족을 위하여 일상생활권을 떠나 다시 돌아올 예정으로 타지역을 여행하는 여가활동의 한 형태이다. 우리는 지금 과거 어느 때보다 경제적 풍요 속에서 살고 있지만 정신적, 문화적으로는 상대적인 박탈감과 인간성 상실, 소외의 시대를 경험하고 있다. 이러한 혼란과 이중구조는 사회 전반에서 나타나고 있으며, 관광에 있어서도 예외는 아니다. 양적인 팽창에 비하여 질적인 향상이 미미한 것은 근본적으로 관광에 대한 불신과 가치관의 혼란에서 비롯되며, 그로 인한 해외에서의 낯 뜨거운 많은 사건들을 떠올리기란 그리 어려운 일이 아닐 것이다.

이제 관광은 더 이상 '굴뚝 없는 공장'이나 '저비용 고소득의 공업'으로 인식되어서는 안될 것이다. 또한 관광은 단순히 스트레스의 해소와 놀이, 부의 과시, 전시효과 등을 위한 경제적 소비행위만으로 인식되어서도 안된다. 이러한 사고의 틀 속에서 우리는 그 동안 얼마나 많은 사회적 비용(환경 파괴, 사회구조 해체, 인간성의 상실 등)을 지불해 왔던가? 이제 관광은 고차원의 국민화합 수단이자 민족의 문화적 정체성을 회복하는 기회이며, 국민적 자긍심을 고취하고 인간다운 삶을 추구할 수 있는 기초적인 수단이 되어야 한다. 나아가 우리가 살고 있는 생활환경에 대해 보다 논리적으로 사고하고 생활의 지혜를 얻고 지적 욕구를 충족시킴으로써 자아를 발견함과 동시에 21세기 문화와 환경 전쟁시대에서 살아남을 수 있는 고도의 문화, 환경산업으로 인식되어야 할 것이다.

2) 관광은 또다른 교육활동이다

관광 또는 여행을 직업으로 선택하지 않은 사람이라면 생애 전반을 통해 과연 몇 번의 관광 기회를 가질 수 있을까? 국내외를 막론하고 생활권을 벗어나 타지역과 타국의 문물을 접하고 그곳의 사람들을 만나 삶의 모습을 직접 경험한다는 것은 흔하게 주어지는 기회가 아닌 만큼 매력적인 일임에 틀림없다. 특히 국내관광에 비하여 엄청난 규모의 비용과 시간을 투자해야 하는 세계관광은 더욱 그러하다. 그렇기 때문에 관광은 자신의 견문을 넓힐 수 있는 귀중한 기회이자 유익한 교육의 기회가 되어야 한다. "백 번 듣기보다 한 번 보는 것이 낫다"는 말이 있다. 미지의 세계를 경험하는 일은 단순히 스트레스의 해소나 쾌락추구적인 행위와는 구별되어야 한다. 그곳에서 보고 듣고 느낀 것 모두가 자아실현과 삶의 질을 높이는 에너지가 되어야 하며, 생활의 활력소가 되어야 한다. 따라서 관광과정은 교육과정이며, 관광지는 교육의 장이 되어야 한다. 관광 전반을 통해 기초질서와 문화의식을 배우는 것은 교육의 첫걸음이자 관광을 통한 사회화의 시작인 것이다.

3) 뚜렷한 목적의식이 세계인을 만든다

현대인들은 생활시간의 상당 부분을 외국어를 배우는데 할애하고 외국어에 능통하고 싶어한다. 보다 완벽한 외국어를 구사하기 위해 비싼 비용을 지불하고 해외 어학연수를 떠나기도 한다. 왜 우리는 이토록 외국말에 구속되어야만 하는 것일까? 그것은 1차적으로 능숙한 외국어를 구사하기 위함이고, 사회적 고가점수를 높이기 위함일 것이다. 그러나 말이라는 것은 단지 수단일 뿐이다. 외국어를 배우는 이유가 그것을 통해 나와 우리의 가치관, 문화관, 정신세계, 역사관, 삶의 무게들을 표현하고 전달하기 위한 상위의 뚜렷한 목적의식이 있을 때만이 그 시작과 끝이 유의미한 것처럼 관광행위에서도 뚜렷한 목적의식을 갖는 것은 곧 나를 발견함과 동시에 세계인으로서의 출발을 예고하는 것이다. "나는 왜 관광을 하려고 하는가"라는 본질적인 물음 앞에 우리는 겸허하게 나를 돌아보고 진취적으로 나아가려 하는 자신을 발견하게 되며, 바로 이때 나와 우리는 세계 속에서 유의미한 존재의 가치를 찾게 되는 것이다. 관광은 뚜렷한 목적의식 하에서 빈틈없는 계획과 준비가 이루어져야 하며, 특히 세계관광은 개인의 차원을 넘어서 국가와 국가와의 만남이며, 세계화의 시작이므로 세련되고 겸손한 태도와 말씨, 친절한 미소, 깊이 있는 대화, 폭 넓은 상식 등 세계인의 요건을 갖추어야 한다.

4) 관광정보를 최대한 이용하라

만족스러운 관광은 풍부한 정보로부터 시작된다. 관광은 전 과정이 연속된 선택으로 구체화되며, 무리 없는 선택을 위해 우리는 다양한 정보를 수집하고 분석하는데 꽤 긴 시간과 노력을 할애해야만 한다. 세계는 지금 교통과 통신의 발달, 대중매체의 급속한 신장, 다양한 정보체계의 보급 등으로 점차 좁아지고 있다. 우리는 관광을 떠나기 전이라도 매스 미디어나 사진, 잡지, 신문, 인터넷 등을 이용하여 관광 목적지에 관한 상세한 정보와 지식을 습득할 수 있고, 집에서도 철도여행권이나 항공권을 예매할 수 있다. 또한 관광지에서는 손쉽게 그곳의 관광정보가 망라되어 있는 지도와 그림엽서 등을 구할 수도 있으며, 관광지 곳곳에서는 관광정보센터가 있어서 도움을 받을 수 있다.

그러나 현실은 그렇지 못하다. 상상 밖으로 관광객들은 정보에 무감각하며, 자신이 선택한 관광에 무계획적이고 무책임하게 임하는 예를 자주 접한다. 관광전반을 여행사에 일임하거나 관광가이드가 이끄는 데로 쫓아가면서 관광시간의 촉박함을 탓하고 뚜렷한 목적 없이 떠난 관광에서 허탈감을 호소한다. 더욱이 자국을 벗어나 이루어지는 세계 관광은 관광정보에 대한 적극적인 관심과 분석이 우선될 때 그 효과가 배가될 것이다.

오늘날 우리는 정보의 홍수 속에서 산다고 해도 지나친 말은 아닐 것이다. 현대의 정보시대는 컴퓨터의 보급과 함께 도래했으며, 전세계 네티즌을 연결시켜 주는 인터넷은 세계를 더욱 좁게 만들고 국경 없는 시대로의 이행을 촉구하고 있다. 흔히 우리는 인터넷을 일러 정보의 바다라고 한다. 세계 각국의 방대한 관광정보를 수록하고 있는 인터넷을 통해 관광지와 관광자원, 기후, 문화, 음식, 교통, 숙박에 이르기까지 다양한 관광정보를 불러 볼 수 있으며, 예약과 구매가 가능하고 가보지 않고도 미리 세계 여러 나라를 비교해 볼 수도 있다.

지도는 누구나 가지고 다닐 수는 있지만 누구나 지도 안에 들어 있는 수많은 정보를 바르게·읽고 이용하기란 쉽지 않다. 지도는 사막에서의 나침반과 같다. 관광을 떠나면서 짐가방 속에 챙겨 넣는 지도는 말없는 안내자이자 사전이 되고, 때로는 좋은 길동무가 되어 준다. 매년 관광시즌이 돌아오면 서점가의 지도 코너가 술렁이고 자가용 승용차가 생활화되면서 운전자들은 대부분 차안에 지도책 한 권 정도는 가지고 다닌다. 그러나 대다수의 관광객들은 지도를 단순히 관광목적지를 찾아가는 도로 가이드로 이용하는데 그치고 있다. 지도 이용의 제한성은 그것을 이용하는 사람들의 무관심에도 원인이 있겠으나, 지도의 신뢰성이나 정확성, 효용성 등의 문제도 적지 않음을 지적할 수 있다.

지도는 둥글고 입체적인 지구를 평면에 옮겨 놓은 기호언어다. 지표상의 다양한 사상과 정보를 점, 선, 면 등의 기호와 축척, 도법을 이용해 표현해 놓은 것이 지도다. 따라서 지도에는 말이라고 하는 자연언어로 표현할 수 없는 방대한 정보가 숨어 있다. 우리는 그 쓰임새에 맞게 필요한 정보를 찾아 이용하면 된다. 관광지도는 도로지도 및 교통도와 함께 일반인들이 가장 손쉽게 접하고 이용하는 주제도 가운데 하나로 지표상의 다양한 관광자원과 관광지를 비롯하여 호텔 및 숙박시설, 공항·철도·항만·터미널 등 교통시설, 여행사, 각국의 시각, 관광지간의 거리 등을 수록함으로써 관광에 대한 종합적인 정보를 제공받을 수 있다.

■ 참고문헌

교통부. 1998, 「관광동향에 관한 연차보고서」.
김광득. 1990, 『현대여가론: 이론과 실제』, 백산출판사.
김병문. 1991, 『국제관광론』, 백산출판사.
김선희. 1995, 「지역지리학에서의 사진이용」, ≪사진지리≫ 3.
_____. 1997, 「지리사진의 관광적 활용에 관한 연구」, ≪사진지리≫ 5.
_____. 1999, 『관광과 세계의 이해』, 백산출판사.
_____ 외. 1995, 『관광과 여가』, 한울.
김진섭. 1984, 『관광학원론』, 대왕사.
리더스 다이제스트. 1990, 「경이로운 대자연」.
서태양. 1992, 『관광자원론』, 기문사.
손대현·장병권. 1991, 『여가관광심리학』, 백산출판사.
월드투어사. ≪월드투어≫, 1991년, 1992년호.
임헌국. 1994, 『해외여행의 길잡이』, 백산출판사.
코오롱여행사. 1994, ≪코오롱세계일주≫.
岡田治雄. 1982, 『レジャーの社會學』, 東京: 世界思想社.
山村順次·淺香幸雄. 1974, 『觀光地理學』, 東京: 大明堂.
鈴木忠義. 1974, 『現代觀光論』, 東京: 有裴閣.
Archer, B. 1973, *The Impact of Domestic Tourism*, University of Wales Press.
Burkart, A. J. and Medlik, S. 1987, *Tourism: Past, Present and Future*, London: Heinemann.

Butler, G. D. 1967, *Introduction to Community Recreation*, New York: McGraw-Hill.

Dumazedier, J. 1967, *Toward a Society of Leisure*, New York: The Free Press.

Grazia, S. 1962, *Of Time, Work and Leisure*, New York: Twentieth Century Fund.

Gunn, C. A. 1978, *Tourism Planning*, New York: Crane Russak.

Hudman, L. E. and Jackson, R. H. 1990, *Geography of Travel & Tourism*, Delmar Publishers Inc.

Kelly, J. R. 1982, *Leisure*, New Jersey: Englewood Cllifs.

Pearce, D. 1987, *Tourism Today: A Geographical Analysis*, New York: John Wiley & Sons, Inc.

Robinson, H. 1975, *A Geography of Tourism*, London: Macdonald & Evans.

WTO. 1980, *Physical Planning & Area Development*, Madrid.

제10강 문화와 생활

김일림

여러분은 '문화'하면 무엇을 연상하나요? 예를 들면, 지난 주말에 어떤 문화 생활을 즐기셨어요? 라고 묻는다면, 여러분들은 연극이나 영화, 음악(콘서트 참가), 미술관람, 레크리에이션, 레저, 여행 등을 연상할 것이다. 그렇기 때문에 지리학에서 다루는 문화지리부분과 일반대중들이 생각하는 문화영역이 판이하게 다르다고 생각한다. 하지만 이는 완전히 다른 영역을 다루는 것이 아니라는 것을 알게 될 것이다. 왜냐하면 현대의 문화란 과거의 그 지역 사람들이 그 환경에 적응해서 생활해 온 결과이기 때문이다. 문화란 과거의 문화가 축적되어 현재와 같은 문화영역을 만든 것이다. 즉, 현대는 과거의 결과이고, 미래의 시작이다.

대부분의 연구 영역들은 여러 가지로 분류할 수 있지만 본 장에서는 일반적으로 문화를 주제별로 문화지역, 문화생태, 문화전파, 문화경관 그리고 문화권으로 구분하였고, 요인별로 인종 및 민족, 언어와 종교 그리고 기타 요인으로, 생활별로 의식주 생활문화와 세시풍습으로 세분하였다.

1. 문화(culture)

인간은 본래 문화지리학자의 속성을 지니고 있다. 사람들은 그 지역의 문화에 익숙하기 때문에 그 지역생활에 적응하여 거주하고 있다. 시대마다 조금씩 다르지만, 사람들은 책을 읽듯이 어느 지역을 가서라도 그 지역의 문화를 제대로 파악할 수 있어야만 그 문화에 잘 적응할 수 있다. 한 인간은 다른 문화와 상호 작용하면서 형성된다. 따라서 인간이 다른 사람과 접촉하면서 문화를 수정할 수 있는 잠재력을 지니고 있다.

문화지리학자인 스펜서(J. E. Spencer)에 의하면 문화란 역시 집합적 의미로 볼 때 역사적으로 학습된 인간행동과 활동양식들의 총합이다. 또 인류학자 바르노우(V. Barnow)는 문화를 한 사회의 구성원들에 의해서 공유된 학습된 행동이라고 표현하였다. 문화란 후천적으로 학습되는 것이며, 또한 공유하는 것이며 역사적으로 누적되는 것이다. 또한 통합적 의미와 지리적인 것이 함축된 것이다. 따라서 문화를 어떤 한마디로 말하기는 대단히 어려운 것이다.

문화를 이해한다는 것은 인간생활을 풍요롭고 윤택하게 한다. 왜냐하면 전혀 다른 문화를 이해함으로써 상대방의 오해나 갈등에서 벗어날 수 있고, 항상 긍정적인 사고를 지녀 이문화(異文化)를 받아들일 수 있기 때문이다.

문화를 읽는다는 것은 문화가 지역에 따라 어떻게 차이가 나고, 왜 다르게 나타나는가에 의문을 갖는 데 있다. 따라서 문화지리학자는 문화에서 어떤 유사점과 차이점이 나타나며, 어떤 문화복합적인 요인들이 결부되어 한 지역문화를 형성하는지를 해석하는데 있다.

2. 주제별 문화영역

1) 문화지역(文化地域, cultural region)

문화지역이란 문화현상에 의하여 성질 및 범위가 결정되는 지역이며, 자연지역의 상대어이다. 문화권의 동의어로 사용되기도 하지만 보통은 인문지역이라는 의미로 통용된다. 생산양식, 언어, 종교, 정치형태, 일상생활, 가옥구조, 관습, 자연에의 대응형태 등 복합문화 현상에 의하여 결정된다. 문화지역의 형성은 기후나 지형 등의 자연환경과 밀접한 관계가 있고, 동시에 경제의 발달단계나 언어, 종교 등의 문화현상과도 밀접히 관련되어 있다.

문화현상의 법칙성 내지 유사성을 밝히기 위하여 문화지역의 개념을 처음으로 사용한 사람들은 인류학자들이다. 1939년에 크러버는 아메리카 인디언에 관한 연구에서 문화지역과 자연지역의 개념을 상세히 논하였다. 그는 문화를 핵심지역, 주변지역, 점이지역으로 구분하였고, 문화요소가 집중되어 있는 장소는 문화핵심지(cultural

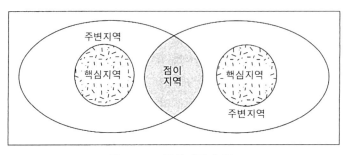

<그림 10-1> 문화지역의 구조

cores)이며, 핵심지로부터 문화가 주변지역(cultural periphery)으로 전파된다는 생각
을 하였다(<그림 10-1>).

개개의 현상에 의한 경우는 예를 들어 농업지역, 도시화지역, 언어지역 등으로 불
린다. 문화지역은 보통 문화현상의 종합적인 파악에 의하여 얻어지는데 무엇에 중점
을 두고 있느냐에 따라서 지역구분에 상당한 차이가 있으며, 또 등질지역에 의하느
냐, 기능지역에 의하느냐에 따라서도 다르게 나타난다. 문화지역의 형성에 관한 연
구는 경제활동, 생활양식 그리고 자연환경 등의 문제가 되어 종종 행해졌다.

문화지역을 가장 잘 표현할 수 있는 것은 지도이다. 따라서 하나의 지도는 천 마
디의 말의 가치를 지닌다. 잘 준비된 지도는 지리학자에게 수 만 마디의 말의 가치를
지니기 때문에 문화지역을 표현하는데 무엇보다도 더 중요한 빛을 발한다. 문화지역
은 일반적으로 등질지역·기능지역·인식지역으로 구분한다.

(1) 등질지역(homogeneous region)

각 지역이 갖는 등질성이란 그 지역의 지역성으로 인문지역의 경우를 말한다. 지
역성이란 그 지역의 자연조건 및 그와 결합되어 있는 인문조건이 그 지역의 인문형
상을 복합적으로 구성하고 있는 것에 불과하다. 형식지역에 대한 연구는 이와 같은
형식적 구분에 의한 지역성의 연구이다.

예를 들면, 북미의 봄밀 지대는 단일 요인으로 결합된 등질지역이고, 미국 남부지
역은 여러 가지 요인이 복합된 등질지역인데, 문화지역이란 대체로 등질지역을 의미
한다. 따라서 이렇게 한 가지 또는 두 가지 이상의 문화속성이 고르게 영향력을 발휘
하는 특징을 지닌다.

(2) 기능지역(functional region)

기능지역이란 지표면을 지역사회 내부의 여러 가지 기능적 통일성 혹은 결절성에 기초하여 규정되는 지역을 말한다. 따라서 이는 결절지역 또는 통일지역이라는 용어와 동의어로 생각해도 된다. 기능지역의 구분에 사용되는 기능에는 정치기능이나 경제기능과 같이 정치적 지배 또는 경제적 관계 내지 지배와 영향이 어떠한 지역적 범위에 걸쳐 있느냐, 또 그들 수단으로서의 교통기능, 정보기능, 어떠한 문화적 사회적 중심의 존재와 그들의 영향이 어떠한 범위에까지 미치는가 하는 문화, 사회기능 등 여러 가지가 있다. 여러 기능은 특정한 장소에 핵심지역을 이루고, 그 핵심과의 종합적인 관계에 의하여 어떤 특성의 지역적 범위가 결정된다.

기능지역은 지형, 기후, 토양, 식생 등의 자연지리적 현상에 따라 규정되는 지역이 아니고, 인문지역 즉 그 지역에서 생활하는 지역 주민들에 의해서 이루어진 인문, 사회 현상에 의하여 규정된 지역이다. 특히 이 중에서도 사회 현상의 기능적 통일성에 기초를 두고 규정되는 것이다. 대개 지리학에서 지역 개념은 우선 자연지역, 자연지역에 기초한 인문지역의 개념을 말하는데, 이는 등질지역을 말하며 기능지역은 아니다.

지리학에 있어서의 기능지역이나 결절지역의 개념은 명확하지는 않으나, 20세기 초기 1910~20년대 경부터 서서히 확립되었다. 이는 사회학이나 경제학의 영향으로 도시권이나 상권이라는 기능지역이 생기면서부터 비롯되었다. 이는 하나의 단위체로 작용하는 지역을 의미하며, 그 규모는 하나의 가정으로부터 국가 또는 국가군에 이르기까지 다양하다. 이러한 기능지역의 개념은 문화를 연구하는데 널리 이용되지는 않는다.

(3) 인식지역(perceptual region)

인식지역은 주민의 심리적 지각과 밀접한 관계가 있다는 사실을 강조하며, 이는 그 지역의 풍토적 문화지역을 말한다. 이는 어느 한 지역에 거주하는 주민은 물론 그 지역 밖에 사는 사람들까지도 지각하거나 인정하는 지역적 특성을 가지고 있기 때문이다. 풍토성이 강한 지명이 분포하는 지역은 또한 사회적 및 상징적인 고유성을 지니고 있다. 따라서 이 지역은 독특한 문화지역이라 일컬어진다. 문화지역을 구분한 것 중에 그 지역 또는 주변지역 사람들에 의해서 인식된 독특한 상징성은 그 지역을 대표한다. 따라서 이를 통해서 이 지역문화를 읽을 수 있다.

풍토적 문화지역에 관한 연구의 주관심사는 지역의 경계를 설정하는 것이다. 예를 들면 그러한 지역은 지각되는 지역이라는 측면이 있기 때문에 경계를 설정할 때 설문조사자료를 이용하는 경우가 많다. 풍토적 문화지역은 미국 남부의 역사학자나 행정가들이 설정하는 행정구역과 정확히 일치하지 않는 경우가 있어서 주민들의 지각된 경계를 통해서 행정경계를 설정하는 것이 중요시된다.

풍토성 지명의 분포지역이 가지고 있는 장소적 가치는 지역주민들과 밀접한 관계가 있고, 어떤 지역이 독특한 지명을 가지고 있다는 사실 자체만으로도 그 지역은 주민들에게 많은 의미를 부여한다. 어떤 지역의 주민들은 독특한 가치관이나 특성을 공유하고 있으며, 그러한 풍토성 개념은 사회학의 개념과도 잘 부합된다.

2) 문화확산(文化傳播, cultural diffusion)

문화는 핵심지에서 주변지역으로 전파되어 진다. 역사시대 이래로 콜레라와 핫팬츠라는 확산파가 세계를 휩쓴 적도 있다. 일반적으로 유행성 감기, 은행의 할인율, 컴퓨터 자료 은행, 불개미, 청바지, 핸드폰 등도 확산체가 된다. 이들은 작은 지역에서 발생해서 세계의 여러 지역으로 확산되어 간다.

왜 지리학자들은 이와 같은 현상에 관심을 갖는가? 이는 확산이 지역간 정보교환이 어떻게 일어나는가에 대한 중요한 실마리를 제공해 주기 때문이다. 따라서 확산의 중심지는 어디이며, 왜 그곳에서 일어나는가? 어떤 비율로 확산파가 이동하며 어떤 경로를 밟는가? 왜 어떤 파동은 급격히 사라지며, 어떤 파동은 오래 지속되는가? 또 어떤 혁신은 천천히 조용히 확산되는가? 등에 관한 연구가 있다. 이 중에서 가장 많은 연구는 가장 급속한 혁신에 있다. 이는 그것들이 내재적인 중요성에 있는 것이 아니라 비교적 짧은 시기에 확산되었기 때문에 전체적인 사이클을 볼 수 있기 때문이다.

문화전파에는 지리적인 거리조락(distance-decay function)의 관계가 성립된다. 이는 거리가 멀면 멀수록 수용비율은 현저하게 줄고 결국은 전혀 수용이 되지 않는다. 또한, 시간도 거리가 멀면 보다 많이 걸린다는 이론이다.

현재 일어나고 있는 문화의 변화속도는 문화의 유형과 관계없이 신속한 교통과 통신에 의한 집단의 접촉에 의해서 전개된다. 이는 문화확산의 산물이자 아이디어 혁신, 태도의 공간확산이다.

(1) 확산의 유형
문화확산의 연구는 문화지리학에서 중요한 부분을 차지한다. 즉 확산 연구를 통해서 문화지리학자는 문화가 전개된 지역내에 공간 패턴이 형성된 것을 이해할 수 있다.

확산에는 팽창확산(expansion diffusion)과 이동확산(relocation diffusion), 혼합확산(combined diffusion)으로 구분한다(<그림 10-2>).

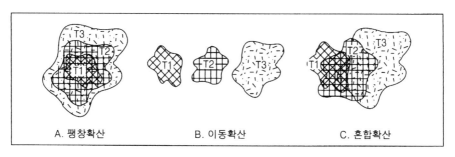

A. 팽창확산   B. 이동확산   C. 혼합확산

<그림 10-2> 확산 유형

① 팽창확산은 정보, 물질 등이 한 곳에서 다른 곳으로 전파되어 가는 과정이다. 이 팽창과정에서 확산 대상체는 발생 지역에 남아있고, 종종 강화되기도 한다. 여기에는 두 가지 방법으로 일어난다.

첫째는, 전염확산(contagious diffusion)으로 직접접촉에 의존하고 있다. 예를 들면, 홍역과 같은 전염병은 전염확산이다. 이 과정은 거리에 많은 영향을 받는다. 이는 가까운 사람이 멀리 떨어져 있는 사람보다 접촉할 확률이 높기 때문이다. 따라서 전염확산은 발생지에서 원심적으로 확산되는 경향이 있다.

둘째로, 계층확산(hierarchic diffusion)은 계층을 통한 전파이다. 이 과정은 대도시 중심지에서 원격의 농촌에까지 혁신(innovation)의 확산이 전형적인 것이다. 사회적으로 조직된 집단내에서 혁신은 먼저 사회계층의 상부에서 채택되어 점차 하위계층으로 전파된다. 상위중심지에서 하위중심지로 하향하는 과정을 cascade확산이라고도 한다. 또한 하위계층에서 먼저 선택되어 상위계층으로 확산되는 경우도 있다. 예를 들면 청바지는 노동자들에 의해서 입게 된 것이 상위계층까지 남녀노소가 입게 된 경우이다. 계층의 상하이동을 설명할 때 지리학자들은 일반적으로 계층확산이라 한다.

② 이동확산에는 공간전파와 유사한 과정이지만 확산 대상체가 새로운 지역으로 이동하는 것으로 확산 대상체가 발생 지역에 빠져 나간만큼 줄어들거나 때로는 남아 있지 않는 경우가 있다. 과거에 미국의 남부 농업지역에서 신흥 북부도시로 흑인 인구이동이 이러한 이전 확산과정으로 간주할 수 있다.

③ 혼합확산은 전염병의 확산이 다른 곳으로 확산되면서 초기 지역은 서서히 소멸되는 것으로, 팽창확산의 전염확산과 이동확산이 혼합된 형태의 공간적 유형을 이룬다.

(2) 확산의 단계

확산에 관한 많은 연구는 스웨덴의 지리학자 헤게스트란드와 그의 룬트 대학 동료

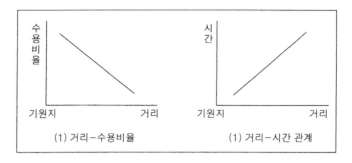

<그림 10-3> 거리, 시간 및 수용비율 간의 문화 전파

들의 연구에서 유래한다(<그림 10-3>). 이는 전염확산 과정에 대한 연구에서 혁신
파(확산파)의 이동과정에 대하여 4단계를 제안했다.

확산단면은 4단계로 구분할 수 있다. 각 단계는 어떤 지역의 혁신확산에서 분명하
게 나타난다. 즉 혁신의 수용율과 혁신 발생 지점과의 거리관계를 보여준다. 이는 초
기단계, 전염단계, 심화단계, 포화단계를 거친다.

① 초기단계는 확산과정의 시작을 나타내며, 여러 개의 채택지가 형성되며, 이러
한 혁신의 중심지와 원격지 사이에는 뚜렷한 대조가 나타난다.

② 전염단계는 실질적인 확산과정의 출발이다. 즉, 원격지에서 새로이 급속하게
성장하는 혁신 중심지의 출현과 초기의 전형적인 강한 지역적 대조가 약화됨으로써
강력한 원심적 효과가 나타난다.

③ 심화단계는 확산 대상체를 수용하는 수가 상대적으로 증가하여 혁신중심지에
서 거리에 상관없이 모든 위치에서 같아진다.

④ 포화단계는 확산과정이 점점 완만해져 결국 정지하게 된다. 이 단계에서 확산
대상체는 전국에 걸쳐 수용되며, 지역적인 차이는 거의 없다.

확산파는 시간과 공간상에서 파도와 같은 형태를 이룬다. Morrill은 확산파가 제한
된 높이를 갖는다고 하였고, 이는 제한된 수용률을 반영한다. 높이와 밑변이 모두 증
가한 후 높이는 감소하지만, 총면적에 있어서는 더욱 증가한다.

시·공간에 걸쳐 파동은 점차 약화되며, 시간상으로는 시간이 경과함에 따라 수용률
이 낮아지고, 공간상에는 파동이 장애물에 부딪치거나 경쟁파와 혼합될 때 또는 황폐
한 지역에 들어가면 파동은 약화된다. 확산파는 옮기는 매체의 특성에 따라 파동이 더
욱 빠르게 되거나 느리게 될 수도 있다. 한 혁신의 중심지에서 이동하는 파동은 다른
방향에서 오는 파동과 접촉하여 경쟁할 때 혁신의 본질을 상실하는 경우도 있다.

(3) 확산장애

문화가 확산되는 과정 중에 여러 가지 요인에 의해 전파장애가 형성된다. 이는 흡수되는 장벽과 투과되는 장벽이 있다.

① 흡수장벽은 험준한 산맥, 사막, 늪과 같은 자연환경과 보수적인 이념 및 종교, 법률, 언어 등의 인문환경에 의해서 전파되는 과정을 방해하게 된다. 때로는 자연적인 환경보다 인문적이 환경이 보다 강력하게 나타난다. 그러므로 문화가 지속적으로 진행되어 온대로 확산되지 못하고 파묻혀 버리거나 거의 약하게 되어 우회하여 전파된다.

② 편의장벽은 이는 연속적으로 전진되는 것이 아닌 국지적으로 점적인 자연환경에 의해 전파가 비켜서 진행되는 것을 볼 수 있다. 이는 지속적인 진행보다 시간이 더 걸리는 경우가 있다.

③ 투과장벽은 거의 진행될 수 있는 경우를 말하지만, 일부만을 더디게 약하게 진행되게 하는 경우이다.

오늘날과 같이 세계화, 정보화 시대에 한편으로는 확산속도가 빠르게 확산되거나 장애가 없는 측면도 있지만, 21세기는 문화의 시대라고 할 만큼 문화적인 특징에 따라 보다 큰 인문적인 장애가 자리잡고 있다. 특히 21세기는 종교전쟁의 세기라고 할 만큼 종교적 장애가 큰 요인으로 작용한다.

헤게스트란드의 이론을 일반화하기는 쉽지 않다. 현대의 서구세계와는 문화적으로 다른 지역이나 시대에 적용할 때에도 어려움이 뒤따른다. 실질적으로 혁신이 확산에 실패한 경우도 지역에 따라 있기에 이 이론은 설득력이 부족한 점도 없지 않아 있다는 사실을 알기 바란다.

3) 문화생태(文化生態, cultural ecology)

문화지리학자는 인간과 자연과의 상호관계에 지대한 관심을 지니고 있다. 개개의 인류집단과 그들이 발달시킨 생활양식은 자연환경의 일부를 점유하고 있다. 문화는 경관과 상호 작용한다. 따라서 문화지리학자는 문화 속에서 공간적 다양성을 이해하기 위해서 서로간의 상호작용을 연구할 필요가 있다.

문화생태란 유기체와 자연환경 간의 상호작용, 문화와 자연환경 간의 인과관계를 연구하는 것이다. 기본적으로 문화생태와 인간생태는 차이가 있다. 전자는 환경과 문화를 소유한 동물로서 인간과의 상호작용에 관한 학문이며, 후자는 단순히 인간을 생물학적, 문화적 집단으로서 여기고 그들이 자연 속에서 연구되는 것을 말한다.

문화생태란 인간의 영향과 환경적 영향의 두 가지를 모두 암시한다. 즉, 지리학이 한편으로는 문화생태학이다. 인간과 자연환경 간 복잡한 관계의 연구가 학문적 원리를 구성시킨다고 주장한다. 19세기 후반에 복잡한 인간과 자연환경과의 관계에 관심이 주어지기 시작하였고, 이때 문화지리학자들은 인간과 토지 간의 공간적 상호관계에 대한 다양한 시각을 발달시켜서 오늘에 이른다.

넓은 의미에서 문화생태는 환경결정론, 환경가능론, 환경인식론, 문화결정론 등으로 구분할 수 있다.

(1) 환경결정론(環境決定論, environmantal determinism)

환경결정론이란 일반적으로 세상에서 일어나는 모든 것은 인과의 필연적인 사슬에 의하여 결정된다는 철학적 개념이지만, 지리학에서는 인간의 지역적인 생활양식은 인간의 자유선택에 의한 것이 아니고, 외적인 기후, 지형, 수계, 식생 등의 자연환경에 의하여 필연적으로 결정된다는 개념으로서 환경가능론에 대립하는 용어이다. 단순한 환경론에는 이와 같은 극단의 환경론에서 환경작용의 중요성을 정당한 범위로 인정하는 것까지를 포함하고 있다. 생물에 대한 자연환경의 영향력이 큰 데서 생물의 하나인 인간도 마찬가지라고 생각하는 것이다. 독일의 라첼(F. Ratzel)은 자연환경이 인간에게 미치는 영향력을 강조하였지만 결정론이란 극단적인 생각은 갖지 않았다. 물론 그의 가르침을 받은 지리학자 중에 미국의 셈플(E. C. Semple)과 같은 환경결정론자를 낳기도 하였다. 이의 지나친 지리학 사상은 프랑스의 블라쉬에 의해서 수정되어 환경가능론이 성립되고, 오늘날의 지리학 사상의 기본이 되고있다.

(2) 환경가능론(環境可能論, possibilism)

가능론이란 일반적으로는 선택에 대한 인간의 자유를 강조하는 철학적 개념이지만, 지리학적 의미는 인간활동이란 각 지역에서 볼 수 있는 특색 있는 성격은 각각의 지역이 갖고 있는 자연환경이 가능한 한도내에서 인간 자신이 자유롭게 선택한 결과로 생긴 것이라는 개념으로서, 환경결정론에 대립하는 용어로 쓰이고 있다. 여기서 환경이란 말은 자연환경과 사회환경의 두 가지 면이 있다고 생각하는데, 이 환경가능론이나 환경결정론에서의 환경은 사회환경을 포함하지 않은 자연환경만을 뜻하고 있는 것이다. 페브르(L. Febvre)는 그의 저서에서 "필연성이란 것은 없고 도달하는 곳에 가능성이 있다. 인간은 그의 가능성을 지배하는 것으로서 그의 이용의 심판관이다"라고 강력히 역설하고, 프랑스의 블라쉬(P. Vidal de la Blache)를 가능론의 대표자로 평가하였다. 블라쉬 외에 프랑스에서는 브른호(J. Brunhes)도 이 사상을 역설하고, 미국에서는 보우만(I. Bowman) 및 사우어(C. O. Sauer)가 이 지리학 사상을 발전시켰다.

오늘날 지리학사상의 밑뿌리로서 이 환경가능론이 인정되고 있다.

(3) **환경인식론**(環境認識論, environmantal perception)

인지(인식)라는 용어는 심리학에서 인간이 대상이나 세계에 대해서 알고 있는 것을 뜻하고 있다. 환경인지란 사람들이 주위의 환경에 대해서 지식을 갖는 것이다. 환경인지를 지리학에서 주목하게 된 것은 환경인지행동이란 모양으로 그것이 환경내의 행동에 연결되기 때문이다. 종래의 환경결정론에서는 환경행동이라는 단순한 설명양식에 의하였던 것에 대하여 최근의 행동지리학적 연구에서는 다음과 같은 설명양식이 쓰이고 있다. 환경인지는 일반적으로 세 종류의 공간적 정보에서 성립되어 있다.

즉, 환경의 이미지를 구성하는 요소에 관한 정보, 이들 요소 사이의 거리에 관한 정보, 요소사이의 방향에 관한 정보 등이다.

인간들은 주위의 환경에 관하여 상세히 정확한 정보를 가지고 있지 않고 오히려 단편적인 지식을 합쳐서 일종의 이미지를 형성하고 있는데 지나지 않는다. 거기에서 우선 이미지의 구성요소의 연구가 이루어지고 있다.

예를 들면, 도시환경의 이미지를 구성하는 요소로서 린치(K. Lynch)는 통로경계, 구역, 결절점, 표지의 5개 요소를 들고 있다. 다음에 이들 요소사이의 거리관계가 어떻게 인지되어 있는가를 분석할 필요가 있다. 이와 같이 거리는 인지거리라 불리고, 전통적으로 사용되고 있는 물리적 거리나 경제적 거리와는 다른 것이다. 환경의 인지를 가장 완전하게 표현한 것은 이상의 정보 외에 방향의 정보도 포함하여 지도화한 지도이다. 도시의 인지지도에서는 일반적으로 도심부와 거주지를 잇는 도로를 축으로 하여 그려지는 선형상의 지역이 강하게 인지되어 있다는 것이 알려져 있다.

인간 개개인은 자연환경에 대한 정신적인 이미지를 가지고 있다. 이런 정신적 이미지를 묘사하기 위해 문화지리학자는 환경인식이라는 용어를 사용한다.

인식론자는 인간이 정확히 환경을 인식하지 못한다고 주장한다. 결정은 현실의 왜곡에 기초한다. 환경론자의 아이디어는 특히 이주에 적용될 때 현저하게 나타난다. 이들은 한곳에서 다른 곳으로 인간이 이주할 때 옛날을 생각하고 환경적으로 실제적인 경우와 유사한 새로운 고향으로 이주하는 경향이 있다. 예를 들면, 극적인 자연을 대상으로 연구되고 있고, 문화가 다른 집단은 다양한 방법으로 그들의 위험을 대처하는 결정능력을 지닌다.

(4) **문화결정론**(文化決定論, cultural determinism)

한 인간과 자연과의 관계를 설명하는데는 어느 한 요인이 아닌 전반적인 요인을 모두 고려하여야 한다. 한 문화가 다른 것과 어떻게 상호 관련되고, 통합되는가를 이해해야 한다. 이는 실제세계가 어떤 문제 많은 요소들이 통합되어 결집된 결과이다. 이들의 문화적 적용을 검증하기 위해서는 단지 모델 빌딩을 통해서 이루어지고 있다. 문화지리학자는 자연지리학자와 달리 실험이 불가능하다. 어떤 우연한 요소가 문화를 둘러싸고 있는 환경과 고립될 수 있다. 예를 들어 종교적인 믿음을 통해서 그 문화의 모든 것을 결정한다고 해도 과언이 아니다. 즉, 이는 한 집단의 투표행위, 식사습관, 쇼핑패턴, 고용형태, 생활습관, 사회적 지위에 잠재적인 영향을 준다.

이러한 것들은 문화결정론으로 격상시켰다. 이것은 초기 환경결정론의 반작용으로 나타났다. 이는 자연환경을 문화에 영향을 주는 요소로서 가볍게 여기는 것이다. 문화의 일면은 문화의 다른 면에 의해서 각인된다. 이는 문화의 공간적 다양성을 설명할 수 있는 해답을 준다. 인간과 문화는 활동하는 요소이다. 여기에 문화보다 자연은 보다 더 수동적이고 쉽게 정복될 수 있다. 따라서 인간은 그 지역 문화활동에 의해서 모든 것이 결정된다.

4) 문화경관(文化景觀, cultural landscape)

문화경관은 자연경관의 상대어이며, 자연경관에 인간의 영향력이 결정적으로 미친 경관을 의미한다. 문화경관에 있어서는 인간과 관련되는 복합체가 경관의 구조를 규정하고 있다. 오늘날 인간의 손길이 전혀 미치지 않는 자연경관은 대단히 적기 때문에 지표면의 대부분은 문화경관에 해당한다고 해도 과언이 아니다.

문화경관에 있어서는 마이첸(A. Meitzen) 이래 인간의 거주형태가 중심적 연구대상으로 되어 취락형태의 분류와 그 분포 및 발생, 기원 등이 추구되어 문화경관의 형태학으로서의 인문지리학의 진보에 커다란 업적을 남겼다.

인간이 자연경관 속에서 이루어 놓은 문화경관의 주요한 구성성분은 인간의 경제활동에 의하여 지표면상에 이루어진 경제 경관으로서 1921년에 R. Lutgens에 의하여 처음 도입된 개념이다. 그는 처음에 문화경관과 경제경관을 동일한 개념으로 생각하였으나, 경제경관은 문화경관의 부분개념이라는 것을 깨달았다.

예를 들면, 농업경관이라고 하는 경우에는 더욱이 경제경관의 부분개념으로서 지표면의 자연식물로 뒤덮인 부분을 농업 활동에 의하여 재배식물로 덮이도록 변형하든가 또는 대체함에 따라 형성된 지표의 단편이다. 이와 같은 전체로서의 농업경관은 이용지, 교통로, 촌락 등으로 구성된다. 농업지역의 최소 지표단원의 관찰을 하나의 경지에서 시작하고 있다. 가축, 재배식물, 농가, 경지 등은 무질서하게 공간에 존재하고 있는 것은 아니고, 농업의 본질인 토지 관리의 규칙성에 따라 상호 유기적, 기능적인 관련을 갖고 공간적으로 조화되고 통일된 형식단원을 형성하고 있다. 문화경관은 구조단원인 동시에 형태단원이다.

경관은 기원, 확산, 문화의 발달에 관한 가시적인 증거를 포함한다. 이런 가시적인 경관은 현 거주자들에 의해서 망각되어서 오래 전의 비가시적인 문화의 측면을 지니고 있다. 비록 우리가 이러한 것들을 보지 못하고 있다고 하더라도 문화경관은 시간과 공간 속에서 끊임없이 변화한다.

불라쉬에 의하면 모든 인문경관은 문화적인 의미를 지닌다. 우리가 책을 읽는 것처럼 문화를 읽을 수 있다. 문화경관은 우리 문화의 집합체이며 자서전이고, 우리의 취미와 가치, 열망을 반영하고 있다.

문화경관에 대한 지리학자들의 관심은 취락 패턴, 토지분할 패턴, 종교경관, 언어경관 등을 들 수 있다. 문화경관은 인간들이 수 세기동안 활동한 결과이고, 생태적인 경관은 환경과 인간과의 상호작용과의 관계에 연원을 두며 이것의 속성에 관한 문화적 확산은 시간의 경과에 의존한다. 즉, 우리는 문화내에서 공간적 유사성과 다양성을 이해하는 것이 문화경관을 파악하는 것이다. 궁극적으로 문화지리학의 연구 영역은 공간적인 것에 의한 시간의 변화를 통해서 공간적 유형의 이해에 있다.

5) 문화권(文化圈, cultural realm)

다른 지역과 상이한 문화를 보유하는 지역을 문화권 또는 문화지리구라 하고, 문화지리학의 대상으로 다루고 있다. 일반적으로 문화는 인류의 집단적인 생활양식을 막연하게 요약한 개념으로 구체적으로는 매우 복잡한 내용을 포괄하여 시간적, 공간적으로 유동변화 하는 것인 만큼 이 연구는 결코 용이한 것은 아니다. 따라서 세계 문화권의 구분도 그 지표에 따라 다양하게 분류된다(관광 참조). 이러한 문화는 그 문제가 방대해서 세계의 지리학자, 민속하자, 역사학자 등 각 방면의 협력 없이는 이 연구가 곤란하다. 따라서 문화지리의 연구는 일반적으로 연구의 범위가 축소되어 있다.

문화권은 문화 현상에 의하여 성질과 범위가 결정되는 지역으로서 문화영역과 동의어이다. 문화지역과도 거의 같은 뜻으로 사용되는데 협의의 문화 현상, 예를 들면, 생활양식, 언어, 종교, 민속, 관습 등의 분포범위에 대하여 사용하는 경향이 종래에는 강하였다. 그러나 최근에는 이른바, 문화(인문) 현상에까지 확대하는 경향이 보다 강해져서 문화지역과 구별을 할 수 없다고 보게 되었다. 문화권의 형성, 확대는 문화의 담당자인 인간이 분포범위를 확대시킴에 따라 진전시키는 경우와 문화전파에 의하여 범위를 확대하는 경우가 있다.

또, 다른 문화 때문에 문화권이 소멸되는 경우도 있다. 세계의 문화권에 대하여는 K. Sapper에 의한 구분-게르만, 라틴, 슬라브, 서아시아, 인도, 동아시아, 내륙, 아프리카, 말레이, 오스트레일리아, 북극 각 문화권-이 있는데, 이것들은 주로 좁은 의미의 문화 현상에 의한 구분이다. 스펜서와 토마스는 민족, 습관, 취락경관, 농업양식가옥형, 기술, 시장, 교통, 공공시설 등 여러 가지 지표를 구사하여 세계 문화권을 동태적으로 파악하려고 하므로 세계의 종합적인 지역구분에는 이르지 못하고 있다.

3. 요인별 문화영역

1) 인종 및 민족(race, nation)

(1) 일반적 구분
인종적, 민족적 기반에 의한 언어의 동일성이나 국민성, 종교, 생활습관 등을 통하여 강하게 결합되어 다른 인종과 뚜렷이 구별되는 집단을 인종집단이라 한다. 동일지역에서 이와 같이 집단이 복수로 공존된 것은 과거부터 존재하는 것을 세계각지에서 볼 수 있다.

인종이란 피부색, 체형, 머리칼 모양, 유전적 유산 등에 있어서 공통성을 지닌 사람들의 집단을 말한다. 즉, 하나의 생식집단이며, 지리적 및 유전적으로 분리 독립적인 인간집단이다. 세계 인종은 3·5·9대분하며, 일반적으로 몽골로이드(Mongoloid: 황색인종, 아시아인)과 니그로이드(negroid: 흑인종, 아프리카인) 그리고 코카소이드(caucasoid: 백인종, 유럽인)으로 구분한다. 그 외에 세부적으로 구분하는 기준들은 많이 있다.

인종은 또한 문화적 공통성에 따라 몇 개의 민족으로 나뉠 수 있다. 민족은 동일한 역사적 경험, 전통, 언어, 전설, 생활습관을 지니고 있기 때문에 높은 동일의식 및 공동운명체를 지니고 있다. 따라서 그 구성원들의 결속력도 강하며 이것이 민족주의로 발전하게 되면 다른 민족에 대해서 대단히 강한 배타성을 가져온다.

(2) 인종·민족 문제
최근 지리학의 입장에서 도시 내부의 인종문제, 특히 인종 집단마다의 거주지역 분리, 사회적 분리의 문제 등에 대한 문제가 많아서 이들에 대한 연구가 점점 많아지고 있다. 이러한 인종, 민족집단의 공존은 대부분 인구이동의 결과에 의한 것이다.

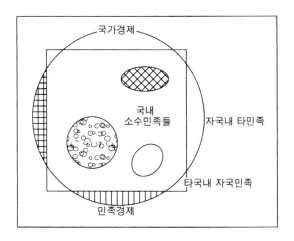

<그림 10-4> 국가와 민족경제의 불일치

도시 내부에서 인종집단의 차이는 직업상의 지위나 사회적 지위 등을 거주지역에서 뚜렷이 나타난다. 전체로서 거주지에 적응하는 노력을 기울이기도 하고, 그 반대의 경향도 나타나고 있다.

① 인종격리현상(racial segregation): 인종격리현상이란 특정의 인종이나 민족을 어느 지역이나 사회구성상 별도로 취급하는 현상이다. 예를 들면, 대도시에서 흑인이나 유태인의 거주지구를 위정자와 인종 민족적 구성을 달리하기 위하여 고립시키는 것 등이다. 백인과 흑인의 경우는 엄밀한 인종에 의한 격리나, 동일 인종에서도 종교적 원인이나 역사적 원인에 의해서 민족이 격리되는 경우가 있다. 유태인과 아랍인이 대립하는 예루살렘이나 흑인가가 있는 미국, 기타 대도시 지역에서 이와 같은 현상이 나타난다. 또 다른 예로서 싱가포르의 경우는 중국인, 인도인, 말레이시아인, 유럽인들의 거주지를 민족별로 분리함으로서 민족갈등을 해소하는 원천으로 삼았다.

② 인종차별정책(apartheid): 인종차별정책은 남아프리카 공화국에서 1948년 국민당 정권의 발족 이래 특히 강화된 정책이다. 국민당의 정책은 네덜란드계 백인이 강하게 지지하고 있으며, 이를 아파르헤이드라고 부른다. 아파르헤이드(apartheid)는 보어로서 확실히 구별된 상태의 뜻이며, 반투족을 비롯하여 원주 아프리카인이나, 인도인, 중국인 등 유색인종을 대상으로 주거, 결혼, 취업 등과 사회적, 경제적, 정치적으로 백인과 차별을 둔 많은 법률에 의한 인종 차별이다. 1911년 흑인 숙련노동자 고용금지법을 비롯하여 1969년 유색인종 자치법까지 42개에 이르는 법을 제정하였다.

③ 대부분의 민족문제는 국내에 여러 대등한 지위의 민족이 존재하는 경우와 국경지대에서 국경과 민족분포가 일치하지 않는 경우에 잘 발생한다(<그림 10-4>). 또한 국내의 민족적 갈등지역의 좋은 예로서 캐나다의 퀘벡주를 들 수 있다. 캐나다는 영국계 사람과 프랑스계 사람들이 주로 거주하는데, 퀘벡주의 사람들은 대부분이 프랑스계 사람으로서 본인들은 캐나다인이라기보다는 퀘벡인이라고 간주하며, 이 주를 하나의 국가로 생각할 정도로 아직도 캐나다의 영국계 사람들과 동일한 국민이라는 것을 인정하지 않아서 지속적인 분쟁이 일고 있는 지역이다. 국제문제로는 최근 동부유럽의 독립으로 동일한 역사, 언어, 종교, 인종 및 민족적인 경계로 국내외로 갈등과 분쟁이 일고 있다. 그 좋은 예로서 코소보 사태를 들 수 있다.

2) 언어(language)

(1) 언어분포

언어의 구성이나 그 분류 등을 연구하는 것은 언어학의 일부에 속하나 언어의 분포나 그 분포와 민족의 분포와의 관계를 자연환경과 인문환경을 통하여 조사연구하고 그 언어의 지리학적 특성과 여러 문제를 구명하는 부분을 언어지리학이라 한다.

이는 문화지리학의 한 영역으로 비교적 조사연구가 진보되어 있는 부분이다. 또한 지명에 관한 연구도 언어지리학의 중요한 일부분이다.

지구상에는 약 3000여 개의 언어가 있으며, 사용인구가 1천만 이상의 언어는 약 60여 개라고 말하며, 세계 주요 어족으로는 인도-유럽, 중국-티벳, 드라비다, 셈-햄, 우랄-알타이, 오스토로네시아 그리고 니제르-콩고-반투의 7대 어족을 기본으로 해서 세분하고 있다(<그림 10-5>).

따라서 세계에는 수많은 여러 인종과 민족이 분포해 있고 그들이 사용하는 언어의 종류도 많고 복잡하다. 세월이 흐름에 따라서 언어는 소멸하여 그 실태를 파악한다는 것은 결코 쉬운 일이 아니다. 과거에는 지세와 같은 자연적 경계가 언어를 구별하는 큰 원인이 되었고, 지세는 언어의 확산에 있어서 큰 방벽이 되어서 몇 개의 어군을 형성하고 있는 것은 명백하나, 역사시대에 들어와서는 민족의 정치적, 경제적, 문화적 세력에 따라 언어의 발전분포에 지대한 영향을 미치고 있다.

(2) 언어장벽

언어는 급격한 공간적 진화와 변화를 보여주지만 아직은 가장 지속성 있는 문화 중의 하나이다. 결국 세계의 문화권의 기본에는 언어를 제외하고는 분류할 수 없는

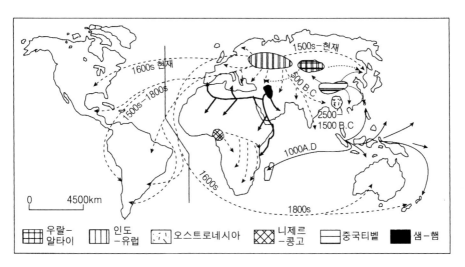

<그림 10-5> 언어의 전파

기본적인 도구에 해당한다.

　언어는 의사소통의 수단일 뿐만 아니라 집단성의 상징이 되며, 말하는 사람의 계급, 신분, 교육수준, 출신지 등을 나타내는 사회적 행위의 역할을 한다. 의사소통은 어떤 지역의 사회적 실체형성에 있어서 중요한 역할을 한다.

　몇 개의 세계언어가 팽창되어감에 따라서 작은 인구집단이 사용하는 언어들은 점차 사라져 가고 있는 것이 현대의 실정이다. 언어는 이와 같이 한집단 구성원들의 의사를 소통시켜주는 매개체의 역할을 하지만, 지역간의 상호작용에 대한 장애물로서 역할을 하기 때문에 때로는 분리작용에 지대한 영향을 미친다.

　언어장벽은 일방적인 장애가 될 수 있다. 즉 현대인은 세계화의 추세에 힘입어 영어사용은 당연한 것으로 여겨서 사업상 영어를 사용하는 것을 기본으로 여긴다. 하지만 영어권의 사람들은 그들 국가의 언어 외에 다른 국가의 언어를 쉽게 배우려고 하지 않기 때문에 상대방의 국가와의 문화적인 측면을 공유하지 못하고, 일방적인 영어권의 문화만을 습득하고 있는 상황이다. 언어는 중요한 문화요소 중의 하나이다.

　(3) 언어경관

　언어는 그 지역의 경관을 문자나 지표물로 표현하기 때문에 문화지역의 특징을 상징적으로 대변한다. 언어경관(linguistic landscape)은 특히 지명에서 나타난 영향에 관한 연구는 비교적 잘 되어 있다. 지명자체를 분석한 연구가 있는가 하면, 어떤 집단이 경관에 미친 영향을 측정하기 위한 수단으로서 지명을 이용한 연구도 있다. 지명은 문화의 확산을 조사하는 데 지표가 되고, 지역설정을 위한 기초자료로 이용 될 수도 있다.

서울 이태원의 경우에는 한국이라는 것보다는 동남아시아의 한 국가처럼 느껴질 정도로 한국어보다는 영어와 한자로 표기된 간판이 많고, 명동에 중국대사관 앞을 보면 중국인들의 거주지역임을 알 수 있는 언어경관이 나타난다.

또한, 서울의 지명 변천을 보면, 과거에는 자연지형의 지세나 기후에 의존률이 높기 때문에 지명도 자연지명에서 유래된 것이 많은 반면, 최근 들어서 사람들의 생활들이 자연에 의존하기보다는 문화생활에 많은 시간들을 할애하기 때문에 인공지명에 해당하는 비율이 높게 나타난다. 이러한 인문 지명들은 사람들에게 인지도가 높게 나타난다.

따라서 언어경관은 해당 지역의 장소의 기원, 발생, 과거모습, 발전사, 현재와 과거의 차이, 현재 모습 그리고 공간적 패턴까지도 알 수 있다.

3) 종교(Religion)

(1) 종교와 환경

종교는 진화정도나 체계화된 정도에 따라 원시종교와 고등종교로 구분된다. 원시종교는 발생 초기의 단계의 비체계화된, 단순화된 종교 및 그 행위이며, 무문자 시대의 종교이며, 자연물, 인물, 죽은 사람 등에 대한 믿음이다. 또한 체계화된 경전이 없고, 회생제물이나 수확물을 받치는 것이 보편적이고, 또한 이는 주술적이다. 즉, 인간과 신과의 원초적인 교감과 신앙행동을 말한다.

고등종교는 진보된 것을 말하며, 문자화된 경전(성경, 코란, 불경, 베다 등)이 있고, 세련되게 조직화된 종교를 나타낸다. 즉, 오늘날 기독교, 불교, 이슬람교, 힌두교, 유대교 등을 말한다. 고등종교는 세계 여러 지역에 전파된 종교를 보편종교라 하며, 여기에는 불교와 기독교 및 이슬람교가 있고, 고등종교이면서 신도수가 많기는 하지만 한 민족만이 믿는 종교를 민족종교라 한다. 민족종교에는 유대교, 힌두교, 신도 등이 있다(<그림 10-6>).

소퍼는 환경이 종교에 미치는 영향과 종교가 환경에 미치는 영향을 분석하고 환경과 종교와의 관계를 논하였다. 또한 종교의 조직과 공간점유, 종교의 전파와 분포 등에 연구를 하였다.

미개인이 많은 열대지역은 특히 어둡고 위험한 동식물이 많은 정글지대에는 아직

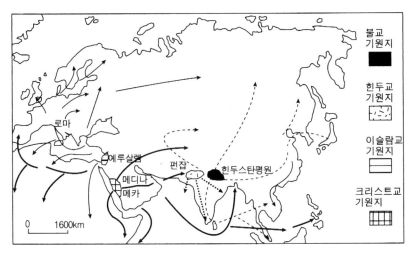

<그림 10-6> 종교의 기원과 전파

도 정령숭배가 널리 분포되어 있다. 열대지방이라도 사막지역에서 일어난 회교가 밀림의 악령에서 대체해서 태양, 풍, 간헐과 같은 대자연을 대상으로 해서 하나의 우주신을 낳게 한 것은 당연하다고 볼 수 있다. 밀림이 다신교를, 사막이 일신교를 강요하였다고 한 기계적인 결정론을 믿을 수는 없지만, 밀림과 사막을 실제로 보행한 경험이 있는 사람이라면 이 상이(相異)한 지역에 있어서의 상이한 심리적 반응을 충분히 이해할 수 있을 것이다.

　신의 은혜를 알기 쉽게 표현할 경우에는 그 토지의 자연적 환경을 바탕으로 한 비유적 설명이 아니면 무의미 할 것이다. 사막지역에 사는 사람에게는 그늘과 물이 그들의 선물이 될 것이고, 북방의 타이가 지역에 사는 사람들에게는 따듯한 난방이 그들에게 삶의 도움을 줄 것이다. 인도의 종교나 신화에 나타나는 지옥은 초열 지옥을 가장 심한 벌로 하고 있으며, 에스키모인들의 지옥은 암흑의 폭풍과 극한의 세계이며, 고냉한 티벳에서도 지옥의 주 벌은 한냉한 것을 말한다. 이같이 천국과 지옥은 그 토지환경에 따라서 대조적으로 역전하게 된다. 즉, 그들 삶의 터전인 생활양식에서 베어 나온 결과에 의해서 형성된 문화들이다. 따라서 유사한 자연환경에서는 유사한 문화가 형성되기 마련이다. 이는 문화전파에 의한 것보다는 그 문화에 적응해서 살아가는 방편으로 유사한 문화를 형성하게 되는 것이다.

(2) 종교경관과 성지순례

종교경관은 종교를 상징하는 것으로 예배소(사찰, 교회, 모스크, 기타의 예배처), 제단, 탑 등의 신성경관과 특정 의미의 상징물, 종교적 지명 그리고 교인무덤 등을 들 수 있다. 각 종교별 예배소는 상징적인 신성경관으로 대부분 규모가 대형지향적이고 외부지향적인 경관를 이룬다. 카톨릭의 대성당은 대부분 높은 첨탑으로 상징화되어 있고, 건물 내외부가 화려하게 치장된 것이 전형적인 신성경관을 대표한다. 불교사찰은 부처를 모신 대웅전을 중심으로 주변에 여러 전각들이 조화를 이루고 있으며, 그 외에 불탑 및 부도 등이 경내에 함께 있다. 이슬람교의 경우도 신성을 포용한 내부모습과 높은 탑과 하늘을 상징하는 돔(dome)과 돔 내부의 화려한 치장 등을 들 수 있다. 이러한 교회 사찰 모스크의 경관은 주위의 모습과 큰 차이를 나타내기 때문에, 그곳들이 신성 또는 신의 장소임을 알려준다.

성지순례는 교도들이 종교적 경배나 공양, 존경의 장소로서 일시적인 이동을 말한다. 순례 대상지는 대개 신성지역과 세계 또는 우주의 최고급 중심부에 위치한 지역이다. 순례대상지로 메카, 메디나(이슬람교)와 예루살렘(유대교와 개신교) 그리고 룸비니, 부다가야(불교)가 세계적으로 각 종교의 요람지에 해당한다. 이러한 성지순례를 행함으로서 각 종교본래의 길로 회귀하는 측면과 초발심을 내기 위한 방편으로 이루어지고 있다.

국내의 성지로서 천주교 성지는 과거 천주교도들의 사형처인 새남터가 대표적인 성지이며, 그 외 여러 지역이 있고, 불교적 성지로서는 불·법·승 3사인 통도사·해인사·송광사와 3대 관음성지인 동해의 낙산사 홍련암·남해의 보리암·서해의 강화도 보문사를 들 수 있으며, 그 외에 5대 적멸보궁(통도사·정암사·상원사·법흥사·봉정암)이 있고, 다수의 역사적으로 오래된 전통 사찰 등이 있다.

4. 생활별 문화영역

생활문화란 일상적인 삶 속에서 반영되어 나타나는 다양한 삶의 양식을 의미한다. 사회의 기초단위인 가족과 친족을 중심으로 행해지는 상호작용, 조상숭배를 비롯한 종교행위, 일상적으로 되풀이되는 의례적 행사, 어디서 살며, 무엇을 먹고, 어떻게 자신을 치장할 것인가를 보여주는 의식주 생활 등이 포함된다.

의식주 생활문화 중에서 주거의 문화보다는 음식문화가 보다 단기간에 변화되고, 음식문화보다 의복문화가 보다 더 단기간에 변화된다. 현재 지구상에는 전통적인 주거

문화는 찾아보기 쉽지만, 의복에 관한 문화는 점차적으로 현대 산업사회에 적합한 차림으로 변화되는 것을 볼 수 있다. 따라서 오지의 전통적인 마을을 제외하고는 점차적으로 산업사회에서 편리한 생활에 가치를 두는 의식주의 모습으로 변화되고 있다.

1) 의생활

복식은 그 지역의 풍토적 조건과 역사적 요인, 사회적 배경, 정치, 경제 및 정신문화 등이 생활풍습을 형성하여 이루어진다.

민족에 따라 복장문화의 특색을 한눈에 나타나는 것은 의복의 색상과 문양, 형태와 구조 등에 의해서이다. 현재는 지역풍토에서 기인한 색상이나 문양 등은 민속 복장문화의 원질이 그대로 계승되는 경향을 보여준다. 종교지리학자인 피클러에 의하면 신성한 색은 그 지역의 복장 및 주거문화를 이해하는데 큰 도움이 된다.

복장의 색상은 직업복, 예복 등 특수복을 제외한 대중의 생활복은 심리적인 이유도 있지만 기후와 관련된 것으로 특히 태양복사에너지와의 관계가 크다.

예를 들어서 동양 3국을 보면, 보다 혹한의 겨울을 지내는 중국에서는 치파오라는 전통의복이 있는데, 이는 한복과는 달리 보다 피부밀착체형으로 변모되었고, 온난다습한 일본은 기모노에서 보는 것처럼 환기의 원활을 위해 보다 넓은 개구부와 깊은 체접층을 갖는 개방형으로 되어갔다. 중간성 기후인 한국은 수십 미터의 체접기층을 갖는 한복이 여름에는 일본보다 더 덥고, 겨울의 방한을 의식했기 때문에 개방형에서 일본의 화폭보다는 떨어지나, 여름은 통기성, 대류성, 청량감 그리고 증가된 열전도성 등에 의한 방서성을 높게 하기 위하여 등걸이를 함을 물론 의복에 푸새(풀)를 하였다.

현재는 양장문화의 세계라고. 해도 과언이 아니다. 선진 문명지인 서양인의 복장이 보편화되었다. 이는 인류 보편적인 사회경제적인 변화에 따른 새로운 생활행동양식의 적응이라고 한다. 양복의 원형은 북극지방의 한랭지 주민의 피복이며, 이는 폐쇄적인 복장문화에 속하며, 겨울에는 좋으나 여름은 부적합한 형태와 구조이다. 따라서 방서복인 한복은 특히 대마나 저마로 만든 베옷은 그 재료와 형태, 구조에서 주거생활문화에서 일부는 개량되어가고 있지만 최상의 옷이라고 자부한다. 따라서 전통의 계승이라는 측면도 있지만, 이 형태와 구조 그리고 재료의 이점 때문에 생기는 쾌감성, 통기성, 환기성 그리고 좌식 생활에서의 편의성은 양복에서 볼 수 없는 편의성과 실용성을 겸비하고 있다.

세계적인 패션도시는 뉴욕, 런던, 밀라노, 동경, 파리, 서울을 들 수 있다. 여기에

서 가장 세계적인 패션이란 그들 국가의 전통적인 의상이다. 서울의 전통적인 것이
란 예복으로서 한복을 들 수 있다. 또한 이는 독특한 한국문화를 대표하는 것으로 상
품화할 수 있다.

그럼, 복식문화에서 지역적인 특징이 나타날까?

경제대국들의 공통점은 전통의복을 빨리 버릴 때만이 선진국으로 도약할 수 있는
조건이라고 했다. 이는 현대 근대화된 사회에 적응하여 살려면 의복형태가 편리하게
되어야 하기 때문이다. 19세기 이후부터 대도시의 의복의 모습은 세계적인 측면에서
동일하다 할 수 있으며, 최근에는 점점 더 획일화 되어가고 있다. 정보시대인 요즈
음, 의복에서 전문직에 있는 여성들의 의복의 형태는 약간씩 차이는 있어도 나라마
다 유사하다. 그만큼 세계는 빠르게 변화되는 것을 인식할 수 있다.

따라서 의복의 지역적 특징은 과거의 전통적인 의복에서도 나타나듯이 그들의 기
후와 연관되어 만들어졌다고는 하나 현대는 세계가 획일화되어 가고 있는 상황이며,
전통의상은 그 국가를 대표하며 세계적인 의상이 되고 있다.

2) 식생활

식생활은 동양적인 측면과 서양적인 측면으로 크게 구분하고, 생활수단에 따라 3
종류로 구분한다. 왜 그 지역에서는 그런 음식을 먹을 수밖에 없었을까?

음식은 인간이 생활을 영위해 나가기 위해서 어느 시대나 항상 중요한 요소이다.
그러나 시대에 따라 식생활의 문화는 변화되어 왔다. 즉, 생계를 유지하기 위한 단계
에서 즐기는 단계까지 발전해 왔다. 초기에는 기아에서 벗어나기 위한 단계에서, 생
활이 안정됨에 따라 양적인 측면의 단계, 보다 풍요로운 시기에는 식도락적인 측면
그리고 현재는 아트적인 부분까지 함축되어 음식문화는 발달되어 왔다.

어떤 지역의 자연환경과 문화환경 그리고 여러 가지 정치, 경제적인 요인에 의해
서 지역별로 독특한 음식문화를 형성한다. 그 지역에는 그 음식문화가 발달할 수밖
에 없는 당위성에 의해서 음식문화가 발전하게 된다. 현대의 생활구조의 변화에 의
해서 음식문화도 변화되어가고 있다. 따라서 의복은 전통의상의 보존에 의해, 주거
문화는 계승에 의해 존재할 수 있지만, 음식문화는 단지 고문헌을 통해서만 그것을
추적해 낼 수 있기 때문에 어려움이 따른다.

세계화 추세에 따라서 대도시는 음식문화의 지역적인 특징이 없어지는 측면이 강
하다. 대도시에는 각국의 사람들이 즐길 수 있는 음식들이 일반화되어 있다. 일반화
된 정제된 음식, 하지만 아직도 각 국가들마다 오지나 도시화되지 않은 곳을 가면 그

지역만의 독특한 소스나 향료를 이용하기 때문에 음식에 적응하지 못하는 사람들을 볼 수 있다. 예를 들면, 동남아시아나 인도의 경우를 들 수 있는데, 그것은 그들이 그들만의 향료를 사용하기 때문이다. 즉, 미발달된 지역을 여행하는 사람들은, 특히 비위가 약한 사람들은 독특한 지방음식을 제대로 먹지 못한다. 따라서 어떤 문화를 배우는 것은 그 지역의 음식을 먹어 보는 것에서도 문화를 알 수가 있다. 외국인이 특히 서양인이 한국에 와서 젓가락을 사용하여 음식을 먹어 보는 것도 한국의 문화를 이해하는 하나의 방법이라고 생각한다. 따라서 어떤 지역을 여행할 때 힘들더라도 그들이 하는 방식대로 시도해보는 것도 그들의 문화를 이해하는 지름길이다.

인간의 식생활은 생물학적 및 문화적인 영향력을 지닌다. 이는 인간의 식생활은 배고품을 해결하는 생리적인 요구와 사회 환경적인 요인에 따라 영향력이 발휘된다. 식생활 문화는 시대마다 지역적인 생계수단에 따라서 변화되었고, 현재도 변화되고 있고, 미래에도 변화될 것이다.

현대에 사회에서 식생활의 형태의 변화에 영향을 미친것으로 고려될 수 있는 요인으로는 인구 및 경제력의 변화, 농업기술의 혁신, 식품 산업분야의 발달, 외식산업의 발달, 외래문화의 유입, 의학, 영양학 등 건강관련 분야의 발전에 따른 정보량의 증가, 국민의 의식구조 및 가족제도의 변화를 들 수 있다. 결국 이는 산업화, 국제화로 요약된다. 산업화, 국제화는 결국 식생활의 서구화라는 표현과 맞물린다.

3) 주생활

왜 이 지역에서 이런 거주문화가 형성되었을까? 여기에는 이들의 자연환경, 즉 지형과 기후요인에 적응하기 위해서 이들의 주거문화는 발달하게 된다. 그 위에 인문적인 요소인 문화, 정치, 경제적인 여건에 따라 각각의 지역마다 독특한 주거문화가 형성된다. 원시시대부터 동굴에서 시작하여 날씨의 영향과 약탈자로부터 자기보호의 필요성에 따라 피신처의 건물을 축조하여 오늘날의 가옥이 되었다.

사원이나 교회와 같은 종교관계 건물이나 궁, 대저택, 기념관 등의 건물은 먼 곳에서 운반한 재료에 의해 건축되어지나, 그 이외의 건물들은 대체로 그 지역부근에서 쉽게 얻을 수 있는 재료를 사용하는 것이 일반적인 경향이다. 원시시대와 미개민족일수록 자연물을 많이 사용하여 건축물을 지었다. 건축재료는 그 지역의 성격을 잘 반영하는데, 오늘날은 교통발달로 인해 건축재료운반이 용이해져서 건축재료의 지역성은 점점 사라지고 있다. 그 결과 선진국에서는 도시 건물형태는 기후 및 문화유산에 의해 지역성을 나타내던 것이 점점 콘크리트, 유리, 벽돌, 석재 등의 사용으로 건축재료에 있어 공통성을 가지게 되었다. 하지만 아직도 세계 각 지역에는 그 지역의 여러 가지 자연환경과 인문환경에 적응해서 축조된 주거문화가 보다 더 많이 존재한다. 이러한 주거문화가 그 지역의 상징적인 건축경관을 형성하므로 다른 지역과 차별되는 문화경관을 이룬다.

4) 세시풍속

세시풍속에는 가족과 친족의 유대관계, 마을 공동체의 결속을 위한 의례와 놀이, 조상숭배와 초자연적인 존재에 대한 신앙, 다양한 일과 휴식의 조화 그리고 먹거리의 풍습 등이 조화를 이루며 응축되어 있어, 세시풍속에 관한 논의는 생활문화의 다양한 모습을 이해할 수 있게 해준다.

생활문화 특히 세시풍속은 제도적으로 조작되는 것이 아니라, 그 시대가 갖는 조건에 따라 삶을 살아가는 일반인들에 의해 선택되고 수정되는 과정을 거쳐 그 모습을 바꾸어 간다. 일반적인 세시풍속에는 다양한 형태를 이루고 있으나, 다음과 같이 분류할 수 있다. 조상숭배 의례와 관련된 세시풍속, 벽사(辟邪)의 의미를 지닌 것, 구복 신앙에 의한 것, 놀이와 연관된 것, 건강과 관련된 것, 현대적인 새로운 것 등이다.

그러나 이러한 전통적인 세시풍속이 변하는데는 여러 가지 이유가 있다. 즉, 마을공동체의 약화 현상, 생산양식과 생활주기의 변화 현상, 친족의식의 약화와 가족집단의 중요성에 대한 인식의 약화 현상, 전통신앙의 정당성 감소에 따른 축제 현상, 상업적 자본주의 침투에 의한 현상 등으로 인해서 현대의 세시풍속은 변화되고 있다.

문화는 지속적으로 조건의 변화에 따라 끊임없이 변형을 계속하며, 과거와 현재를 이어가는 속성을 지닌다. 문화의 일부인 세시풍속은 사회변동에 따라 소멸되기도 하고 새롭게 생성되기도 하며, 새로운 문화요소를 수용하여 변형되거나 축적되기도 한다. 이러한 과정을 거치는 동안 전통문화는 전승과 변화를 거듭하면서 독특한 그들의 문화로 자리잡게 되고, 유사한 문화를 공유하는 지역은 동일한 문화권을 지니게 된다.

이것은 현대도시사회의 생활이 합리적 사고를 기초로 한 기능성을 추구하고 있기 때문에 새로운 조건에 적응하기 위해 변형되었을 뿐이며, 이러한 변형은 전통을 기초로 이루어지는 것으로 해석할 수 있다. 따라서 생활문화로서의 세시풍속은 과거의 전통문화를 기반으로 변형과 형성을 거듭할 것이며, 현재의 세시풍속은 일정시간이 흐른 후에는 다시 그 민족의 고유문화로 자리잡게 되는 것이다.

5. 결론

20세기에는 정치적인 힘이 세계를 지배했다면 21세기에는 문화에 의해 세계가 형성될 것이다. 지금 세계는 정보시대로 지구촌 곳곳에서는 각종 첨단 통신시설로 연결되어 있어서 지구는 하나의 공동체이다. 이는 지구 구석구석까지도 세계화되어 가고 있는 실정이다. 가장 세계적인 것이란 한마디로 그 지역의 독특한 문화라고 생각한다. 따라서 이는 가장 세계적인 전통문화를 고수하는 것이다. 각 국가마다 전통적인 것이 과거의 퇴색된 문화가 아니라 현대적인 문화에 접목되어 그들의 독특한 문화로 계승 발전시키는 것이다.

문화란 결코 짧은 시간에 형성되는 것이 아니다. 오랜 시간에 걸쳐 이문화(異文化)와 접촉하는 가운데서 항체가 형성되고 저항력이 길러져 이문화가 생성해 놓은 영양소를 공급받으면서 성장해 간다. 또한 문화란 긍정적인 면과 부정적인 면의 양면성과 생성·전파·영향·소멸의 다양성을 함께 지니고 있다. 이는 흐르는 물과 같이 동태적인 것이다. 오늘날과 같이 지구촌의 울타리가 허물어지고 세계가 한 마을이 되어가는 국제화시대에 살아 남기 위해서는 개성 있는 양질의 고유문화·민족문화의 양성이 더욱 절실히 요청된다.

■ 참고문헌

서울문화사학회. 1999,『서울의 전통문화—어제와 오늘』, 99서울 역사문화학술대회.
송성대. 1994,『문화지리학강의—환경과 문화—』, 법문사.
이은구.『인도문화의 이해』, 세창출판사.
이전·최영준. 1994,『문화지리학원론』, 법문사.
이정록·김송미·이상석. 1997,『20세기 지구촌의 분쟁과 갈등』, 푸른길
이혜은. 2000,『문화생태와 경관』.
임덕순. 1996,『문화지리학(제2판)』, 법문사.
장보웅. 1986,『현대지리학의 연구』, 보진재출판사.
정장호. 1993,『지리학사전(개정판)』, 우성문화사.
한주성. 1991,『인간과 환경—지리학적 접근—』, 교학연구사.
새뮤얼 헌팅턴, 이희재 옮김.『문명의 충돌』, 김영사.

허버트 J. 갠즈, 이은호 옮김. 『고급문화와 대중문화』

高橋伸夫 외 3인. 1995, 『文化地理學入門』, 東洋書林.

大島襄二 외 2인. 1989, 『文化地理學』, 古今書院.

Cosgrove, D. et al., eds. 1989, *The Iconography of Landscape*, Oxford Univ. Press.

Jackson, P. 1989, *Maps of Meaning: An Introduction to Cultural Geography*, London.

Jordan, T. E. & Domosh, M. 1999, *The Human Mosaic: A Thematic Introduction to Cultural Geography*, (8th)ed., New York.

Gould, Peter R. 1978, *SPATIAL DIFFUSION*.

Rowntree, L. B. et al. 1980, *Symbolism and the Cultural Landscape*, AAAG.

Spencer, J. E. et al. 1973, *Introduction Cultural Geography*, New York.

제11강 인구와 공간사회

김요은

이 장에서는 지리학에 관심 있는 학도들에게 실제로 우리가 살아가고 있는 현실과 너무나 밀착되어 있기 때문에 오히려 우리가 간과하기 쉬우며, 우리 사회가 현재 당면해 있거나 또는 가까운 미래에 발생할 수 있는 인구 문제들을 파악할 수 있는 기회를 제공해 주는 데에 그 일차적인 목적이 있다고 하겠다. 또한 더 나아가서 지금 막 시작된 21세기의 진정한 '복지국가' 실현을 위한 합리적이면서도 우리의 '삶의 질'을 향상시킬 수 있는, 향후 우리나라 인구정책이 나아가야 할 적절한 방향을 모색해 보는 계기를 마련코자 한다.

1. 들어가는 글

인구는 사회적 생활을 영위하는 인간들의 집단을 말하며, 흔히 일정 지역에 거주하는 인간집단을 일컫는다. 인구지리학은 이러한 인구집단의 다양한 현상을 공간적 관점에서 설명하려는 학문이다. 특히, 인구 현상은 인간의 행위에 의해 다양한 현상들이 공간적으로 표출된 결과물이라고 할 수 있으며, 인간의 행위가 변화함에 따라 인구 현상도 계속해서 변해가고 있다. 그리고 무엇보다도 21세기 복지국가시대를 맞이하면서 인간의 '삶의 질'이 매우 중요시 될 우리 사회에 있어서 지리학 분야 중에서도 특히 인간이 중심이 되는 인구지리학이 차지하는 비중은 더욱 커지리라 예상된다. 또한 21세기에는 경제수준의 향상과 더불어 의료·위생 시설 및 서비스의 양적·

질적 확충에 힘입은 평균수명 연장에 따른 인구의 노령화 현상에 대비하는 인구정책이 절실히 요구될 것이다. 더욱이, 우리 사회에 뿌리깊이 박혀있는 남아선호사상으로 인해 발생하는 남녀성비의 불균형 현상은 향후 큰 사회문제로 대두될 전망이며, 대도시의 인구과밀현상도 우리가 해결해야 할 인구 문제이다. 반면에 농촌지역은 젊고 교육도 많이 받은 능력 있는 인구의 전출에서 비롯되어 점점 지역 발전잠재력을 상실해 가고 있으며, 이로 인한 도시와 농촌 간 지역격차의 심화 현상 또한 커다란 인구 문제 중의 하나라고 할 수 있다. 또한 IMF 사태 이후 급증하고 있는 사례인 컴퓨터 관련 기술자들의 미국 등 선진국으로의 두뇌유출 현상도 우리나라의 성장잠재력을 약화시킬 수 있다고 생각된다.

한편, 여기에서는 선진국과 개발도상국 간의 상이한 인구성장 패턴 및 문제점들을 살펴보고, 우리나라 인구 현상의 특성 및 그러한 특성에서 비롯되는 인구 문제들을 고찰해 봄으로써 향후 우리나라의 인구정책이 나아가야 할 방향을 모색해 보고자 한다. 특히 선진국가에서 나타나고 있는 인구 현상에서 야기되는 문제들 및 그 문제 해결을 위한 인구정책에 대해 살펴봄으로써 머지 않은 장래에 우리나라에 도래할 수 있는 인구 문제에 보다 합리적으로 대처할 수 있는 방안을 강구해 볼 수 있을 것이다. 무엇보다도 새천년을 시작하는 이 시점에서 21세기에 실제적인 복지국가 건설을 위해, 다시 말해서 우리 국민이 피부로 느낄 수 있는 삶의 질을 향상시킬 수 있도록 인구지리학에 관심이 있는 우리 스스로가 실재하는 인구 문제들을 하나씩 해결해 나가는 데에 관심을 갖고 최선의 노력을 다해야 할 것이다.

2. 인구지리학/인구 통계 자료

1) 인구지리학(Population geography)

인구지리학은 인구수, 인구성장, 인구구성, 출생 및 사망, 인구이동 등의 인구학적 변수들을 공간적 측면에서 설명하려는 인문지리학의 한 연구분야이다. 특히 인구지리학은 인구와 자연환경 및 인문환경과의 상호연관성에 중점을 두고 연구하며, 인구 현상의 지역간 차이에 대한 연구도 주요 관심 분야이다. 또한 인구지리학은 수학 및 통계학적 방법을 사용하여 인구 현상들을 시간적 측면에서 연구하는 인구학과 매우 밀접한 관계를 가지며, 인구학에서 사용되는 통계분석기법 등을 포함한 다양한 방법들이 인구지리학 연구에 십분 활용되고 있다.

　인구지리학은 19세기 말 독일과 프랑스 지리학자였던 라첼(F. Ratzel)과 블라쉬(Vidal de la Blache)에 의해 세계 인구 분포에 대한 관심이 고조됨과 더불어 인구지리 연구의 중요성이 부각되면서 발달되기 시작했으나, 미국의 트레와다(Trewartha, 1953년)에 이르러 비로소 지리학내에서의 인구지리학의 위상을 공고히 하는 계기가 마련될 수 있었다. 그렇지만 인구지리학에 대한 본격적인 연구는 1970년대에 행해졌다고 할 수 있겠으며, 특히 1960년대 지리학 분야에서의 계량혁명과 연관성이 크다고 하겠다. 계량혁명은 인구지리학 연구에 있어서 다양한 통계기법 사용을 가능하게 하였으며, 최근 컴퓨터의 보급과 GIS (Geographic Information Systems, 지리정보체계) 기법의 도입으로 인구지리학의 계량화는 가속화되고 있는 추세이다.

　한편, 최근 들어 선진국과 개발도상국간에 상이한 인구 성장 패턴을 보이게 되면서 국가에 따라서 인구지리학의 중심 연구 주제가 다르게 나타나고 있다. 다시 말해서 선진국가들은 경제발전과 그에 따른 양호한 영양상태 및 의료·위생 시설의 향상으로 인간의 평균 여명이 길어짐으로써 인구의 노령화 현상이 나타나고 있으며, 후기산업사회가 도래하면서 대도시 인구의 분산화 경향이 뚜렷이 보여지고 있다. 따라서 선진사회에서는 인구 노령화에 대비한 인구정책 및 도시화 유형과 관련된 인구 이동 현상 등에 관심을 두고 연구하고 있다. 반면 개발도상국가들은 경제발전 속도를 초과하는 인구 성장에 의해 발생되는 인구압 현상 및 대도시의 인구 과밀화 현상에서 야기되는 도시 문제 등이 주된 관심사로 등장하면서 이러한 인구 문제들을 시정하기 위한 인구정책 마련에 부심하고 있다. 그렇지만 특히 21세기를 맞은 오늘날에는 선진국과 개발도상국 공히 인구와 환경 관련 문제에 관심을 가지고 범지구적인 차원에서 인구 문제에 합리적으로 대처해 나가야 할 것이다.

　2) 인구 통계 자료

　인구 분석 및 연구에 사용되는 자료들은 통상적으로 「인구 센서스(Census)」, 「동태 통계(Vital statistics)」와 「표본조사(Sample survey)」에 기초를 두고 있다.

　(1) 인구 센서스
　인구 센서스는 일정한 시기에 일정 지역에 거주하는 총인구를 대상으로 개별적인 조사를 실시하여 필요한 정보를 수집, 집계하고 출판에까지 이르는 전과정을 일컫는다. UN에서는 인구 센서스가 갖추어야 할 특성을 다음 4가지로 제시하고 있다: ①

개인 또는 개별적으로 조사가 실시되어야 한다는 조사의 개별성; ② 조사 지역내의 모든 곳에서 조사가 행해져야 한다는 조사의 보편성; ③ 정해진 시점에 모든 사람들에게 동시에 실시해야 한다는 조사의 동시성; ④ 일정한 간격을 두고 연속적으로 시행되어야 한다는 조사의 정기성.

근대적인 센서스는 1665년 캐나다의 퀘벡주에서 최초로 실시되었으며, 그후 스웨덴(1749년), 노르웨이(1769년), 미국(1790년), 영국(1801년), 프랑스(1835년) 등에서 실시되기에 이르렀고, 일본은 1920년, 우리나라는 1925년 최초의 센서스가 실시되었다.

한편, 인구 센서스는 두 가지 원칙에 바탕을 두고 실시가 되는데, 하나는 센서스 조사 당시의 장소와 무관하게 통상적으로 거주하는 곳을 기준으로 조사하는 상주주의(常住主義) 원칙이 있고, 다른 하나는 센서스 조사 당시 개인이 소재하는 장소를 기준으로 정보가 수집되는 현주주의(現住主義) 원칙이다. 예를 들어서, 여행자나 입원환자의 경우 상주주의 원칙에 입각하면 그들의 일상적인 거주지를 기준으로 조사가 되지만, 현주주의 원칙에 따르면 해당 여행지나 병원을 중심으로 조사가 행해진다. 미국의 경우 상주주의, 영국은 현주주의 원칙을 각각 따르고 있으며, 우리나라는 1960년을 기준으로 그 이전에는 현주주의를 적용했고, 그 이후는 상주주의 원칙에 바탕을 두고 센서스가 실시되고 있다. 또한 센서스에서 조사하는 항목은 국가마다 상이하고, 시간의 흐름에 따라 변하기도 하는데, 우리나라의 인구 센서스에서는 성명, 가구주와의 관계, 생년월일, 연령, 성별, 혼인상태, 국적, 상주지, 교육정도 등을 중심으로 조사되고 있다.

(2) 동태통계

동태통계는 출생, 사망, 결혼, 이혼 등의 인구동태 관련 사건들의 신고에 의해 얻어지는 통계 자료이다. 동태신고제도는 1756년 스웨덴에서 실시된 이후 지금은 세계 각 국가마다 그 신고를 의무화하고 있다. 우리나라는 인구동태규칙(1978년 개정)에 따라서 출생 및 사망 신고는 1개월 이내, 혼인 및 이혼 신고는 성립 즉시 신고하도록 규정하고 있는데, 이렇게 신고에 의해 집계된 동태통계 자료들 덕택으로 5년마다 실시되는 인구 센서스 자료보다 신속하면서도 정확한 자료가 수집될 수 있다.

(3) 표본조사

표본조사는 경제적 부담으로 인해 인구 센서스에서 조사할 수 없는 항목들을 융통성 있게 조사할 수 있으며, 개인에 대해 비교적 정확한 정보수집이 가능한 조사이다. 그렇지만 표본조사시 주의할 점은 정확한 조사결과가 나올 수 있도록 조사대상 표본이 실제 모집단을 대표할 수 있도록 추출되도록 해야 한다는 것이다. 우리나라는 1985년 실시된 센서스를 제외하고, 1966년 인구 센서스부터 전수조사와 표본조사(전수의 5~15%)가 병행되어 실시되어 오고 있다.

3. 인구 성장

1) 인구 성장과 3대 혁명

인구 성장(Population growth)은 일정한 두 시점 사이에 인구가 증가되거나 감소되는, 즉 인구 규모에 있어서의 변화를 의미하는데, 특히 이러한 인구 성장은 인류 역사상 나타났던 문화·농업·산업 혁명 등 세 가지 혁명과 연관시켜 설명해 볼 수 있다(Deevey, 1960).

문화혁명(Cultural revolution)
선사시대 최초의 인류인 오스트랄로피테쿠스(Australopithecus)로부터 크로마뇽(Cro-Magnon)인까지 우리 인류는 진화를 계속해 오면서 불과 여러 가지 도구를 사용하게 되었고, 차츰 문화를 발전시켜 오게 되었다. 다시 말해서 문화혁명은 선사시대부터 정착 농경이 시작되기 이전까지의 긴 기간 동안 행해졌던 인류의 문화적 발전을 의미하는 것이다. 이 문화혁명 시기에는 식량은 수렵과 채집에 의존했기 때문에 자연환경은 인류에게 절대적 영향을 끼쳤었고, 이렇듯 안정되지 못한 생활환경은 인구 증가를 매우 느리게 진행시켰다.

농업혁명(Agricultural revolution)
농업혁명은 중동지방의 '비옥한 초생달' 지역을 중심으로 농작물 재배와 가축 사육을 시작하면서 인류가 스스로 생산 능력을 보유하게 된 것을 일컫는다(기원전 11,000년~5,000년경). 또한, 정착 농경과 더불어 야금술, 관개술 등의 기술발전에 따른 토지생산성의 향상은 인구 성장에 중요한 영향을 미쳤다.

산업혁명(Industrial revolution)
18세기 후반 영국을 필두로 시작된 산업혁명은 경제 성장과 더불어 위생 및 의료시설의 보급과 의학의 발전으로 이어지게 됨으로써 사망률을 급격히 저하시켰고, 그 결과 인구 증가의 속도를 가속화시켰다. 대부분의 선진국가들은 19세기에 이와 같은 인구 급성장을 경험했으나, 개발도상국가들은 제2차 세계대전 이후 인구가 급격히 증가하는 양상을 보이고 있다.

2) 인구 성장의 측정 지표

상기에서 언급한 3대 혁명에 힘입어 인구는 지속적으로 증가해 오고 있는데, 이런 인구 성장의 정도를 파악하고 지역간의 인구 성장 비교를 용이하게 하기 위해서 인구 성장의 속도를 측정할 수 있는 몇 가지 지표들이 있다. 그러면 다음에서는 이 지표들에 대해서 간략히 살펴보기로 하겠다.

자연증가율(The rate of natural increase)
자연증가율은 일정한 두 시점 사이의 출생자수와 사망자수 간의 차이를 인구 1,000명에 대한 비율, 즉 천분율로서 표시한 것으로 다음과 같이 구해진다.

자연증가율 = 조출생률(Crude birth rate) − 조사망률(Crude death rate)

여기에서 조출생률 및 조사망률은 다시 다음과 같이 계산되어진다.

조출생률 = [해당연도(1년간)의 총출생자수 / 해당연도의 연앙(年央)인구] × 1,000
조사망률 = [해당연도(1년간)의 총사망자수 / 해당연도의 연앙(年央)인구] × 1,000

예를 들어서, 우리나라의 1995년 조출생률은 16이었고, 조사망률은 6이었다. 이 경우 자연증가율은 16−6=10이 되는데, 다시 말해서, 인구 1,000명당 10명만큼 1995년 한 해에 인구가 자연증가했음을 보여준다.

인구성장률(The rate of population growth)
상기에서 언급한 자연증가율에서는 인구의 전입과 전출에 의한 사회적 인구 증가는 고려되어 있지 않기 때문에, 인구 이동에 의한 변화까지 포함을 시켜 인구 성장을 측정하고자 할 때에는 인구성장률이 사용되어진다. 다시 말해서, 인구성장률은 주어진 두 시점 사이에 일어나는 일정한 지역의 인구수의 변화를 의미하는데, 보통 백분율 [(변화된 시점 t_2의 인구수−기준 시점 t_1의 인구수/기준 시점 t_1의 인구수)×100]

으로 표시될 수 있다. 그렇지만 단순한 인구성장률은 센서스 시행 간격이 국가나 지역마다 상이할 경우 인구 성장 속도의 비교가 용이치 않기 때문에 연평균 인구성장률을 사용하게 된다. 연평균 인구성장률은 주어진 기간 동안의 인구성장률을 매년 일정한 성장률로 표시하게 되며, 주어진 기간의 연간 인구성장률은 일정한 것으로 간주하는 것이다. 연평균 인구성장률은 다음과 같은 수식에 의해 측정될 수 있으며, 대수를 이용하여 구할 수 있다.

$$P_2/P_1 = (1+r)^n$$

P_1: 기준시점 t_1의 인구수
P_2: 변화된 시점 t_2의 인구수
r: 연평균 인구성장률
n: 두 시점 t_1과 t_2 사이의 기간

배증기간(Doubling time)

인구의 배증기간 또는 배가기간은 인구가 두 배로 증가하는데 걸리는 기간을 뜻하며(해당연도의 인구수/기준연도의 인구수=2), 인구성장률보다 좀 더 현실감 있게 인구변화의 속도를 느끼게 해준다. 인구의 배증기간은 인구가 일정한 연평균 인구증가율로 성장한다는 전제하에서 산출이 된다(산출식은 $rn=log_e2\fallingdotseq0.6931$). 서기 1년에 2.5~3억이었던 인구가 그 두 배인 5~6억으로 성장하는 데는 1400~1500년이 소요되었다. 그러나 1930년에 20억이었던 인구가 두 배인 40억 인구로 된 것은 1976년으로 배증기간은 46년으로 급격히 단축되었으며, 향후 2020년에 80억의 인구가 이 지구상에 존재한다고 가정할 경우 그 배증기간은 44년 정도로 예측되고 있어 세계 인구의 배증기간은 계속 감소하고 있는 추세이다.

3) 세계 및 우리나라의 인구 성장

세계 인구 성장

세계의 인구 성장에 관한 자료는 17~18세기 인구 센서스가 실시되면서 신빙성 있는 자료들이 나오게 되었고, 그 이전 시기는 불충분한 자료나 고고학적인 증거들에 바탕을 두고 추정해 오고 있다. 17세기 중엽까지는 인구가 점진적으로 증가했었으나, 1650년경부터 인구증가 속도가 빨라지기 시작했는데, 이는 산업혁명에 힘입은 인류의 생활 수준 향상, 보건·위생 시설의 개선 및 의학기술의 발전에 의한 사망률 저하에 기인한다고 할 수 있다(<그림 11-1>). 1650년경 전세계 인구는 약 5억

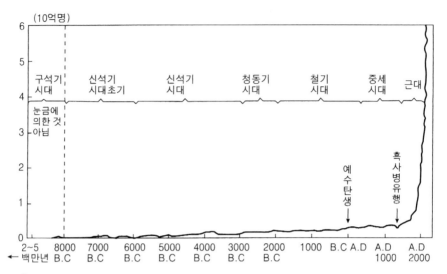

자료: Plane and Rogerson, 1994, p.4

<그림 11-1> 세계 인구의 성장곡선

5,000만 명이었으나, 1820년에는 10억 인구가 되었고, 1930년경에는 20억이 되었으며, 1976년에는 40억, 1987년에 50억, 그리고 1999년에는 60억 명을 넘어서면서 세계 인구는 급격히 증가하고 있다. 특히 제2차 세계대전 이후 2~3% 이상의 자연증가율을 보이는 아시아, 아프리카, 중남미 개발도상국들의 인구 성장이 매우 급속하게 이루어지고 있다.

우리나라의 인구 성장

우리나라의 인구 성장 시기는 역사적 시기와 더불어 5단계로 구분해 볼 수 있겠는데, 첫번째 시기는 높은 출생률과 높은 사망률로 인해 인구 성장이 크지 않았던 전통적인 인구 성장기(1910년 이전 시기)라고 할 수 있겠다. 두번째 시기는 일제시대였던 1910년~1945년에 걸친 기간으로 방역의 실시와 종두접종 실시 등 보건·의료 서비스가 보급되면서 사망률이 저하된데 기인하여 인구가 증가하기 시작한 시기였다. 세번째 시기는 1945년부터 1960년까지 해방과 6·25전쟁 등에 의해 사회적으로 매우 혼란스러웠던 시기였으며, 해방 후 귀환동포 및 월남민에 의한 사회적 인구의 증가가 있었던 반면, 6·25전쟁으로 약 165만 명의 사망자가 발생하기도 했다.(1950년~1953년). 그러나 1953년 휴전 후 안정된 생활을 하게 되면서 출생률이 급증하여 인구가 폭발적으로 증가하는 'baby boom'시기가 도래하였다. 이 시기의 인구급증은 높아진 출생률뿐만 아니라 전후 항생물질 보급과 의학의 발달에 의한 낮은 사망률이 큰 요인으로 작용하였다. 그 다음은 1960년부터 1985년까지의 기간으로 1962년 시작된 경제개발 5개년계획과 더불어 본격적인 도시화, 산업화 및 가족계획사업의 추진으로 사망률에 이어 출산율이 저하되기 시작하면서 인구 성장이 둔화되기 시작한 시기였다. 이 시기에는 경제 발전에 힘입은 도시화, 산업화로 인해 야기된 농촌인구의 도시 유입 현상이 뚜렷이 나타나기 시작했다. 우리나라 인구 성장의 마지막 시기는 1985년 이후의 시기로서 여성들의 교육 수준 및 지위 향상과 높아진 사회 참여율로 출산율이 저하되고, 의료보험제도의 확대 실시로 사망률 또한 저하되면서 인구 성장이 둔화되는 안정기로 접어든 시기라고 하겠다. 특히, 1990년대에 접어들면서 서울시는 인구 센서스 실시 이후 처음으로 인구 감소 현상을 보이게 되었는데, 이는 서울 주변 도시로의 인구 분산화에 힘입은 결과라고 할 수 있겠다.

4) 인구 성장 이론

맬더스(Malthus)의 인구론

맬더스의 인구론에 의하면 「식량은 산술급수적으로 증가하나 인구는 기하급수적으로 증가한다」는 인구 법칙에 의해서 식량에 대한 과잉인구 현상은 필연적으로 도래하게 되며, 이런 것이 사회악의 근원이 된다고 하였다. 맬더스는 이러한 식량과 인구의 증가 속도 차이에서 비롯되는 인구 문제를 극복할 수 있는 방법으로 '죄악과 궁핍'(질병, 기근, 전쟁 등)에 의한 적극적인 인구 억제 방법과 인간의 도덕적 억제에 의한 예방적 억제 방법을 제안했다. 맬더스는 예방적 억제 방법을 실현하기 위해서 일부일처제를 준수하고 도덕적인 금욕을 할 것을 주장했으나, 인공적인 피임법 등은 거부했다. 이와 같이 맬더스가 근대적인 의미에서의 본격적인 인구론을 펼쳤지만, 맬더스의 인구론은 몇 가지 문제점을 지닌다. 첫째, 맬더스가 말한 것처럼 인구는 기하급수적으로, 그리고 식량은 산술급수적으로만 증가하는 것은 아니다. 다시 말해서 과학 기술의 발달에 따른 식량 생산 증대는 고려되지 않았다. 둘째, 맬더스가 강조한 도덕적 억제 방법에 의한 인구 억제는 실제적으로는 실천되기가 힘들다. 셋째, 맬더스는 피임방법이 효과적인 인구 억제 수단임을 깨닫지 못했다. 넷째, 맬더스는 인간 생존에 필요한 것으로 식량만을 고려했으나, 실제로는 의류나 주택도 인간에게 필수적인 요소들이다.

맑스(Marx)의 인구론

맑스에 따르면 자본주의체제하에서 자본주들은 최대이윤을 얻으려고 최저수준의 임금만을 지불하려 하는데, 이러한 최저임금은 과잉인구가 있어야 가능하다는 것이다. 다시 말해서 자본주의 경제하에서는 노동자들의 저임금은 자본축적을 가능하게 하고 자본가는 기계화를 추진하여 노동·생산성이 향상되면서 과잉노동인구가 발생하게 된다는 것이다. 반면, 사회주의체제에서는 완전고용 실현으로 과잉인구가 없다고 한다. 즉, 맑스는 인구 문제는 사회·경제 체제와 관련된 자원 배분상의 문제로 발생한다고 보았다. 그러나 맑스의 인구론 또한 문제점을 가지는데, 첫째, 맑스 이론은 맬더스의 인구론을 근본적으로 비판하지 못했다. 맬더스가 주장했던 인구와 식량 증가의 차이에서 야기되는 문제는 어느 시대, 어느 사회에서도 존재해 왔으며, 중국과 같은 사회주의국가도 인구억제정책을 시행하고 있다. 둘째, 맑스가 자본축적에 의해 기계화가 도입되어 결국 잉여인구가 창출된다고 했으나, 서구 선진자본주의국가에서는 기계화 및 기술 혁신을 통해 생산 능력이 향상됨으로써 오히려 고용창출효과를 낳았었다. 셋째, 맑스가 언급한 자본주의체제하에서의 잉여인구 현상은 선진자본주의국가보다는 사회주의국가에서 더 많이 나타나고 있다. 예를 들면, 중국의 인구억제정책에서 그러한 점을 엿볼 수 있다.

인구변천 이론

이 인구 이론은 서구 사회의 과거 경험을 토대로 한 것으로, 간단히 설명하면, '높은 출생률 - 높은 사망률' 단계에서 '낮은 출생률 - 낮은 사망률'로 인구구조가 변해 가는 것을 말한다. 이 인구변천 이론은 4단계로 나누어 볼 수 있는데, 제1단계는 '고출생률 - 고사망률'을 특징으로 산업혁명 이전의 인구 성장이 크지 않은 시기를 가리킨다. 아시아, 아프리카 또는 중남미 지역의 원주민들이 이 시기에 머무르고 있다. 제2단계는 출생률은 계속 높지만 위생시설 및 보건서비스의 향상, 의학의 발달 등으로 사망률이 감소하게 되면서 인구가 급격히 증가하는 시기이다. 산업혁명 초기 단계에서 나타났으며, 많은 개발도상국가들이 현재 이 단계를 경험하고 있다. 제3단계는 사망률뿐만 아니라 출생률도 감소되면서 인구 증가가 완화되는 시기이다. 출생률 감소는 산업화, 도시화에 따른 가치관의 변화와 가족계획사업의 실시 등에 기인한다. 산업화가 진전된 개발도상국들이 이 단계에 포함된다. 제4단계는 낮은 출생률과 낮은 사망률을 보이며, 출생률과 사망률이 거의 비슷한 비율을 보이면서 인구 성장은 안정기에 접어든다. 대부분의 서구 선진국들과 일본이 이에 해당된다(<그림 11-2>). 즉, 인구변천 이론에 의하면 경제 발전과 인구 성장은 매우 밀접한 관계가 있

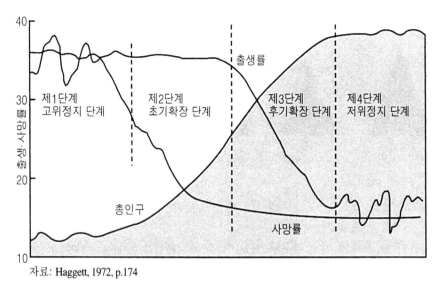

자료: Haggett, 1972, p.174

<그림 11-2> 인구변천 모델

는 것으로 나타난다. 그런데 인구변천이론에서는 사망률의 감소가 우선하고 출생률
감소가 뒤따른다고 했으나, 유럽의 일부 국가에서는 출생률이 사망률보다 먼저 감소
하기도 했으며, 무엇보다도 근대화 역사가 짧은 개발도상국에도 이 이론이 적합한
지는 향후 좀더 주시해야 할 것이다.

4. 인구 구성

1) 인구학적 구성

(1) 성별/연령별 구성

성별 인구 구성은 보통 성비로 나타내 볼 수 있는데, 성비(Sex ratio)=남성수/여성
수×100으로 계산된다. 다시 말해서, 여성 100명당 남성의 수를 말하며 100이 넘으
면 남성초과, 100보다 작으면 여성초과라고 할 수 있다. 우리나라는 성비가
111.7(1996년 현재)로 매우 높은 편이데, 특히 경상도 지역은 116을 넘어서고 있다.
또한, 많은 선진국에서 남성 사망률이 여성 사망률보다 높아 노령인구에서는 여초
현상을 보이는 것이 특색이다.

연령별 인구 구성은 출생률이나 사망률, 그리고 혼인률 등과 직접적으로 연관되기

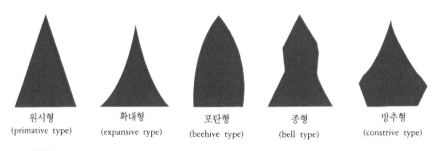

원시형 (primative type)	화대형 (expansive type)	포탄형 (beehive type)	종형 (bell type)	방추형 (constrive type)

자료: 國勢社, 1996, p.87.

<그림 11-3> 인구 피라미드

때문에 인구분석에서 매우 중요한 자료이다. 높은 출생률을 보이는 지역은 연소(年少) 구조를 보이나, 낮은 출생률을 나타내는 지역은 연로(年老) 구조를 보인다. 특히, 산업화, 도시화의 진전과 더불어 연령 선택적으로 인구이동이 일어나면서 연령 구조가 지역적으로 큰 격차를 보이고 있어 지역의 경제발전 및 자녀 출산에 영향을 미치고 있다.

(2) 인구 피라미드

인구 피라미드는 성/연령 구조를 그래프로 표시하여 시각적 효과를 줌으로써 이해도를 높여준다. 보통 5세 연령 간격으로 인구수 또는 전체 인구에 대한 점유 비율을 표시해 준다.

인구 피라미드는 5가지 유형으로 나누어 볼 수 있겠는데(<그림 11-3>), 원시형 피라미드는 높은 출생률과 높은 사망률이 특징으로 산업화 진전이 안된 개발도상국가에서 나타난다. 확대형 인구 피라미드는 높은 출생률과 경제발전에 따른 위생시설 개선 및 의료서비스의 보급으로 유·소년층의 사망률이 감소하면서 밑면이 넓어지게 된다. 이는 아시아, 아프리카, 중남미의 많은 개발도상국가들이 경험하고 있는 유형이다. 다음으로 낮은 출생률과 낮은 사망률에 의해 비교적 안정된 인구 구조를 보이는 포탄형 피라미드가 있으며, 이는 서구 선진국가들이 1930년대 이후 보이고 있는 인구구성이다. 종형 인구 피라미드의 경우는 제2차 세계대전이 끝나면서 서부유럽국가들에서 출생률이 다시 높아지면서 인구 증가를 보였던 유형이다. 마지막으로 방추형 피라미드는 출생률이 더 낮아지게 되면서 인구 증가가 정체되거나 둔화되는 경우로 1970년대 이후 일부 선진국가들, 특히 서부유럽에서 많이 나타나고 있는 유형이다.

우리나라는 1960년까지는 높은 출생률과 높은 사망률을 보이는 원시형 피라미드에 근접했었으나, 가족계획사업의 확대 실시로 점차 방추형으로 옮아가고 있다. 인구 피라미드는 연령층별 분포상태를 잘 나타내 줌으로써 미래에 발생할 수 있는 사회·경제적 문제를 파악하는데 도움이 된다.

(3) 노령화 지수

인구의 연령 구조에서 노령화 정도를 알아볼 수 있는 하나의 지표로 사용될 수 있는 것이 노령화 지수인데, 노령화지수는 0~14세 유년층 인구에 대한 65세 이상 노년층 인구의 비를 말하며(노령화지수=$(P_{65}+/P_{0-14})\times100$), 대체적으로 선진국에서는 노령화 지수가 높은 편이고, 개발도상국은 낮은 편이다. 따라서 선진국가들은 인구의 노령화에 따른 노인층을 위한 복지정책에 관심이 쏟아지고 있다. 우리나라도 1960년에 7.7이었던 노령화지수가 1985년에 14.5, 그리고 1995년에는 25.2로 지속적으로 상승하고 있는데, 이는 경제 발전에 따른 보건·위생 시설의 향상 및 영양 상태의 개선으로 인한 평균수명 연장에 기인한다.

2) 경제학적 구성

(1) 부양 인구비

부양 인구비는 연령층을 3구분하여 통상 15~64세의 생산연령층에 대한 다른 2개의 연령층의 비를 말한다. 즉, 다음과 같은 공식에 의해 부양 인구비는 구해질 수 있다.

$$\text{부양 인구비} = P_{0-14}(15세 미만 인구) + P_{65} + (65세 이상 인구) / P_{15-64}(15~64세 인구) \times 100$$

부양 인구비는 출생률이 높은 후진국의 경우 높게 나타나는 경향이 있다. 우리나라는 1960년에 86.0의 부양 인구비를 보이다가 1975년에 71.1을 거쳐, 1995년 40.6으로 계속 감소 추세에 있다.

(2) 경제활동 인구비

경제활동 인구비는 15~64세 인구 중에서 실제로 생산활동에 종사하는 인구(일시적 실업의 경우는 포함)의 비율을 말하는데, 통상 선진국에서 경제활동 인구비가 개발도상국에서보다 높게 나타나고 있다. 특히, 경제활동 인구비는 여성들의 경제활동 참여율과 밀접한 관련이 있는 것으로 보인다. 우리나라는 1960년대에는 약 55% 정도의 경제활동 인구비를 보였고, 1970년대에 60% 정도로 상승했다가 1980년대에는 국제적인 불경기의 영향 등으로 약 56~58%로 약간 낮아졌다가 1990년대에는 다시 60%를 넘어서고 있는데, 경제활동인구비는 IMF 위기를 경험한 후에도 거의 변화가 없는 것으로 나타나고 있다.

(3) 실업률

실업률은 15~64세의 생산활동인구 중에서 경제활동에 종사하기를 원하고 능력도 있지만 취업기회를 얻지 못한 인구의 비율을 말한다. 대체적으로 선진국의 실업률이 개발도상국보다 낮은 편이다. 실업률은 노동력 접근법과 통상활동 접근법으로 구할 수 있는데, 우리나라에서 1960년 센서스부터 사용하고 있는 노동력 접근법은 조사 시점 전 1~2달간의 노동시간을 기준으로 실업을 결정하고 있는데, 대체로 선진국에서 사용하는 방법이다.

또 다른 방법인 통상활동 접근법은 우리나라에서는 1955년까지 사용했던 방법으로, 통상적인 활동이 생계유지를 해 줄 경우 취업으로 간주를 하고 있어 농업 종사자들의 경우 농한기도 취업으로 간주되기 때문에, 이 방법은 전통사회에 보다 적합한 방법이라 할 수 있다.

우리나라의 실업률은 1963년 8.2%에서 1970년대 5% 미만, 1980년대 약 3~4%로 낮아졌었으며, 1990년대 전반기(1990~1996년)에는 2.0~2.4%를 보여 계속 감소 추세를 보였으나, IMF 위기 이후, 즉 1997년 말 3.1%를 보이며 증가하기 시작하여 1999년 2월 8.6%로 최고 실업률을 정점으로 점차 감소하기 시작하여, 1999년 말에는 4%를 상회하는 수준을 보이고 있다.

지금까지 상기에서 언급한 인구의 인구학적, 경제학적 구성 이외에도 혼인상태, 가구 특성, 교육수준, 종교 등 사회학적 특성에 따라 인구구성을 구분해 볼 수도 있다.

5. 출산력

1) 출산력 측정

출산력(Fertility)은 다양한 방법에 의해 산출될 수 있으며, 여기서는 기본적인 측정법 몇 가지만 소개하고자 한다. 우선 가장 간단한 측정 방법인 조출생률(Crude birth rate)은 다음과 같이 계산한다.

조출생률 = [(주어진 기간(1년간) 총출생수 / 주어진 기간 연앙(年央)인구] × 1,000

그렇지만, 조출생률은 계산시 남성과 가임 연령이 아닌 여성도 포함되어 있기 때문에 가임 연령 여성 인구의 비율이 서로 다른 국가나 지역의 출산력을 비교하는 데는 부적합하다. 이러한 점을 보완한 측정법이 일반출산율(General fertility rate)인데, 일반출산율은 다음과 같이 구할 수 있다.

일반출산율 = [1년 중 발생한 총출생수 / 가임 연령층(15~49세 또는 44세) 여성 연앙
(年央) 인구] × 1,000

그런데 실제적으로 출산율은 여성 연령에 따라서 상이하게 나타나고 있으며, 일반출산율은 이러한 상이한 연령별 출산율을 고려하지 못하고 있기 때문에 이러한 점을 감안한 출산율이 필요하다. 이 점을 보완한 것이 연령별로 출산율을 산출한, 즉 표준화된 출산율이라고 할 수 있다. 그 출산율은 다음과 같이 구해질 수 있다.

연령별 출산율 = [i세 연령의 가임 여성이 1년 중 발생시킨 총출생수 / i세 연령층 가임
여성 연앙(年央)인구] × 1,000

또한, 이 연령별 출산율(Age-specific birth rate)을 합계하면, 즉 가임 여성의 15세부터 49세까지의 연령별 출산율을 합계하게 되면 합계출산율(Total fertility rate)이 된다.

2) 출산력에 영향을 미치는 요인

(1) 생물학적 요인

생물학적 요인은 출산력에 영향을 주는 기본적인 것으로, 남녀의 건강 상태 및 연령 등과 관계된다. 특히, 개인의 건강 상태가 출산력에 가장 직접적인 영향을 끼칠 수 있는데, 질병이 있을 경우 출산력 자체뿐만 아니라 태아의 건강에도 영향을 미칠 수 있다. 그렇지만, 최근 들어 출산력은 생물학적인 요인보다는 사회·경제적인 요인의 영향을 훨씬 많이 받는 것으로 보여진다.

(2) 사회적 요인

우선적으로 들 수 있는 사회적 요인은 가족규모(가족수)와 관련되는데, 전통 농경 사회에서는 가족수가 많은 것은 농사를 짓는데 필요한 노동력을 많이 확보하는 것을 의미했었다. 그러나 도시화·산업화된 사회에서는 가족수의 증대는 곧 부양해야 할 사람수가 증가하는 것을 의미하기 때문에 자녀 출산을 적게 하는 것을 선호하게 된다. 한편, 유교문화권에 속하는 우리나라 또는 중국은 남아가 가계를 계승하는 것을 대단히 중요한 것으로 생각하고 있기 때문에 이러한 가치관이 출산력에 지대한 영향을 미친다.

또한, 결혼이 출산력과 관계가 깊은데, 혼전 출산을 금기시하는 사회가 많으므로 대부분의 출산은 결혼 후에 이루어지게 된다. 특히 여성의 초혼 연령이 출산력에 많은 영향을 미치게 되는데, 결혼 연령이 낮을수록 출산력은 높아지는 경향이 있다. 그러나 무엇보다도 출산력에 매우 큰 영향을 끼치는 것은 피임과 임신중절 등의 인위적인 행위들이다.

(3) 경제적 요인

경제학자들은 주로 비용 - 편익 분석(Cost-benefit analysis)에 근거를 두고 출산력과 경제적 요인과의 상관성을 분석했는데, 자녀 출산에 대한 경제적 가치의 증대 또는 감소에 따라서 출산력이 달라지게 된다. 다시 말해서, 자녀로 인해 투입되는 비용이 자녀로부터 얻을 수 있는 이익보다 클 경우는 출산력은 증대될 것이고, 그 반대의 경우 출산력은 감소될 것이다. 특히 여성의 사회참여가 많아지면서 기회비용과 자녀 출산과는 긴밀한 관계를 가지게 되었다.

3) 출산력의 공간적 분포

1995년 현재 전세계의 조출생률은 25‰인데, 선진국은 12‰, 개발도상국은 28‰를 나타내고 있어 현저한 차이를 보이고 있다. 특히 아프리카는 42‰로서 유럽의 12‰와 큰 격차를 보이고 있다. 우리나라는 1995년 현재 15.8‰의 출생률을 나타낸다. 그렇다면 이처럼 출산력이 상이한 공간적 분포를 보이게 되는 요인들을 살펴보기로 하자.

우선 거주하는 지역에 따라서 출산력은 달라지게 된다. 다시 말해서 도시 지역의 경우 농촌 지역에 비해 출산율이 낮게 나타나고 있으며, 이러한 거주 지역에 따른 출산력의 차이는 교육 수준, 경제적 수준, 결혼 연령, 인공피임 등과도 관련이 있는 것으로 보여진다. 우리나라는 1991년 현재 도시 지역은 1.5‰, 농촌 지역은 1.9‰의 출산율을 보이고 있다.

또한 직업이나 소득 수준에 따라서도 출산율의 차이가 많이 나타나는데, 1·2차 산업 종사자들이 타산업 종사자에 비해 출산율이 높은 편이며, 대체로 소득 수준이 낮을수록 높은 출산율을 보인다. 교육 수준 또한 출산율과 관련성이 높게 나타나는데, 특히 남편보다는 부인의 교육 수준이 출산율에 더 많은 영향을 미친다. 혼인 연령과 출산율의 관계는 초혼 연령이 낮은 지역이 출산율이 높다.

종교 또한 출산력과 관계가 있는데, 예를 들어서 카톨릭교는 산아 제한을 금지하기 때문에 카톨릭 교도는 기독교인들에 비해 출산율이 높은 편이다. 한편 인종에 따라서도 출산율은 다른 경향을 보이는데, 대체로 흑인은 백인보다 출산율이 높다. 이러한 인종적 차이는 직업이나 소득, 교육 수준 등과도 연관이 된다고 보여진다.

6. 사망력

1) 사망력 측정

출산력과 마찬가지로 사망력(Mortality)을 측정하는 방법도 다양한데, 우선 가장 간단히 계산할 수 있는 조사망률(Crude death rate)이 있으며, 이는 다음과 같이 구해질 수 있다.

조사망률 = [주어진 기간(1년간) 발생한 사망자수 / 주어진 기간의 연앙(年央) 인구] × 1,000

그런데 조사망률에 의해 계산했을 경우 만약 노년층 인구가 많은 지역은 질병이나 자연적인 사망이 많이 발생하게 될 것이다. 그래서 각 지역별로 연령을 보정하여 사망률을 나타내어 보다 정확하게 측정하는 방법이 연령층별 사망률(Age-specific death rate)이다. 연령층별 사망률은 다음과 같이 계산될 수 있다.

연령별 사망률 = [i세 인구가 발생시킨 총사망자수 / i세 연령층 연앙(年央) 인구] × 1,000

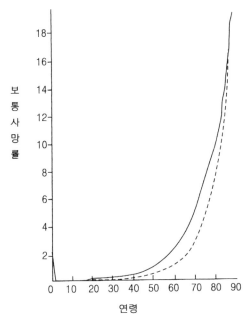

자료: US. Department of Health, *Education and Welfare*, 1973, p.9

<그림 11-4> 미국의 성별, 연령별 사망률 추이(1973)

이 연령층별 사망률을 그래프화하면 대체로 J자형 곡선을 나타낸다(<그림 11-4>). 다시 말해서 사망률은 1세 미만의 영아사망률은 높은 경향을 보이다가 아동기에는 매우 낮게 나타나고, 연령이 증가하면서 사망률 또한 증가하게 되며, 모든 연령층에서 여성의 사망률이 남성의 사망률에 비해 낮게 나타난다. 특히 1세 미만의 영아사망률은 국가의 경제 발전 수준과 밀접한 관련성을 보인다. 즉, 국민 소득이 높은 국가일수록 영아사망률은 낮고, 국민 소득이 낮은 국가는 영아사망률이 높은데, 이는 의료 시설, 의학 발달 수준뿐만 아니라 부모들의 가치관 및 교육 수준과 긴밀한 관계가 있는 것으로 보여진다.

한편, 특정 인구의 생존과 사망 확률을 계산하여 표로 만들어 놓은 생명표(Life tables) 방법이 있는데, 이 방법은 주로 보험회사나 연금관리공단에서 사용하며, 이외에도 환자 수술 후의 생존율 계산 등에도 사용된다. 또한 이 생명표에 근거해서 만들어지는 생존곡선(또는 사망곡선)은 생존율이나 사망률을 생명표로 파악하는 것보다 훨씬 쉽게 이해할 수 있게 해 주는 장점이 있다(<그림 11-5>).[1]

---

1) 자세한 것은 Brown and Beck, 1994; Christensen, 1987; D'Eredita et al., 1996; Parmar and Machin, 1995; Shott, 1991; Streiner, 1995; Kim, Yo-Eun, 1999를 참조.

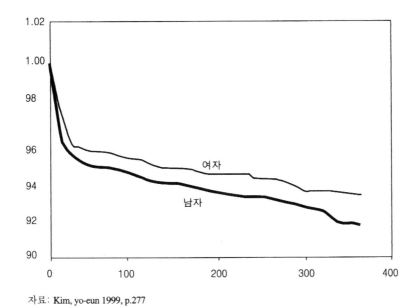

자료: Kim, yo-eun 1999, p.277

<그림 11-5> 생명표를 이용한 대장암 수술 환자의 남녀 생존율 곡선

2) 사망 원인

전세계적으로 사망 원인을 살펴보면, 선진국과 개발도상국 간에 상이한 양상을 보이고 있다. 다시 말해서 선진국가들은 순환계 및 퇴행성 질환이 사망원인의 50% 이상을 차지하고, 다음으로 각종 암이 사망의 주요 요인으로 나타나고, AIDS를 제외한 전염성 질환은 더 이상 주요 사망 원인이 아니다. 반면에 개발도상국가들은 전염성 질환이나 기생충 등에 의한 원인으로 사망하는 경우가 전체 사망 원인의 약 40% 정도를 차지하여 가장 높은 원인을 보이고 있으나, 순환계 또는 퇴행성 질환은 20% 미만이고, 암의 경우는 6% 정도로 매우 낮은 사망 원인을 보인다(Cliff and Haggett, 1988).

우리나라의 경우 1994년 현재 각종 암, 뇌혈관 질환, 사고, 심장 질환과 간염 및 간경화증 등이 주요 사망 원인을 차지하고 있어서(<표 11-1>), 선진국의 사망 원인에 근접한 경향을 보이고 있다. 특히 최근 들어 탄수화물 위주의 전통적 식습관에서 육류 및 지방질 섭취가 많아지는 서구식 식습관으로의 전환과 더불어 현재까지 각종 암 사망률 중 1위를 보이고 있는 위암으로 인한 사망자수는 감소하는 반면, 대장암 및 유방암으로 인한 사망은 증가하고 있는 추세이다.

<표 11-1> 우리나라의 성별 사망 원인(1994)

순위(전체)	원인	순위(남성)	순위(여성)
1	각종 암	1	2
2	뇌혈관 질환	3	1
3	사고	2	4
4	심장 질환	4	3
5	간염/간경화증	5	5

자료: 통계청, 1995.

3) 사망력의 공간적 분포

일반적으로 인구가 노령화된 경향을 띠거나 경제 수준이 낮은 사회는 사망률이 높게 나타난다. 예를 들어서 스웨덴, 영국, 독일과 아프리카의 개발도상국가들은 높은 사망률을 보인다. 우리나라는 1995년 현재 전국 5.4‰의 사망률을 보이는데, 서울이 3.70‰로 가장 사망률이 낮고, 전라남도가 9.62‰로 가장 사망률이 높은 것으로 나타났다. 그렇다면 이처럼 사망력이 지역에 따라서 그 분포가 달라지게 되는 요인들은 무엇인지 살펴보기로 하자.

우선 연령이 높을수록 사망력은 높아지며, 모든 연령층에서 남성이 여성보다 높은 사망률을 보인다. 거주지역에 따라서도 사망률의 차이가 나타나는데, 특히 개발도상국들의 경우는 도시지역이 농촌지역보다 사망률이 낮다. 이렇게 도시지역의 사망률이 낮은 것은 도시지역은 생활 수준이 높아서 보다 위생적인 주변 환경 및 양호한 영양상태를 유지하고 있으며, 농촌지역보다 상대적으로 의료 시설의 질적·양적 서비스가 충분히 공급되고 있기 때문이다.

다시 말해서 이 거주지역간 사망력의 차이는 근본적으로 사회·경제적 수준의 격차에 기인한다고 볼 수 있다. 또한 전문직이나 기술직 또는 행정·관리직 종사자의 사망률은 낮게 나타나지만 1차 산업 종사자의 사망률은 높은 편이어서 직업에 따른 사망률의 차이도 크다는 것을 알 수 있다. 그리고 고소득 계층은 사망률이 낮고, 저소득 계층은 사망률이 높으며, 교육 수준이 높을수록 사망률이 낮은데, 이것은 건강 및 영양섭취에 대한 관심 및 의료시설 이용과 밀접한 관련이 있는 것으로 보여진다. 혼인 상태에 따라서도 사망률은 달라질 수 있는데, 대체로 기혼인 사람은 이혼한 사람이나 독신인 경우보다 사망률이 낮았다. 그렇지만 사망률이 아닌 정신적 스트레스의 경우 남성은 기혼자가 독신자보다 훨씬 유리한 측면이 있으나, 여성은 독신자가 오히려 기혼자보다 스트레스를 덜 받는 것으로 나타나 매우 흥미롭다.

또한 많은 질병의 원인으로 여겨지고 있는 흡연도 사망률에 큰 영향을 미치고, 인종도 사망력과 관계가 되는데, 예를 들어서 흑인의 사망률은 백인보다 높은 것으로 나타나고 있다. 이 인종간 격차는 물론 사회·경제적인 요인과도 결부된다.

4) 보건지리학

상기에서 언급된 인구의 사망력과 밀접한 관련성을 맺고 있는 지리학 분야로 보건지리학(Medical geography 또는 the Geography of health)을 꼽을 수 있겠다. 보건지리학은 우리나라에서는 매우 생소한 분야이지만, 21세기 복지국가를 실현시키는 데에 적지 않은 공헌을 할 수 있는 지리학의 한 분야라고 할 수 있을 것이다. 특히, 최근 GIS(지리정보체계)의 보급과 더불어 보건지리학의 응용 범위는 더욱 커지고 있다고 할 수 있다.

그렇다면 보건지리학을 정의하기에 앞서 보건지리학의 주 연구대상이 되는 '건강'과 '질병'의 개념부터 살펴보기로 하겠다. '건강(Health)'이라고 하는 것은 WHO(세계보건기구)의 정의에 의하면 육체적인 건강뿐만 아니라 정신적·사회적으로 건강한 상태를 의미하기 때문에, '건강하다'는 것은 단순히 질병이나 신체적 장애가 없는 것만을 뜻하는 것은 아니다. 반면, '질병(Disease)'은 스트레스 또는 인간에게 이롭지 못한 물리적·생물학적·사회적 환경에 대한 인간의 반응(반작용)을 일컫는다. 보건지리학은 이러한 인간의 '건강'이나 '질병'에 대해 관심을 두고 연구하는 지리학의 한 연구 분야이다. 보건지리학의 전통적인 연구 영역은 지리적인 관점에서 의학, 즉 인간의 질병이나 건강 상태를 연구하는 것으로 주로 질병의 공간적(지역적) 분포를 살펴보고, 지역 차의 원인을 파악하는데 주안점을 둔다.

이러한 관점에서 하우(Howe, 1997)는 보건지리학을 다음과 같이 정의한다. "보건지리학은 질병의 공간 분포와 그 원인 규명에 관한 연구"라고 하면서 질병의 지역적 분포와 지리적 관점에서 바라보는 환경과 건강(또는 질병)과의 관계를 강조했다. 그러나 이러한 전통적인 보건지리학과 더불어 최근 들어 그 중요성이 더욱 부각되고 있는 보건지리학의 또 다른 연구 영역이 있다. 그것은 '의료 서비스의 지리학'이라고 할 수 있는 것으로 특히 의료 시설 이용 및 의료 서비스 수혜에 있어서의 사회·경제적 또는 지역적 불평등과 매우 밀접한 연관성을 갖는다.

상기에서 언급한 전통적 보건지리학, 다시 말해서 질병의 공간분포에 관한 연구를 하는 연구 영역은 사회적 또는 환경적인 '위험 요인'의 견지에서 질병의 발병률 또는 사망률 등을 설명해 보이는 것으로, 질병의 분포와 그 원인을 밝혀 보는 역학

(Epidemiology)과 유관된다. 역학은 처음에는 특정 지방에서 갑작스레 발병하는 질병에 대한 연구에서 시작되었으나, 지금은 모든 질병, 모든 인구 집단에 대한 연구를 포함한다. 그렇지만 선진국에서는 주로 심장병이나 암 등 만성질환에 대한 연구를 주로 하고 있으며, 개발도상국에서는 전염성 질환에 대한 연구를 많이 하고 있다(상기에서 언급된 주요 사망원인과 관련된다). 역학은 크게 세 분야로 나누어 볼 수 있겠는데, 지리적 역학, 공간적 역학, 그리고 환경적 역학으로 세분된다. '지리적 역학'은 질병의 발병률 또는 사망률 등의 지리적 패턴을 기술하는 것으로 연령, 성별, 인종 같은 인구학적 특성 및 장소와 시간의 관점에서 질병의 발생을 보는 것을 말하며, '공간적 역학'은 질병의 인과 관계 및 예방에 대한 연구를 하는 것으로 통계 및 수학적 모델링 등 다양한 분석방법을 사용하여 연구하는 것이다. 특히, 질병의 원인을 밝히는 데(병원학; Aetiology)에 주안점을 두고 연구한다. 다음 '환경적 역학'은 물리적·생물학적·화학적인 환경요인들이 인간의 건강(질병)에 미치는 영향을 다루는 분야, 즉 인간 질병의 분포 및 원인에 영향을 끼치는 환경적 요인을 연구하는 분야이다.

한편, 서구 선진국에서 1990년대에 부각되기 시작한 '의료 서비스' 관련 보건지리학 분야는 의료 서비스의 이용 현황, 의료 시설물의 분포 및 이용시의 접근성 등을 모두 다루는 연구 분야로서 사회학이나 경제학 등으로부터 이론적인 개념을 원용하고 있으며, 특히 사회·경제적 계층간 또는 지역간 '형평성'이 가장 중요시되고 있다. 또한 이 분야는 인간의 건강 및 복지와 긴밀히 연관되기 때문에 보건정책과 직접적으로 연결될 수 있어 그 중요성이 더욱 크다고 할 수 있겠다.

이 '의료 서비스의 지리학'에서 중요시 여기는 개념 두 가지를 간략히 살펴보면, 그 중 하나는 임신시 태아의 영양섭취와 관련이 있는 '초기(태아) 환경(Early Environment)'의 중요성이고, 다른 하나는 실제 의료 수요에 대비한 의료 서비스 혜택의 불균형 실태(Inverse care law)를 고발하는, 다시 말해서 의료 서비스 수혜시의 사회·경제적 불평등의 심각성이다.

전자는 Barker(Barker et al., 1993, 1991, 1989a, 1989b)에 의해 제기되었으며, 태아가 경험하는 초기 환경이 아동기뿐만 아니라 성인 시기의 건강 상태에도 지속적으로 영향을 미치게 된다는 것으로, 어머니가 임신했을 때 영양상태가 좋지 않으면 영아 시기에 체중이 적거나 키가 작을 뿐만 아니라 성인이 되었을 때에도 비정상적인 성장이 나타나며, 심혈관계 질환 또는 당뇨병에 걸릴 확률이 높아진다는 것이다. 이와 같은 현상은 태아가 영양 부족 상태를 극복하고 생존하기 위해서 호르몬 분비의 변화 등을 통해 적응을 하게 되고, 그 결과 태아의 각종 기관과 조직 형성에 부정적인 영향을 미치게 되어 결국 성인이 되어서도 건강하지 못하게 된다는 것이다. 그러나 무엇보다도 태아의 초기 환경은 부모의 사회·경제적 수준과 매우 관련이 깊다는 점을 주시해야 할 것이다.

후자는 1971년 하트(Hart, 1971)에 의해 폭로된 것으로 가장 질병이 만연한 지역, 즉 의료 서비스 혜택을 받고자 하는 수요가 가장 많은 곳에 실제로는 오히려 매우 형편없는 의료 서비스만이 주어진다는 것이다. 이것 또한 사회·경제적으로 불우한 계층에 대한 의료 서비스의 질적·양적 측면에서의 불이익을 의미한다.

이와 같은 의료 분야에서의 계층간 불평등 문제를 접하게 될 때 무엇보다도 우리가 가장 염두에 두어야 할 것은, 의료 서비스 영역에 존재하는 계층간 불균형은 정책적 차원에서 반드시 고려되어 21세기 인간의 '질적인 삶'이 중요시되는 사회에서 우리 모두가 건강하고 행복한 삶을 향유할 수 있도록 해야 한다는 것이며, 보건지리학 연구는 이에 큰 기여를 할 수 있을 것이다. 특히 최근 IMF 위기를 경험하면서 노숙자 및 실업자들의 육체적 질병뿐만 아니라 정신적 고통을 감소시켜 줄 수 있는 고용정책과 결부된 보건정책 마련 또한 시급한 당면과제라고 할 수 있을 것이다.

7. 나오는 글

지금까지 다양한 인구 현상들을 공간적인 측면에서 고찰해 봄으로써 전세계적인 차원에서의 인구 현상 및 그 특성뿐만 아니라 우리나라의 인구 현상 및 그것에서 비롯되는 인구 문제들을 살펴볼 수 있었다. 그런데 무엇보다도 인구지리학의 가장 중요한 임무는 우리 사회가 안고 있는 다양한 인구 문제들을 해결하여 국민들의 삶의 질을 직접적으로 향상시킬 수 있는 바람직한 인구정책을 모색해 봄으로써 합리적인 인구정책 마련에 공헌하는 일일 것이다.

그래서 여기에서는 현재 우리나라가 당면하고 있는 주요 인구 문제들을 짚어보고, 향후 우리나라 인구정책이 나아가야 할 방향을 제시해 보고자 한다. 다만 인구지리학의 연구 영역 중의 하나인 인구 이동 또한 매우 중요한 연구 분야이며, 우리나라의 인구 이동에서 매우 커다란 문제로 대두되고 있는 것이 산업화·도시화의 진전과 더불어 농촌을 떠나 도시로 향하는 인구의 도시집중화 현상이라고 할 수 있겠으나, 이러한 도시화 현상에 대해서는 이 책의 다른 장에서 언급되어질 것이므로 여기서는 생략하였다.

그렇지만 이러한 농촌에서 도시로의 인구 이동은 농촌의 발전잠재력을 상실시켜서 결국 지역격차를 더욱 심화시킨다는 점에서 매우 중요하게 다루어지고, 그 대책을 시급히 마련해야 할 심각한 인구 문제인 것은 분명하다. 특히, 전출인구는 연령적으로 젊고 교육을 많이 받은 사람인 경우가 대부분이기 때문에 그 문제의 심각성은 더욱 크다고 할 수 있겠다.

또한 인구 이동은 앞서 언급된 보건지리학 분야에서도 중요한 요소로 고려되어지는 연구 영역인데, 예를 들어서 영국으로 이민오는 사람들은 영국 백인보다 호흡기계 질환 발병률이 훨씬 높다든가, 또는 위암의 경우 미국으로 이주한 일본 이민 1세들은 서구식 식생활로 전환했음에도 불구하고 지속적으로 높은 발암률을 보이고 있으나, 대장암의 경우는 이민 1세부터 발암률이 낮아지는 것은 인구 이동과 관련된 보건지리학 연구의 중요성을 보여주는 대표적인 사례라고 할 수 있겠다. 즉 위암의 경우는 어린 시절의 식습관과 보다 밀접한 관련성을 갖고 있지만, 대장암은 성인이 되었을 때의 식생활과 좀 더 연관성이 많다는 것을 시사해 준다. 다시 말해서 보건지리학 분야에서의 인구 이동 연구를 통해서 질병의 원인 규명을 보다 명확하게 할 수 있는 근거 자료가 마련될 수 있는 것이다.

한편, 우리나라를 포함한 개발도상국들이 당면하고 있는 인구 문제 중의 하나는 바로 인구의 과도한 도시집중으로 인해 발생되는 대도시 과밀 문제이다. 다시 말해서 대도시에서는 인구 과밀 현상으로 실업, 교통, 주택, 교육 등 각종 사회문제가 대두되고 있다. 우리나라에서도 특히, 수도권으로의 인구 집중 억제를 위한 대책에 부심하고 있으나, 이러한 인구가 과도하게 도시로 집중되는 현상을 완화시키기 위한 인구 분산 정책 내지 국토의 균형 배치 정책이 실효성을 거두기 위해서는 우선적으로 전제되어야 할 것이 지방도시가 분산된 인구를 수용할 수 있는 여건이 충분히 조성되어야 한다는 것이다. 우리나라는 지방도시가 제대로 육성되지 않은 상태에서 서울시의 인구 억제 정책에만 관심을 두고 있었기 때문에 서울시 주변 지역의 인구가 급증하는 현상을 초래하게 되었다. 우리나라도 이러한 대도시의 과도한 인구 집중을 방지하고 국토의 균형적 개발을 도모하여 지역간 격차를 해소해 나가기 위해서는 지방도시의 육성이 시급한 선결 과제라고 하겠다.

다음으로 들 수 있는, 우리나라가 곧 직면하게 될 인구 문제는 이미 선진국들이 경험하고 있는 인구의 노령화 현상이라고 하겠다. 경제 발전과 더불어 보건 및 위생 시설의 확충과 영양상태의 개선, 그리고 의학의 발달 등에 힘입어 인류의 평균 수명은 연장되고 있고, 따라서 인류는 노령화 사회로 진입하고 있다. 우리나라도 머지 않아 경험하게 될 노령화 사회에 대비한 인구정책 및 보건정책을 펼쳐 나가야 할 것인데, 특히, 전통적인 대가족제 대신 핵가족화가 진전되면서 노인을 부양해 줄 사람이 없는 경우가 많으므로 노인들도 스스로 경제적 자립을 할 수 있도록 사회보장제도가 시급히 마련되어야 할 것이다.

또한 인구의 노령화에 따라서 더욱 상승될 질병의 발병률을 감안하여 이에 대응할 수 있는 적정수의 의료 시설 및 인력을 확충해야 할 것이며, 노인 수용 시설 또한 충분히 공급되어져야 할 것이다. 특히 이런 정책의 시행시에는 저소득층 노인들을 위한 정부의 경제적 지원이 반드시 병행되어져야만 그 실효를 제대로 거둘 수 있을 것이다. 그리고 보건정책의 실행에 있어서는 저소득 계층 노인들뿐만 아니라 경제적으로 불리한 처지에 있는 농촌 지역 거주자들 또는 도시 빈민들에게도 양적으로나 질적으로 양호한 의료 혜택이 골고루 돌아갈 수 있도록 의료 서비스의 지역간·계층간 균형화 정책을 도모해 나가야 할 것이다.

21세기에도 지속적으로 심각하게 고려되어질 환경 오염문제는, 인구의 질적인 측면에서 본다면 환경 오염으로 인한 인간의 질병 발생 및 그에 따른 사망력의 증가로 이어져 결국 인간의 '삶의 질'을 위협하는 주 요인으로 작용하게 될 것이다. 특히 이러한 측면에서 인구지리학과 결부되어 보건지리학이 인류의 환경문제 해결과 더불어 인류의 복지를 향상시키는데 기여할 수 있는 바가 자못 크다고 할 수 있겠다. 그러나 무엇보다도 환경문제를 해결할 수 있는 최선의 방법은 우리 개개인 각자가 환경보전에 대한 인식을 새롭게 하고 확고한 윤리관을 바탕으로 환경보전을 적극적으로 실천해 나가는 것이리라 생각된다.

한편, 우리나라에 뿌리깊게 남아있는 남아선호사상에서 비롯된 남녀성비의 심한 불균형 현상은 향후 심각한 사회문제로 대두될 것으로 전망되는데, 성비의 균형화를 도모할 수 있는 최상의 해결책은 교육과 계몽을 통한 가치관의 변화를 일으키는 것으로 여겨진다. 또한, 최근 IMF 사태를 맞으면서 커다란 문제로 대두된 실업 및 그에 따른 가족 해체 현상은 특히, 인간의 '삶의 질' 또는 '인간적인 삶'을 고려할 때 가장 우선적으로 해결되어야 할 인구 문제일 것이다. 실업 상태는 비단 경제적인 궁핍뿐만 아니라 건강의 악화도 가져다 준다. 왜냐하면 실업자들은 과중한 정신적 스트레스를 해소하는 방편으로 흡연 및 음주를 과도하게 하는 경향이 있기 때문이다.

21세기 복지국가 건설에 박차를 가하게 될 이 시점에서 마지막으로 강조하고 싶은 것은 인구정책 수립시에는 무엇보다도 가장 인간 중심적인 진정한 '삶의 질'을 중시해야 한다는 것이다. 다시 말해서 실제 국민들 또는 지역 주민들이 과연 무엇을 원하고 있는가를 충분히 고려하고, 그러한 토대 위에서 합리적인 인구정책을 전개시켜 나가야 할 것이다.

■ 참고 문헌

이희연. 1998, 『인구지리학』, 법문사.

조혜종. 1993, 『인구지리학개론』, 명보문화사.

통계청. 1995, 『지역통계연보』.

한주성. 1999, 『인구지리학』, 한울.

國勢社. 1996, 『世界國勢圖會』, 東京.

Barker, D. J. P., Gluckman, P. D., Godfrey, K. M., Harding, J. E., Owens, J. A. and Robinson, J. S. 1993, Fetal Nutrition and Cardiovascular Disease in Adult Life, *The Lancet*, Vol. 341: pp.938-941.

Barker, D. J. P., Godfrey, K. M., Fall, C., Osmond, C., Winter, P. D. and Shaheen, S. O. 1991, Relation of Birth Weight and Childhood Respiratory Infection to Adult Lung Function and Death from Chronic Obstructive Airways Disease, *British Medical Journal*, Vol. 303: pp.671-675.

Barker, D. J. P., Osmond, C., Golding, J., Kuh, D. and Wadsworth, M. E. J. 1989a, Growth in Utero, Blood Pressure in Childhood and Adult Life, and Mortality from Cardiovascular Disease, *British Medical Journal*, Vol. 298: pp.564-567.

Barker, D. J. P., Osmond, C. and Law, C. M. 1989b, The Intrauterine and Early Postnatal Origins of Cardiovascular Disease and Chronic Bronchitis, *Journal of Epidemiology and Community Health*, Vol. 43: pp.237-240.

Brown, R. A. and Beck, J. S. 1994, Medical Statistics on Personal Computers: *A Guide to the Appropriate Use of Statistical Packages*(2nd Ed.), BMJ(British Medical Journal) Publishing Group.

Christensen, E. 1987, Multivariate Survival Analysis Using Cox's Regression Model, *Hepatology*, Vol. 7: pp.1346-1358.

Clark, W. A. V. 1986, *Human Migration*, Sage, Beverly Hills.

Cliff, A. D. and Haggett, P. 1988, *Atlas of Disease Distributions: Analytic Approaches to Epidemiological Data*, Basil Blackwell, Oxford.

Deevey, E. S. 1960, The Human Population, *Scientific American*, Vol. 203: pp.195-204.

D'Eredita, G., Serio, G., Neri, V., Polizzi, R. A., Barberio, G. and Losacco, T. 1996, A Survival Regression Analysis of Prognostic Factors in Colorectal Cancer, *Australian and New Zealand Journal of Surgery*, Vol. 66: pp.445-451.

Haggett, P. 1972, *Geography: A Modern Synthesis*, Harper & Row, New York.

Hart, J. T. 1971, The Inverse Care Law, *The Lancet*, Vol.1(February 27): pp.405-412.

Howe, G. M. 1997, *People, Environment, Disease and Death: A Medical Geography of Britain throughout the Ages*, University of Wales Press, Cardiff.

Jones, H. 1990, *Population Geography*(2nd Ed.), Paul Chapman.

Kim, Yo-Eun. 1999, *The Geography of Colo-rectal Cancer: Incidence and Survival*, Lancaster University, Lancaster, UK.

Mould, R. F. 1983, *Cancer Stastistics*(Medical Science Series), Adam Hilger, Bristol.

Newman, J. L. and Matzke, G. E. 1984, *Population: Patterns, Dynamics, and Prospects*, Prentice Hall, Englewood Cliffs, New Jersey.

Parmar, M. K. B. and Machin, D. 1995, *Survival Analysis: A Practical Approach*, John Wiley and Sons, Chichester.

Plane, D. A. and Rogerson, P. A. 1994, *The Geographical Analysis of Population with Applications to Planning and Business*, John Wiley & Sons, New York.

Shott, S. 1991, Survival analysis, *Journal of the American Veterinary Medical Association*, Vol. 198: pp.1513-1515.

Streiner, D. L. 1995, Stayin'alive: An Introduction to Survival Analysis, *Canadian Journal of Psychiatry*, Vol. 40: pp.439-444.

U. S. Department of Health, Education and Welfare. 1973, *Mortality Trends: Age, Color and Sex*, United States 1950-1969, Washington D. C.

제12강 도시와 교통

본 장은 도시지리학과 교통에 관련된 개괄적인 내용을 담고 있다. 전반부에서는 도시지리학에 관련된 연구 내용들을 주로 설명하고, 후반부에서는 교통과 도시지리학과의 연계성을 고찰한 후 도시교통에 관한 개론적이면서도 핵심적인 내용들을 다룬다.

도시지리학(Urban Geography)은 도시를 대상으로 하여 도시 내부 및 도시간의 연계로 인하여 일어나는 모든 현상들을 시·공간적으로 분석하는 학문으로, 도시의 내부구조와 도시의 지역체계에 관한 연구를 중심으로 발전되어 왔다. 본 장에서는 도시의 공간구조를 이해하기 위하여 산업기능 분포에 따른 도시의 계층구조를 살펴보고, 도시내부의 지역 분화의 형성과정과 그 원리를 파악한다. 또한 팽창하는 도시화로 인하여 유발된 도시문제의 유형과 발생요인을 규명하여 이러한 문제점을 해결할 수 있는 도시정책들을 살펴본다.

공간상의 괴리를 극복하여 인간과 화물의 이동의 편의를 도모하는 행위의 일체로서의 교통은 도시 및 지역 구조의 형성과정에 큰 영향을 주는 반면, 도시 구조의 변화 에 의해 영향을 받기도 한다. 도시교통(Urban Transportation)은 교통체계와 도시구조 간의 상호작용을 기반으로 발생하는 교통현상을 종합적으로 분석하는 학문으로, 도시지리학에서 반드시 다루어야 하는 분야이다. 본 장에서는 교통과 도시지리의 상호 밀접한 연관성을 설명하고 도시교통의 특성 및 문제점을 파악한 후, 이러한 문제점을 해결하기 위한 교통정책들을 교통계획적인 측면에서 설명한다.

1. 도시지리

1) 도시지리학 대상

도시지리학(Urban Geography)은 도시에서 발생하는 모든 현상을 시·공간적으로 분석하는 학문으로, 도시지리학이 어떻게 전개되어왔는가를 알기 위해서는 먼저 도시지리학의 대상인 도시에 대한 이해가 필요하다.

(1) 도시의 개념

도시는 인간활동의 중심지로서 넓게 그 주변지역과 연계하여 정치, 경제, 행정, 문화 등의 중추적인 역할을 한다. 시대가 변함에 따라 도시의 규모가 변하고 국가마다 도시가 갖추어야 할 기준이 다르기 때문에 도시를 한마디로 정의하기는 애매모호하다.

이러한 상황에서도 많은 학자들은 도시의 특성에 입각하여 나름대로 도시의 개념을 정의하였다. 대표적으로 독일의 지리학자 크리스탈러(Christaller)는 도시란 행정, 문화, 서비스, 상업, 및 교통의 중심지라고 정의하였고, 아이자드(W. Isard)는 인구의 규모, 도시의 직업구조, 생활수준 등이 도시를 규정하는 기준으로 선정하였다.

(2) 도시규정 기준

여러 학자들의 의견을 종합하여 볼 때 도시와 촌락을 구별할 수 있는 일반적인 기준들은 인구와 인구밀도, 산업구성, 도시시설, 도시행정, 생활양식으로 도시의 특성을 설명할 수 있다.

인구와 인구밀도

도시의 인구수는 촌락에 비하여 상대적으로 높고, 다수의 인구가 좁은 장소에 밀집하여 연담지구를 형성하여 높은 인구밀도를 보인다.

산업구성

도시는 낮은 1차 산업 인구율과 높은 2·3차 산업 인구율을 보유한다. 많은 도시민들은 주로 비농업적인 생산활동, 즉 제조업, 상업 및 서비스업에 의존한다.

도시적 시설

도시는 농촌이 보유하지 않은 특정적 시설물들을 보유한다. 시대와 국가에 따라

도시가 실제로 필요로 하는 시설물들의 종류와 그 기준치가 다양하지만, 일반적으로 현 도시에서 시민들에게 필수 불가결하게 요구되는 시설물들은 다음과 같다.

① 교통시설: 도로율, 상하수도
② 수리시설: 하수처리장
③ 문화시설: 학교, 도서관, 및 기타 문화시설
④ 사회시설: 시장의 면적, 묘지, 도살장 등
⑤ 기타시설: 공원, 녹지, 운동장, 공지

도시행정
시대와 국가에 따라 차이가 있으나 행정 면으로 도시와 촌락을 구분 짓는다. 즉, 행정조직의 유무와 행정조직의 형태에 따라 도시를 정의할 수 있다.

생활양식
도시의 경관은 자연과 이질된 인공적인 환경으로 조성되어 자연의 의존도가 낮고, 도시내에서 구성원들과의 유대감이 낮으며, 집단간이나 지역간의 이질성을 강하게 드러낸다.

(3) 우리나라 도시의 법적 기준
협의적으로 인구가 5만 명 이상이고, 2·3차의 산업의 종사자율이 50% 이상인 지역을 도시로 규정하나, 광의적으로 인구 2만 명 이상이고 비농업적 생산활동의 종사자율이 40% 이상인 지역을 도시로 규정한다.

(4) 도시의 종류
도시는 발생형태에 의하여 크게 자연 발생적 도시, 법적 도시, 계획 도시로 분류된다.

① 자연 발생적 도시: 과거로부터 자연 발생적으로 성립된 도시
② 법적 도시: 행정 면에 따라 성립된 도시로 행정구역상의 도시
③ 계획 도시: 새로운 도시사업 계획에 의해 형성된 도시

2) 연구 동향

도시지리학은 초기에는 환경결정론과 형태론에 입각하여 도시를 분석하는 경향이 짙었으나, 1950년대 말경 계량기법이 도입되고 실증주의적인 공간연구가 활발히 이루어지면서 공간과학으로서의 자리매김을 하게 되었다. 이러한 배경으로 1970년대부터는 보다 체계적이고 세부적인 도시공간 연구가 이루어져, 도시 체계와 도시 구조에 대한 심도 있는 연구들이 이루어지고 있다.

(1) 도시체계의 연구 동향

초기의 도시의 지역체계에 관한 연구는 도시의 형태를 평면적으로 분석하였으나, 1970년대에 들어와 도시들간의 연계성을 파악함과 동시에 도시의 계층성 및 기능적인 구조를 파악하는 흐름으로 변화하였다. 이러한 연구로 도시의 순위규모 분포이론과 중심지이론이 주축이 되어 진행되어 왔고, 1980년대 이후에는 기존의 연구를 재평가하고 새로운 도시정책을 제시하는 방향으로 흘러 왔으며 도시 내부구조의 연구와 마찬가지로 범세계적인 추세에 부응하여 세계의 도시체계 및 형성과정에 대한 연구가 활발히 진행되고 있다.

(2) 도시구조에 관한 연구 동향

1970년대 이전까지 지리학자들은 도시들간의 관계를 규명하기에 그쳤으나, 점차 도시지역 자체에 관심을 가지면서 도시내부구조에 대하여 체계적인 연구를 시작했다. 초기에는 도시의 형태적인 공간패턴을 도시지리의 결과물로 간주한 연구들이 주류를 이루었으나, 1980년에 도입하면서 이러한 도시 공간패턴이 형성된 원인과 과정에 대하여 지리학자들의 관심이 모여졌다.

도시구조에 대한 연구는 도시내의 기능들의 공간적 분포체계와 도시 전체와의 상호관계에 초점을 두었으며, 현재에는 범세계적인 추세에 발맞추어 세계 각국의 도시 내부구조의 형성과정에 관심이 높아간다.

3) 도시체계

도시체계에 관한 연구는 도시의 순위규모법칙과 도시분포의 규칙성을 밝히려는 중심지 연구를 중심으로 하여 이루어져왔다.

도시의 순위규모법칙

도시의 인구 규모에 따른 도시의 순위와 인구 규모 간에는 일정한 규칙성이 존재함이 밝혀졌다. 즉, 수위도시의 인구 규모가 알려지면 이를 기준으로 차하위 순위도시들의 인구 규모를 구할 수 있다. 이러한 순위규모법칙은 다음과 같은 식으로 나타낼 수 있다.

$Pr = P1 / rq$ [r번째 순위규모(Pr)는 수위도시의 인구 규모(P1)를 q를 제곱한 순위 r로 나누어 산출할 수 있다.]

상수 q가 1이면 도시가 순위규모분포 패턴을 나타나고, q가 1이 아니면 종주분포나 과두분포 현상을 나타난다. 선진국은 도시들이 순위규모분포 현상을 나타내는 반면 개발도상국은 종주분포 패턴을 보인다.

중심지 기능과 계층구조

다양한 규모의 도시들이 지표상에 무수히 존재하며 이러한 도시의 집합체에서 중심지는 주변지역에 재화와 서비스를 제공하는 장소로 일정한 법칙에 의하여 그 규모와 분포가 성립된다. 크리스탈러는 중심지 분포의 법칙성을 기능이 존재할 수 있는 최소의 수요수준과 재화와 용역을 구하는 주민들의 이동거리를 이용하여 체계적으로 규명하였다.

모든 지역에 재화와 서비스를 제공할 수 있는 정육각형 조직이 가장 이상적인 형태의 시장이며, 중심지 세력이 미치는 배후지역은 중심지 기능이 중심지로부터 미치는 한계거리에 의해 결정됨을 제시하였다. 한계거리는 중심지의 가격과 교통비용을 고려하여 결정되어지며, 세 가지 포섭의 원리인 시장의 원리, 교통의 원리, 행정의 원리에 입각하여 중심지가 포섭하는 차하위 중심지의 수가 결정되는데, 이는 중심지의 세력이 미치는 배후지역을 결정한다(<그림 12-1>). 이러한 법칙성을 바탕으로 크리스탈러는 도시간의 분포관계, 거리관계 및 상호 계층간의 지역구조를 중심지 개념으로 설명하였다.

뢰쉬(Lösch)의 최대수요 이론

뢰쉬(Lösch)는 크리스탈러의 이론이 너무 규칙적이고 현실에 적용하기 어렵다고 비판하며, 이를 수정하면서 보다 융통성 있는 중심지 체계를 전개하였다. 생산요소의 비용은 어디서나 동일한 것으로 간주하면서, 수요가 최대로 되는 지점이 바로 이윤을 극

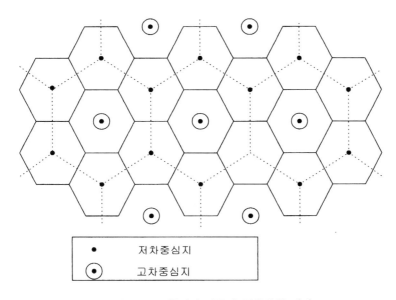

●	저차중심지
⊙	고차중심지

<그림 12-1> 중심지 이론의 정육각형 체계

대화할 수 있는 최적지임을 규명하고, 자유 경쟁하에 이윤집적에 의해 하나 이상의 대도시가 발생하고 이들이 모든 지역에 재화와 용역을 공급한다고 주장하였다.

각 중심재마다 다양한 최소 요구치를 가짐으로 각 상품이 도달할 수 있는 시장규모가 다르다. 한편, 고차중심지가 저차중심지를 보유하는 기능들을 반드시 포함할 필요는 없다. 이러한 중심지의 공간조직은 섹터별로 분류되는데, 다수의 중심지가 집적한 도시밀집 지역과 중심지가 분산되어 있는 도시희박 지역으로 구분되어 나타난다.

4) 도시구조

(1) 도시내부구조

도시가 확대됨에 따라 도시의 주요 기능들은 일정한 분포패턴에 의하여 공간상으로 집적되거나 분산되어 입지한다. 즉, 유사한 종류의 기능들은 집적하여 분포하고, 상이한 종류의 기능들은 서로 분산되어 입지함으로써 도시내부에 여러 종류의 기능지역들을 형성한다. 유사한 기능들이 집적한 장소에 전문화된 집적인구가 형성되어 특정 기능지역을 형성하게 되며, 이는 지역적 성격을 띠어 하나의 지구로 인식된다. 이렇게 형성된 기능지역들은 상업지역, 주거지역, 공업지역, 업무지역 등으로 분류된다.

(2) 공간 분화

상이한 기능지역들이나 사회집단들은 상이한 분포 현상을 나타내며 이들은 서로 연계하여 공간상에서 일정한 틀을 형성한다. 이러한 기능지역의 분화패턴에 영향을 주는 요인들을 사회적, 경제적, 행정적인 측면에서 설명할 수 있다.

사회적 요인

다양한 사회집단들이 사회구성원들의 특성으로 인하여 공간상으로 집적, 분리된다. 유사한 특성을 지닌 집단끼리는 모여서 분포하며, 상이한 특성을 지닌 집단끼리는 서로 배척하는 등 집단간의 격리 현상을 나타낸다. 이러한 공간적 분포를 야기하는 요인은 사회구성원들의 직업, 소득, 생활양식, 민족, 종교 등이 있다.

경제적 요인

기능지역들의 공간 분화의 요인을 지가와 교통비의 상쇄효과로 파악할 수 있다. 도심에서는 높은 지가를 감수하는 반면 낮은 교통비용의 이익을 얻는 기능들이 입지하게 되며, 한편 외곽지역은 지가가 낮은 대신 교통비용이 높기에 이러한 특성을 십분 활용할 수 있는 기능들이 입지 한다. 주로 도심에는 업무, 금융 등 상업지들이 입지하는 반면 외곽지역으로 갈수록 공업지, 주거지들이 입지한다.

행정적 요인

도시사업인 토지이용에 대한 규제는 도시의 계획적인 기능분화를 촉진시킨다. 법적으로 자유로운 토지이용을 제한하여 자연적으로 기능지역들이 발생되는 것을 저지하고, 정부가 설립한 도시계획에 입각하여 도시의 공간적인 분포형태를 결정한다.

(3) 도시내부구조 이론

도시 인구가 증가함에 따라 복잡해지는 도시의 내부구조에 관심을 보이던 학자들은 북미 도시를 대상으로 그들의 이론을 전개하였다. 대표적인 그들의 모형으로 동심원 이론, 선형 이론, 다핵구조론 등을 들 수 있다.

동심원지대 이론

버제스(Burgess, E. W.)는 1923년 '도시의 성장'이라는 논문을 발표하면서 도시성장에 따른 사회계층 분화를 설명하였다. 도시의 기능이나 사회계층이 특정 요인에 의하여 집적되거나 분산되는 현상을 통해, 도심으로부터 외곽으로 향하여 중심업무

지구, 점이지대, 노동자 주택지구, 주택지구, 교외 통근자 지구의 동심원적 구조가 전
개된다.

① 제1지대(중심업무지구): 경제, 문화, 행정적 기능의 중심지역
② 제2지대(점이지대): 공업기능이 존재하고 오래된 불량 주택들이 많은 지역
③ 제3지대(노동자 주택지구): 노동자들의 주거지역
④ 제4지대(주택지구): 중산층의 주거지역
⑤ 제5지대(교외 통근자 지구): 부유층 주거지역

버제스의 이론은 공간적으로 계층분화가 동심원을 이룬다는 점에서 많은 비판을
받았으나, 도시내부구조에 관한 틀을 마련함에 높은 평가를 받고 있다.

선형 이론

호이트(Hoyt, H.)는 도시 전체를 원형으로 보고 교통이 도시지역의 기능 분화에
중요한 구실을 함을 밝혔다. 즉 그는 중심업무지구(C.B.D)에서 뻗은 방사상의 교통
로를 따라 동일한 토지이용이 부채살 모양으로 외곽으로 이동, 확장한다는 이론을
발표하였다.

고급 주택지역은 환경이 양호한 C.B.D에서 시작하여 교통로를 따라 외곽으로 확
산되는 반면, 저급 주택지역은 C.B.D에서 도매 및 경공업이 분포하는 지역에 인접한
지역을 중심으로 교통로를 따라 분포하는 현상을 나타낸다. 호이트의 이론은 교통로
의 중요성을 강조하며, 계층분화가 동심원이라는 버제스의 이론의 문제점을 개선하
였다는 점에서 중요하다.

다핵구조론

자가용 승용차가 주요 수단으로 등장하면서 도시내부구조가 복잡해져서 보다 현
실에 맞는 도시구조 이론이 필요했다. 해리스(Harris)와 울만(Ullman)은 도시내부의
토지이용 현상이 다수의 핵을 기반으로 형성된다는 이론을 발표하였다. 그들은 도시
가 커지면서 도심 이외에도 사람들이 활동할 수 있는 지역들이 다수 발생하여 다양
한 도시의 핵심이 발달하거나 지구가 분화한다고 설명하였다.

5) 도시화

도시화란 지표상을 대상으로 모든 도시적 요소를 점차 확대하는 과정으로, 농촌지역에서 도시지역으로 이행하는 과정과 도시지역에서 한층 더 도시지역으로 이행하는 과정을 포함한다. 즉, 도시가 되어 가는 과정으로 농업 종사자의 비율이 감소하고 도시적 산업비율이 증가함과 동시에, 도심과 부도심의 증가와 더불어 도시권이 확장되는 물리적인 현상이 나타난다. 지리학자들은 도시적 생활양식이 확산되어 가는 것을 도시화의 한 현상으로 간주하였다.

(1) 도시화 측정 지표

도시가 갖추어야 할 기준들을 고려하여 도시화를 측정할 때 인구, 토지이용, 농촌요소와 도시요소의 감퇴 등이 주요 지표로 이용될 수 있다.

인구지표

인구규모가 도시화를 결정짓는 하나의 요소로, 특정 지역의 도시화율은 전체 인구중에서 도시의 거주인구가 차지하는 비율을 기준으로 결정할 수 있다.

(특정 나라의 도시화율 = 도시 거주인구 / 국가 전체인구)

토지이용지표

제1차 산업인 농업용 토지들이 2, 3차 산업인 비농업용 토지들로 전환하는 비율을 조사하여 이러한 비율을 바탕으로 도시화를 측정한다.

농촌요소의 감퇴지표와 도시요소의 증가지표

도시화가 진행됨에 따라 촌락적인 시설물들이 사라지고 도시적인 시설물들이 증가한다. 이러한 시설물들의 증감은 도시화를 측정할 수 있는 하나의 지표로 이용된다.

(2) 도시화 곡선

도시화는 3단계로 나누어 설명할 수 있다. <그림 12-2>에서 보여주듯이 초기 단계, 가속화 단계, 종착 단계로 구분되어 나타난다.

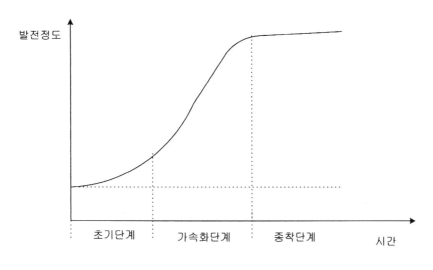

<그림 12-2> 도시화 과정

초기 단계

도시화율이 30% 이하로 농업의 비중이 높고 인구가 분산되어 분포한다.

가속화 단계

도시화율이 50%선으로 급격히 성장하는 단계로, 2·3차 산업의 비중이 높아지고 인구율이 상당히 높아지는 현상을 보인다.

종착 단계

약 80%의 높은 도시화율을 보이는 선진국들의 패턴으로 도시화 성장률이 둔화되고 결국, 더 이상의 도시화가 이루어지지 않는다.

(3) 현대 도시화 과정

현대의 도시화는 4단계로 나누어 진행되어진다. 도시화는 교외화의 확산으로 연결되고, 교외화의 확산에 의한 도시 문제들의 출현으로 탈도시화 현상이 일어나게 된다. 이러한 탈도시화 현상은 다시 도시화의 필요성을 요구하면서 재도시화 현상이 발생한다(<그림 12-3>).

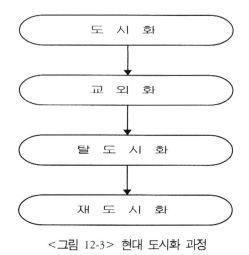

<그림 12-3> 현대 도시화 과정

도시화

도시화가 일어나는 과정에서 도시의 집중적인 인구증가에 비하여 도시의 기반산업 시설물들의 부족으로 인하여 환경이 열악해져서 슬럼지구가 형성된다.

교외화

교외지역은 한 도시를 둘러싸고 있는 도시와 촌락 간의 점이지대로, 교외화란 중심도시기능들이 이러한 교외지역으로 확대하는 과정을 말한다. 초기의 교외화는 거주지의 교외화가 주류를 이루었으나, 점차 중심기능들이 교외화로 옮겨감에 따라 고용의 교외화가 이루어져 현대에는 거주 및 고용의 교외화가 혼재하여 이루어진다. 교외지역은 삶의 질은 높아지고 교통이 발달하는 반면, 도심은 업무기능을 수행하는 곳으로 집중되어 주거환경이 악화된다.

탈도시화

많은 중산층이 교외지역에 거주지를 옮김으로 양질의 노동력이 교외지역에 편재하게 된다. 따라서 도심에 입지하던 2·3차 산업들이 고급의 노동력을 구하기 위하여 교외로 이동한 결과, 도심은 공동화 현상이 발생하여 슬럼화를 초래한다. 따라서 도시 및 도심 재개발사업 및 각종 도시산업들이 요구되면서 도시의 열악한 환경을 개선하고자 한다.

재도시화

도심의 낙후된 슬럼지구가 재개발이 된 후 고소득의 상류층이 다시 도심으로 유입하여 재개발지역에 정착하여 고급 주택지를 형성한다. 고소득층은 도심재개발 지역의 상대적으로 낮은 통근비용뿐만 아니라 낮은 지가에 매력을 느껴서 거주지를 옮기게 된다.

(4) 세계의 도시화

산업혁명 이후에 서유럽을 중심으로 일어난 도시화는 1차대전 이후 동유럽과 라틴아메리카에 전파되었고, 2차대전 이후에는 아시아와 아프리카에도 도시화가 이루어졌다.

현재 유럽, 북아메리카, 오세아니아 등 선진국의 도시화율은 평균 70% 이상이며, 특히 서부 및 북부 유럽국가들은 80~90%에 이르러 정체 단계에 도달하여 이제는 역도시화 경향이 일어난다. 반면에 아시아, 아프리카 등 개발도상국가들의 도시화 수준은 아직 낮아서 앞으로 급속한 도시화 현상의 진행이 예상된다.

(5) 한국의 도시화

본격적인 도시화 현상은 일제시대에 시작되었다. 전형적인 농업중심의 지역에서 경제개발에 의한 산업형 도시로의 이행과정에서 도시의 거주 인구율이 급속히 증가하였으나 몇 개의 특정 도시로의 인구집중으로 인하여 인구의 불균형 분포 현상을 나타낸다.

6) 도시문제 및 정책

(1) 도시문제

도시화에 따른 도시 인구의 급격한 증가로 인해 기존의 사회기반 시설물들이 사회 구성원들의 욕구를 만족시키지 못하여 다양한 생활환경, 토지이용 및 사회문제들이 발생하게 된다.

① 생활환경문제: 주택, 교통, 상하수도 시설 부족, 용수 부족, 환경 오염
② 토지이용문제: 시가지의 무질서한 팽창, 고층화로 인한 일조권 문제
③ 사회문제: 빈부의 격차, 범죄 증가, 슬럼가의 형성, 실업자의 증가

(2) 도시정책

인구의 과도한 집중이 각종 도시 문제를 야기하므로, 도시 문제를 해결하기 위해서 근본적으로 도시의 과도한 인구와 기능을 분산시킬 필요가 있다. 신도시 건설과 도시재개발 사업은 특정 도시로의 인구집중을 억제하고 도시 기능을 수행할 수 있게 하는 대표적인 도시 정책으로 사회구성원의 거주와 직결되므로 잠재적인 문제점들이 내포된다.

신도시 건설

신도시는 대도시의 인구 및 산업 집중을 분산시키고, 보다 쾌적한 환경하에서 직장과 주거지가 한 지역에 공존하도록 계획된 도시로 자연발생적인 도시가 아니라 국가의 종합적 국토이용과 개발, 특정한 정책목표를 달성하기 위하여 수립된 도시이다.

우리나라의 경우, 수도권에 증가하는 인구, 가구 및 주택수요에 부응하기 위하여 채택된 것이 바로 신도시 건설이다. 수도권에 건설된 5개의 신도시는 분당, 일산, 산본, 평촌, 중동으로 인구 규모 면에서는 자족형 신도시를 능가하지만 투자비용, 시설수준, 도시기능 면에서는 단지수준에 그치기에 이상적인 형태로 볼 수 없다.

도시재개발 사업

재개발 사업은 불량하고 노후한 건물들이 밀집하여 도시의 기능을 제대로 수행할 수 없는 지역에 대하여 공공시설을 정비, 개량하고 고층화를 도모하여 도시의 기능을 회복시키거나 또는 새로운 기능으로 전환하고자 하는 취지하에서 설립된 정책적인 도시사업으로, 재개발의 특성에 따라 전면재개발, 수복재개발, 보존재개발로 나누어진다.

① 전면재개발(redevelopment)

가장 적극적인 방법으로 불량상태가 심각한 지역의 완전 철거재개발로, 개발시간이 단축되고 과정이 간단해 보이나 경비가 많이 들고 재개발로 인하여 지가가 상승하여 부동산 투기가 만연해질 우려가 있다. 그리고 개발지역이 주변환경과의 부조화를 이루면서 개발될 수 있으며, 거주민의 이주의 문제점 등이 있다.

② 수복재개발(rehabilitation)

노후하고 불량한 요인만을 재개발하는 소극적인 방법으로 기존의 토지이용형태와 목적을 유지하면서 불량상태나 노후정도가 심하지 않은 부분을 보존하는 개발방식으로 본래의 기능 회복이 가능하고 경제적으로 저렴하다.

③ 보존재개발(conservation)

역사적, 건축학적 가치지역이나 불량화 우려가 있는 지역의 불량화 요인을 사전에 방지하는 계획방법으로, 이러한 지역들을 법적으로 보존지역으로 선정하여 개발을 제한한다.

2. 도시교통

1) 교통의 개요

(1) 교통의 의의

교통은 인간이나 화물을 운반하기 위하여 장소들의 공간적인 격리를 해소해 주는 행위의 일체로 장소와 장소 간 이동의 편의를 도모한다. 이때 교통은 그 자체가 목적이 아니라 제3의 목적을 위한 수단으로 이용되어짐으로, 결국 교통은 유발된 수요(derived demand)이다. 따라서 교통 그 자체가 최종 소비대상이 아니라 어떤 활동을 가능하게 만들어 주는 중간재(intermediate goods)로서의 역할을 한다.

이러한 교통은 지역경제 활동의 기반이 되는 서비스로 수요가 발생되는 장소와 공급이 제공되는 장소 간의 접근성과 이동성을 증가시켜서 보다 효율적인 경제구조를 도모하는데 큰 역할을 한다. 교통으로 인한 경제적 활성화는 도시의 성장을 촉진하므로 교통을 도시화의 매개체라고 할 수 있으며, 이러한 도시성장은 역으로 교통 체계의 형성에 영향을 주는 상호 밀접한 연관성을 지닌다.

(2) 교통의 기능

도시 구조와 교통의 상호연관성으로 인하여 교통의 기능은 도시의 사회, 경제적인 측면에서 설명된다. 교통의 기능은 교통이 보유하는 1차적 기능과 교통으로 인하여 유발되는 2차적 기능으로 구성된다.

1차적 기능

교통의 1차적 기능은 이동성(mobility)과 접근성(accessibility)으로 교통은 이동성을 부여하여 특정 지역간 통행을 가능하게 해주고, 장소와 장소 간의 시간적 통행거리를 단축시켜 접근성을 향상시킨다.

2차적 기능

교통의 2차적인 기능은 국가적 차원에서의 효율성(efficiency)으로 교통은 사회적 순이익을 극대화시키는 기능을 한다. 즉 교통의 1차적인 기능인 이동성과 접근성의 향상에 의하여 그 지역의 산업 및 경제활동의 생산성이 증가하고 교통비용이 절감되어 국가 경제발전에 기여하게 된다.

(3) 교통의 분류

교통 체계는 교통의 특성에 따라 분류되며, 이러한 분류는 위계적인 질서를 나타낸다. 따라서 교통을 대상지역의 규모, 수단별 기능, 도로의 기능 및 규모에 따라 분류할 수 있다.

규모별 분류

교통은 교통서비스의 대상지역의 규모 순에 따라 국가교통, 지역교통, 도시교통, 지구교통, 교통축 교통으로 분류된다. 지역교통이 포괄적으로 국가교통까지 포함하며, 도시교통은 도시내의 교통을 주된 대상으로 하고 있지만 도시 주변의 지역간 도로까지도 연구대상에 포함시킨다. 지구교통은 도시내의 소규모 지구를 다루는 교통이며, 교통축 교통은 도시내에서 두 지역의 밀집한 상업지역을 연결하는 교통망에서 발생하는 현상을 그 대상으로 한다.

수단별 분류

도시의 교통수단은 수단별 기능에 따라 크게 개인교통수단, 대중교통수단, 준대중교통수단 및 기타로 분류된다.

① 개인교통수단은 이동성과 부정기성의 교통수단으로 고정된 노선이 없고 짜여진 스케줄에 따르지 않으며 자가용 승용차, 택시, 오토바이, 렌트카, 자전거 등이 이에 속한다.

② 대중교통수단은 일정한 노선과 고정된 스케줄에 의해 운행되며 버스와 지하철이 이에 속한다.

③ 준대중교통수단은 개인교통수단과 대중교통수단의 중간단계로 정해진 노선과 스케줄 없이 승객의 요구에 의해 운영되는 교통수단들로 콜택시(dial-a-ride), 합승(shared ride), Jitney 등이 이에 속한다.

이 밖에 화물교통수단, 보행교통수단, 서비스교통수단 등이 있다.

도로의 분류

도로를 기능과 규모에 의해 고속도로, 도시고속도로, 도시외곽도로, 간선도로, 집분산도로, 접근로로 분류된다.

① 고속도로(expressway)는 주로 지역간 교통을 연결해 주는 도로로서 교차로가 없고 높은 속도의 주행도로이며, ② 도시고속도로(urban expressway)는 도시내에서 교통의 흐름을 원활히 하기 위해 설치되는 신호등 없는 도로이다. ③ 도시외곽도로(circumferential expressway)는 도시고속도로의 일종으로 도시외곽 차량의 도심통과를 방지하기 위하거나 또는 도시내부에서 발생하는 교통량을 도시외곽으로 분산시키기 위하여 건설된 도로이며, ④ 간선도로(major arterial)는 도시내 교통망의 중추적인 역할을 하는 도로로, 도시고속도로와 집분산도로를 연결시켜주고 비교적 장거리 통행과 대량수송을 가능하게 한다. ⑤ 집분산도로(collector or distributor street)는 지구에서 발생하는 교통량을 주간선도로와 연결시키고 도로변의 원할한 차량소통을 도모하며, ⑥ 접근로는 도로에 접한 개인의 영역으로 차도와 인도가 구분되지 않고 자동차와 보행의 접근이 동시에 이루어지는 도로이다.

2) 교통과 도시지리와의 관계

교통과 도시지리는 밀접한 상호연관성을 지니면 공존한다. 교통 체계는 도시구조 패턴변화에 영향을 주는 한편, 도시구조의 변화는 새로운 교통의 발달을 필요로 한다. 따라서 도시지리학에서 교통분야를 고려하는 것은 필수적인 일이며, 이들의 상호관계를 규명하여 보다 효율적인 토지이용 및 교통체계를 도모해야 한다.

(1) 교통체계와 토지이용체계

교통과 토지이용은 상호 보완적인 밀접한 관계를 가지고 있다. 교통의 개선은 그 지역의 토지이용의 변화를 야기하고, 토지이용의 변화는 새로운 교통체계의 개선을 요구한다. 그러므로 토지이용과 교통체계 간의 관계는 선후를 따질 수 없는 닭과 계란과 같은 관계로, 상호 밀접한 연관성을 지니며 작용하고 있다.

노정현(1993)은 교통과 토지이용 간의 상호연관성을 경제활동의 입지를 중심으로 설명하였다. 교통적인 측면에서 살펴보면, 경제활동의 입지는 그 지역의 통행수요를 증가시키고, 이는 교통시설의 혼잡을 야기시켜 그 지역을 통행하는 통행자의 교통비

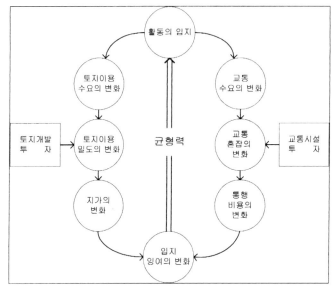

자료: 노정현, 1993.

<그림 12-4> 교통 - 토지이용 균형체계

용을 증가시키며, 이는 그 지역의 접근성을 감소시킨다. 따라서 새로운 통행수요를
만족시킬 수 있는 교통의 발달을 요구하게 되며, 이는 다시 교통비용의 변화를 야기
시킨다. 한편, 토지이용 측면에서 보면 경제활동의 입지는 그 지역의 토지이용 수요
를 증가시켜 그 결과 지가를 상승시킨다.

도시의 각 활동주체들은 지역의 지가와 통행비용의 상대적인 이득(입지잉여)을 고
려하여 입지를 결정하는데, 이러한 과정에서 다른 활동주체들의 상대적인 입지를 고
려하여 그들 자신의 입지를 선정함으로 결국 지역적으로 균형상태인 교통 - 토지이
용체계를 형성한다고 주장하였다.

(2) 교통과 연관된 입지론

교통은 각 활동주체들이 그들의 입지를 선정할 때 고려하는 한 요소로, 단독으로
작용하기보다는 다른 요인들과 상호 작용하여 경제활동의 입지를 결정짓는다. 경제
활동을 크게 상업, 공업 및 주택으로 나누어 이들의 입지의 차이를 교통비용과 지가
의 측면에서 고찰해보면, <그림 12-5>와 같이 나타난다. 교통비용이 도심으로부터
거리에 비례하고 재화의 생산비용이 모든 지점이 동일하다고 가정할 때, 지가는 도
심에 근접할수록 커지며, 교통비용은 도심에서 멀어질수록 높아진다. 한정된 도심의

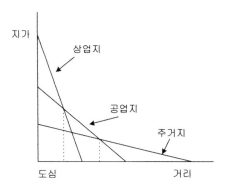

<그림 12-5> 입찰지대 곡선

토지는 경제활동 주체들의 경쟁으로 인하여 지가가 높아지므로, 가장 많은 지대를 지불할 수 있는 기능이 도심에 입지하게 된다. 즉, 도심에서 멀어질수록 수익률이 급격히 하락하는 상업 입지들은 수익성보다는 삶의 질을 중시하는 거주지 입지보다 더욱 도심에 입지하려는 경향을 나타낸다.

주거 입지에서 교통비용과 주거비용(지가)은 거주지의 선택에 크나큰 영향을 미친다. 도심으로 거주지의 위치가 멀어질수록 교통비용이 증가하는 반면 주택비용은 감소한다. 이러한 두 비용의 상쇄를 통해 최적의 거주지 위치가 결정되어진다. 한편, 교통시설의 개선이나 서비스 수준의 향상에 따른 통행자들의 통행시간과 통행비용의 감소는 가구의 실질적인 소득의 증가를 의미하며, 이러한 소득의 증가는 가구 구성원들로 하여금 장거리 통행비용을 감수하면서 쾌적한 지역으로 거주지를 이전하는 현상을 야기한다.

3) 도시교통의 특성

도시교통은 도시의 구조, 교통체계의 형태, 통행자들의 특성 등 다양한 요인에 의해 영향을 받는다. 이러한 특성을 바탕으로 도시교통 패턴을 통행목적별, 수단별, 시간대별로 분석하면 다음과 같다.

(1) **통행목적별 분포**
통행을 통행목적별로 출퇴근, 등교, 업무, 쇼핑, 친교 및 여가통행 등으로 나눌 수 있다. 출퇴근통행이 오전과 오후의 첨두시간대에 집중되는 반면, 쇼핑, 친교, 및 여가

통행은 모든 시간대에 고르게 분포한다.

(2) 통행수단별 분포
수단별 통행분담율을 보면 미국은 자가용의 분담율이 대중교통수단의 분담율보다 높은 반면, 우리나라 도시들은 자가용의 이용율이 급격히 증가함에도 불구하고 자가용 이용율이 대중교통수단의 이용율보다 낮게 나타나고 있다.

(3) 시간대별 분포
선진국의 도시교통의 시간대별 분포를 살펴보면, 하루 중 오전과 오후의 첨두시간대에 교통량이 집중하는 현상을 보이며, 도심지와 같은 특정 지역에 통행량이 편중하여 교통혼잡현상이 나타난다. 우리나라 도시들도 이와 비슷한 현상을 나타내는데, 오전의 출근시간대가 오후의 퇴근시간대보다 좀더 집중적으로 통행량이 분포하며, 오후의 첨두시간대에는 통행량이 넓게 분포하는 패턴을 보인다.

4) 도시교통문제

기존에 이루어진 자가용 승용차 위주의 교통정책은 자가용 이용의 급격한 증가를 야기하고 대중교통수단의 이용의 활성화를 저지하여, 결국 교통 혼잡, 교통 사고 및 환경 오염 등과 같은 교통문제를 더욱 심화시켜 많은 부작용을 유발한다.

(1) 교통혼잡
지표상에서 많은 지역들의 도시화로 인하여 급격히 증가하는 교통수요를 기존의 교통 체계가 감당하지 못하여 특정 지역 및 도로상에서 교통체증현상이 발생하게 된다. 즉 제한된 도로용량에 과도한 통행량이 투입됨으로써 통행시간 및 통행비용을 증가시켜 교통체계의 효율성을 감소시킨다.
우리나라는 자가용 승용차 이용율의 급격한 증가와 도로시설의 부족 및 비효율적인 도시 구조로 인하여 만성의 교통체증현상이 발생한다.

(2) 교통안전의 문제
교통사고로 인한 많은 인명과 재산의 손실 및 피해는 엄청난 사회비용을 부과하며 기존 교통체계의 비효율성을 입증한다. 또한 교통사고로 인하여 발생하는 교통체증

현상은 통행자의 시간가치의 교통비용을 증가시킨다.

(3) 교통유발문제

기존의 교통체계는 접근성과 이동성에 그 중점을 두어왔으나, 현대에 들어와 교통으로 인한 많은 부정적인 효과가 사회적, 경제적, 환경적인 측면에서 심하게 드러나고 있다. 이러한 부정적인 효과는 다음과 같다.

① 높은 에너지 소비
② 대기 오염
③ 소음 공해
④ 교통시설의 건설에 따른 시각적 공해
⑤ 교통의 부정적인 외부효과와 가격정책으로 인하여 특정집단이 겪는 불평등한 영향
⑥ 심각한 주차문제
⑦ 서비스 수준이 낮은 대중교통수단

5) 도시교통계획

(1) 교통계획의 개념

교통계획이란 현재 도시의 사회적, 경제적인 특성을 고려하여 현 교통체계의 효율성과 그 문제점을 분석하여, 이를 바탕으로 미래의 교통수요를 예측하여 실행가능한 교통사업 대안을 제안하는 과정으로, 현 도시가 겪고 있는 교통문제를 효율적으로 해결하기 위해서 반드시 정확하고 체계적으로 이루어져야 한다.

(2) 교통계획과정

교통계획과정을 살펴보면, 우선 교통정책의 목표를 미리 설립하고, 현 교통의 문제점을 인식한 다음, 이를 바탕으로 필요한 자료들을 조사, 수집한다. 교통이 토지이용체계에 영향을 주고 역으로 토지이용체계가 교통에 영향을 주기 때문에 미래의 토지이용패턴의 추정은 미래의 교통수요를 예측하는데 반드시 필요하다. 이렇게 추정된 교통수요를 이용하여 교통정책 대안을 설정, 평가하여 최적의 대안을 선택하며, 이를 집행하는 과정에서 모니터링을 하여 대안의 효율성과 효과성을 살펴본다. 만일 교통사업이 현재와 장래의 교통 체계에서 비효율적이고 비효과적으로 운영된다고

판명되면 새로운 정책의 목표를 다시 수립하여 보다 나은 교통사업의 선정을 위해 이와 같은 순환과정을 거친다.

(3) 교통수요 이론

교통수요를 추정함에 있어서 전통적으로 가장 많이 이용된 방법은 4단계 추정법으로 세계 대부분의 도시에서 보편적으로 적용되고 있다. 통행발생, 통행배분, 수단선택, 노선배정으로 구성된 4단계 방법은 순차적으로 통행량을 구하는 기법이다.

통행발생(trip generation)

각각의 통행존에서 발생하는 총유출 통행량과 각각의 존으로 들어오는 총유입 통행량을 추정한다. 인구 및 사회경제적인 특성을 이용하여 총유출량을 구하고 고용 및 토지이용 특성을 이용하여 총유입량을 산출한다.

통행배분(trip distribution)

통행발생단계에서 추정된 통행존별 총유출 및 총유입 통행량을 각각의 통행존으로 배분한다. 이러한 통행량은 인구의 규모에 비례하고 거리에 반비례하는 중력모형을 이용하여 분배되어진다. 이때 일반적인 통행비용이 고려되어지는데, 통행시간, 통행비용 등이 포함된다.

수단분담(modal split)

각각의 통행존간의 통행량을 교통수단별로 분배하는 과정이다. 즉 승용차, 택시, 버스, 도보 등을 이용하는 통행자를 예측하는 단계로 통행인의 사회경제적 특성, 수단별 특성, 통행이 발생하는 교통 체계 등의 요소를 변수로 해서 수단별로 통행량을 추정한다.

노선배정(traffic assignment)

교통수단별 분배된 통행량을 각각의 통행존들을 연결하는 노선들에 배정하는 단계로 각 도로구간의 총통행량을 구하는 과정이다. 이때 여러 가지 방법으로 통행가능한 노선들에 각각 할당되어지는데, 현재 이용되는 방법은 도로의 용량과 통행시간의 증가를 고려하여 통행량을 할당하는 방법이 주로 이용한다.

(4) 교통계획 평가

교통 평가과정은 교통투자, 교통정책 등 교통에 관련된 행위의 가치를 평가하는 과정으로 교통사업의 타당성을 평가하여 사업의 가치를 따져보는 행위이다. 교통체계 변화에 의한 효율성과 효과성을 측정하여 사업안의 실효성을 판단한다.

6) 도시교통정책

교통으로 발생하는 사회 문제들을 완화시키고 교통의 원활한 흐름을 위해서 제시된 교통정책들은 교통시설의 공급, 기존 시설의 운용의 효율성 증대, 교통수요조절, 신이론 및 신기술 도입 등으로 그 실효성이 인정된 정책안들이다.

(1) 교통시설 공급

교통시설의 공급을 통해 현 교통문제를 해결하는 정책으로, 공급수준은 공급자에 의하기보다 사용자에 의해서 설정되어지는 경우가 많다. 즉 정부나 민간단체는 교통기반시설을 건설하고, 교통장비를 설치하고, 교통서비스를 공급함으로 특정 지역이나 도로의 교통혼잡을 완화한다.

한편, 자가용 이용의 급속한 증가로 인한 과도한 통행량을 모두 교통시설의 확충으로 해결하는 것은 정부의 재정적인 문제와 장기간의 공사기간 등의 문제들로 제약을 받는다. 또한 도로의 확장이나 신설은 초기에는 교통혼잡현상을 완화하는 듯 하나, 새로운 교통수요의 증가로 또 다시 교통체증을 발생시킨다.

(2) 기존 시설 운영의 효율성 증대

기존의 교통시설을 이용하여 보다 효율적인 교통시스템의 운영을 도모하여 교통문제를 해결하는 교통체계관리(TSM: Transportation System Management) 방안은 도시교통체계의 구성요소를 고려하여 교통시스템 전체의 생산성, 즉 예산과 에너지를 절감하고 환경의 질을 높이고 도시환경을 개선하는 단기교통개선계획 운영과정이다. 버스전용차선제나 카풀제 등이 이에 포함된다.

(3) 교통수요 조절

통행자의 특정 지역이나 시간대별로 통행수요를 억제시키는 정책이 현 교통문제를 효율적으로 해결하는 중요한 방법으로 부각되고 있다. 근본적으로 자가용 보유율을 줄이는 방법으로 자가용 승용차의 과세나 구입시 취득세와 등록세를 높여서 자가용 구입을 제한하는 방법을 들 수 있다. 또 다른 방법은 자가용 이용에 대한 재정적인 규제방안으로 높은 주차비나 주행세 및 혼잡통행료 등의 징수로 통행자로 하여금 자가용 승용차 이용을 억제하고 대중교통수단을 이용하도록 유도한다. 또한 출퇴근 시간의 조정으로 오전과 오후 첨두시간대의 통행량을 분산시키는 방법도 효과적인 방법중의 하나이다.

(4) 신이론 및 신기술 도입

현대의 교통환경을 환경친화적인 교통체계로 만들어 국가의 경쟁력을 높여야 한다는 점에서 지속가능한 개발 이론과 이에 대한 새로운 기술을 도입하고 있다.

교통분야에서의 지속가능한 개발

현재 환경의 문제를 인식한 제3세계국가들이 유럽의 도움을 받아 개발과 환경보존의 균형을 이루고자 하는 지속가능한 개발(sustainable development)을 실천하고 있다. 이러한 개발패턴은 여러 부작용을 일으키고 있는 교통분야에서도 예외없이 적용된다. 도시교통에서 초기에는 접근성의 향상을 위하여 자가용 승용차의 이용위주의 교통정책을 폈으나, 점차 교통혼잡 및 환경 오염 등으로 사회, 환경, 도시구조적 측면에서 교통이 악영향을 끼치게 됨에 따라 현재의 교통문제에 대하여 지속가능한 개발안들이 제시되고 있다. 교통분야에서 제시된 몇 가지 개발안들은 다음과 같다.

① 가솔린 수입을 감소하여 국가 경제 경쟁력 높힘
② 교통체증을 줄이고 통행수요빈도를 감소
③ 자가용대체수단의 질적인 향상을 도모
④ 차량속도와 차량감소방법을 개발 (traffic calming법 등 개발)
⑤ 복합토지이용(mixed land use)를 조성

교통분야에서의 첨단 기술

첨단 도로교통 체계(IVHS; Intelligent Vehicle/Highway Systems)는 첨단차량을 첨단도로상에 투입하여 교통 체계의 효율성, 안정성, 안락성 확보와 환경보호 및 에너지 절감을 위하여 차량과 도로를 통합하는 첨단기술 시스템이다. 이는 크게 도로교통관리체계, 교통정보안내체계, 화물운송 및 대중교통정보체계, 그리고 차세대 도로 및 차량제어체계 등 4개의 시스템으로 구성되어 효율적인 교통 체계를 도모한다.

■ 참고문헌

권용우 외. 1998, 『도시의 이해: 도시지리학적 접근』, 박영사

김 인 외. 1995, 「최근 도시지리학의 연구동향: Progress in Human Geography의 도시 지리 Progress Report를 중심으로」, ≪지리학논총≫, 제26호.

김 인. 1986, 『현대인문지리학: 인간의 공간조직』, 법문사.

김익기. 1993, 「교통수요관리의 이론과 실제」, ≪도시 문제≫, p.46-70.

노정현. 1999, 『교통계획: 통행수요이론과 모형』, 나남출판.

노시학, 1992, 「도시지역에서 자가용 승용차 이용억제를 위한 정책대안」, ≪교통정보≫, pp.12-17.

원제무. 1997, 『도시교통론』. 박영사.

하성규·김재익. 1996, 『지방화 세계화 시대의 도시관리론』, 형성출판사.

한주성. 1996, 『교통지리학』, 법문사.

홍경희. 1981, 『도시지리학』, 법문사.

Hodge, D. C. 1990, "Geography and the Political Economy of Urban Transportation," *Urban Geography*, 11, 1, pp.87-100.

Jones, Emery. 1985, 『인문지리학원리』. 법무사.

Levy, J. M. 1997, *Contemporary Urban Planning*, 4th Condition. Prentice Hall.

Papacostas, C. S. and P. D. Prevedous. 1993, *Transportation Engineering and Planning*: Prentice Hall, Inc.

President's Council in Sustainable Development. Energy and Transportation Task Force, 1996, *Energy and Transportation Task Force Report*, Washington. D. C.: the Council.

Transportation Research Board. 1997, *Toward a Sustainable Future*, Special Report 251, Transportation Research Board, National Research Council.

제13강 산업과 경제

   본 장은 경제지리학적인 관점에서 경제현상과 경제활동을 쉽게 이해할 수 있도록 꾸몄으며, 크게 세 개의 주제를 중심으로 접근하였다.

   첫번째는 경제순환과 경제의 서비스화이다. 경제순환은 경제현상을 이해하는데 가장 기본적인 개념이다. 따라서 기업이 상품을 생산하고 판매하는 과정과 소비자들의 소비활동, 기업과 가계에서 발생한 이익의 분배 등 경제의 기본적인 내용을 바탕으로 정리하였다. 아울러 최근에 3차 산업의 거대화와 정보화의 진전에 따른 서비스의 개념 변화를 고려하여, 선진사회에서 나타나는 서비스화의 특징을 요약하였다. 이들 내용을 토대로 일상생활에서 끊임없이 일어나는 경제현상의 특성이나 정보화가 경제의 흐름에 어떠한 영향을 미치고 있는지를 이해할 수 있을 것이다.

   두번째는 한국경제의 성장과 전망이다. 여기서는 1970년대 이후 한국이 고도경제성장을 달성하게 된 역사적인 배경과 더불어 그 과정에서 나타나는 여러 가지 특징과 문제점을 정리하였다. 오늘날의 한국경제가 성장하게 된 배경과 앞으로의 지속적인 발전 가능성에 대해 신중히 생각해 볼 수 있는 기회가 될 것이다. 특히 두번째 주제에서는 최근 '신지식인'이라는 용어가 자주 회자되고 있듯이, 정보화 사회에서 특징적으로 나타나는 지식기반산업의 개념과 지식사회에서의 경제활동에 대한 기본적인 내용을 간략하게나마 삽입하였다. 앞으로 한국 경제의 세계화는 다름 아닌 지식기반산업의 성공여부에 달려 있다고 할 수 있을 것이다. 그러므로 비록 단편적인 내용이지만, 한국이 지식사회로 안착하기 위해서는 젊은 세대들의 노력이 필요함을 깨달아야 할 것이다.

세번째는 경제현상과 경제활동에 대한 관련성의 이해이다. 이 주제에서는 경제현상과 경제활동을 좀더 구체적으로 이해할 수 있도록 서울시내 주유소의 입지와 확산에 대한 내용을 선정하였다. 오늘날 자동차 수의 증가에 따라 주유소도 우후죽순처럼 생겨나고 있다. 그러나 다른 측면에서 보면, 대기업의 정유회사나 개별 주유소 경영자들은 그들 나름대로 치열한 경쟁과 경영전략하에서 경제활동을 영위하고 있음을 인식할 수 있다. 이와 함께 경제의 세계화 현상에 의해 실행된 사회적 제도의 모순점과 국내 유류업계의 비정상적인 경제활동의 일단면도 이해하게 될 것이다. 특히, 이 주제를 통해서는 자본주의하에서의 경제활동은 개인이나 기업이 동시에 자율적이며 적극적으로 행할 수 있는 행위이지만, 시장의 원리를 무시한 인위적인 개입은 경제의 흐름에 큰 소용돌이를 일으킬 수도 있음을 깨달아야 할 것이다.

1. 경제순환과 경제의 서비스화

1) 경제순환

경제란 경제재(재화)를 중심으로 개인과 개인, 개인과 집단 또는 집단과 집단 사이에서 서로 사회적인 유대관계를 맺는 활동이라 할 수 있다. 그러므로 우리사회는 재화를 생산하고 소비함으로써 유지되고 있으며, 그 행위는 한번에 그치고 마는 것이 아니라 끊임없이 반복되고 있는 것이다. 이와 같이 끊임없는 재화의 생산과 소비에 따른 이동을 경제순환이라 한다(<그림 13-1>). 이것을 자연과의 관점에서 보면, 자연과 인간 사이의 물질대사라 할 수 있을 것이다.

생산에 대해 좀더 구체적으로 접근해 보기로 하자. 보통 우리가 생산이라 했을 때는 물적 재화의 생산을 의미하는 것이다. 이 과정은 곧 자연에 의존하여 생활에 필요한 물건을 만들어 내는 것이다. 오늘날은 자급자족의 경제체제와는 달리, 물건들은 상품화하여 시장에서 판매할 것을 목적으로 생산되고 있는 것이다. 따라서 물건을 구입하기 위해서는 시장에서 화폐와 교환하지 않으면 안 된다. 그리고 시장에서 화폐로 상품을 교환하는 단계에서는 필연적으로 유통이라는 일련의 과정을 걷치게 된다.

오늘날의 경제사회는 사회적 분업체제에 의해 명확히 구분되고 있으며, 그렇기 때문에 생산이란 측면도 독립된 분업체제 속에서 각종 재화가 생산되고 있는 것이라

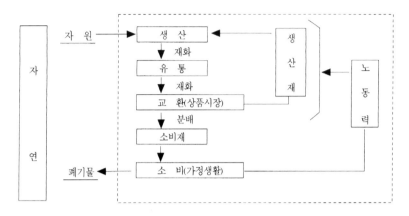

자료: 赤羽孝之·山本 茂, 『現代社會の地理學』, 1989, p.31을 일부 수정.

<그림 13-1> 경제순환의 모식도

할 수 있다. 생산에 있어서 분업이란 사회적 분업인 동시에 지역적 분업이기도 하다. 다시 말하면, 농업지역과 공업지역 등 일련의 생산지역이 분화되어 가고, 그 생산지역 속에서도 더욱 전문화된 지역들이 나타나게 된다.

한편, 소비활동에서는 분업이란 형태가 있을 수 없다. 어떤 직업을 갖거나 또는 어떠한 지역에 살고 있는 사람이라도 일상생활을 유지해 나가는 한, 일정한 종류와 일정한 양의 생활 필수품이 필요하다. 이처럼 분업에 의해 행해지는 생산활동과 분업이 존재하지 않는 소비활동이 연결되어 나타나는 단계가 바로 유통이며, 이 유통과정이 있음으로 인하여 시장에서는 교환이 성립되는 것이다.

그러므로 자급자족의 경제에서 상품경제로 이행되거나 혹은 상품경제체제하에서 분업이 심화되면 심화될수록 생산과 소비는 시간적으로도 공간적으로도 분리되어, 결국 유통부문과 교환부문은 상대적으로 확대된다. 단지 경제사회라는 전체적인 입장에서는 어떤 물적 재화가 해마다 생산되는 것이 기본이며, 그런 과정을 통해 오늘날의 경제사회가 성립되고 있기 때문에, 유통(운반)과 교환에 관한 서비스의 제공은 경제순환이란 전체적인 틀 속에서는 부차적인 것으로 생각할 수도 있다.

보통 상품이라고 하는 재화에는 두 가지 종류가 있다. 하나는 생산재(원료, 기계, 생산설비 등)이고, 또 다른 하나는 소비재(생활 필수품, 기호품, 사치품 등)이다. 전자는 주로 기업(자본)이 사들인 후에 생산활동 과정에서 다시 활용한다. 후자는 가계(소득)에 의해 사들여지며 여러 세대의 가정 속으로 흘러들어 간다. 그리고 대부분의 재화는 일단 예상적인 생산을 통하여 조절되는데, 결국은 생산된 재화들이 시장에서 판매되고 나서야 비로소 사회적인 수요가 어느 정도였는지를 알 수 있게 된다. 분업을 기본으로 하고 있는 자본주의 경제의 경우, 어느 누구도 교환이라는 과정을 걸치지 않고서는 생활해 나갈 수 없다. 하나의 물건이 상품인 이상은 화폐를 매개로 연쇄적으로 교환작용이 뒤따르는 것이다. 따라서 화폐는 교환의 수단인 동시에 상품의 가치척도를 나타내는 것이기도 하다. 이처럼 오늘날의 사회는 상품의 생산, 유통, 교환, 분배 및 소비에 의해서 서로 연결되어 있는 사회라고 볼 수 있다.

분배는 기본적으로 소득과 이윤의 분배이며, 소득은 생산에서 직·간접으로 기여한 것에 대해 분배된다. 상품은 시장에서 판매되고 자본의 순환이 이루어져 다시 화폐의 형태로 돌아오게 된다. 그리고 총수입은 다시 임금과 지대(집세)를 포함하는 생산비, 차입금의 이자, 각종 수수료(상업이윤), 기업이윤 및 세금 등으로 재분배되고, 기업이윤에서는 주식 소유자에게 이익 배당금이 분배된다. 이처럼 상품이 생산되고 시장에서 화폐로 교환되기까지 관련되는 여러 단계, 특히 생산에서 관계되는 단계에 의해 각종 소득과 이윤이 분배된다. 그리고 그것들은 노동자나 지주, 금융업, 상점, 기업가, 주식 소유자 등 사회적 계층과도 대응하게 되는 것이다. 또한 그들의 소득은 일차적 소득으로서, 가령 공무원이나 의사, 호텔업 및 관광업자 등이 얻는 소득과 같이 이차적 소득이 파생적으로 생겨나게 되는 것이다.

소비는 생산재의 소비 즉 생산활동을 제외하면, 각 가정에서 행하는 소비재의 소비이며 결국 그것은 노동력의 재생산으로 취급할 수 있다. 간혹 소비는 최종적 소비 등으로 부르고 있지만, 경제활동이라 하는 것은 결코 그 단계에서 끝나는 것이 아니다. 의식주에서 필수품을 소비하며 가정에서 휴식을 취하는 일은 매일, 매주 혹은 매년 인간의 노동력을 반복해서 재생산하기 위한 수단이며, 또한 자식들의 양육은 그 다음 세대의 노동력을 만드는 단계에 있다는 것을 의미하는 것이다. 이러한 노동력은 결과적으로 노동시장을 통해 기업이 흡수함으로써 각종 생산활동에 투입하게 된다. 경제는 이처럼 소비를 매개로 하여 끊임없이 반복되는 것이다.

이상과 같이 경제순환이 끊임없이 반복되면서 재생산의 질서가 장기간에 걸쳐 가능하게 하기 위해서는 항상 생산과 소비가 일정한 균형을 이루고 있어야 한다. 따라서 그것은 재화와 노동력이 시장에서 나타나는 수요와 공급의 균형이며, 생산에 있어서는 생산재와 소비재의 균형이기도 하다. 또한 소득과 이윤에서는 분배상의 균형인 동시에 생산비와 저축의 균형이기도 한 것이다. 그러한 균형은 여러 국가나 여러 지역 사이에서 나타나는 공간적인 균형이어야 한다. 자본주의의 경제에서는 그러한 균형의 조절은 시장이 담당하며, 그것은 바로 시장가격으로 존재하게 되는 것이다.

<표 13-1> 세계 여러 국가의 산업구조

국가명	1997년도 GDP (백만$)	산업분류(%)		
		1차 산업	2차 산업	3차 산업
미국	6,343,300	3	17	80
일본	4,201,636	2	38	60
독일	1,712,938	3	25	72
프랑스	1,396,540	2	26	71
영국	940,941	2	20	78
중국	825,020	20	51	29
캐나다	465,584	4	17	79
한국	442,543	6	43	51
오스트레일리아	391,045	4	28	68
네덜란드	360,472	3	27	70
인도	359,812	27	30	43
가나	6,762	47	17	36
캄보디아	3,095	50	15	35

주: 미국, 독일, 영국 및 캐나다의 GDP는 1993년도 수치이며, 산업분류(%)는 1996년도 수치임.
자료: 박삼옥, 『현대경제지리학』, 1999, p.251; 통계청, 『한국의 사회지표』, 1998, pp.526-527.

2) 경제의 서비스화

　오늘날 개발도상국에서는 공업화가 주된 관심사가 되고 있지만, 상대적으로 주요 선진공업국에서는 산업구조에서 3차 산업의 거대화가 문제시되고 있다. 이와 같은 경향은 산업구조에서 3차 산업의 비중이 갈수록 상승함에 따라 부각되고 있다. 1996～1997년 시점에서 보면(<표 13-1>), 미국은 이미 80%에 달하였고, 캐나다, 영국, 독일, 프랑스 및 네덜란드는 70% 이상을 점하고 있으며, 이웃 나라인 일본의 경우도 60%대에 진입한 상태이다. 우리 한국의 경우도 51%를 초과함으로써, 경제의 서비스화가 진전되고 있음을 간접적으로 확인할 수 있다. 3차 산업에 대한 비중의 증가는 노동력 구성에서 잘 나타나며, 소득구성에서는 그다지 명확한 경향이 나타나지 않는다. 이 점은 2차 산업과는 달라서 비교생산성은 낮고, 고용흡수력은 크다는 것을 의미하는 것이라 하겠다.

　보통 노동력 인구의 산업별 구성비는 수요량에 비례하고 비교생산성에 반비례한다. 생산성이 높으면 그 만큼 노동절약적이 되며, 반대로 낮으면 고용흡수적 혹은 노동집약적이 된다. 경제 성장기에 2차 산업이나 3차 산업의 노동력 구성비가 늘어나는 것은 주로 소득탄력성에 의한 수요의 신장이며, 그 이후에도 여전히 3차 산업이 증가하는 것은 수요의 증가뿐만 아니라 노동생산성이 낮기 때문이다. 2차 산업에서는 생산성이 항상 높고, 높은 생산성에 의해 노동력 구성비는 한계에 달한 상태가 되는 것이다.

3차 산업의 소득구성비가 명확하게 진전된 경향을 보이지 않는 것은 다양하고 이질적인 부문으로 성립되고 있다는 사실에도 기인한다. 3차 산업에는 생산력의 확대, 산업구조의 고도화와 관련하여 발달한 근대적 서비스 부문(예: 운수, 통신, 공공부문, 교육, 전문 서비스 등)과 그것과는 관계없는 전통적인 서비스 부문(예: 상업, 종교, 기타 개인 서비스, 공공부문의 일부 등)이 포함되어 있다. 전통적 부문에는 가계와 경영이 분리되지 않은 영세한 경영이 많은데, 특히 개발도상국에서는 그 비율이 상당히 높게 나타난다. 따라서 이것들을 합한 3차 산업은 근대적 부문과 전통적 부문이 서로 상쇄되기 때문에 구조적인 변화가 명확하지 않은 것이라 할 수 있다.

최근 여러 선진공업국에서는 경제의 소프트화와 서비스화가 급속도로 진전되면서 주목받고 있다. 선진공업국의 경우는 이미 공업화에 의해 성숙하고 풍요로운 사회 즉 고도산업사회에 도달했지만, 근래에 이르러서는 전환의 시기를 맞이하여 탈공업화 사회(Post-industry Society)가 본격화되고 있는 것이다. 다시 말해, 산업혁명 이후의 하드(Hard)화 시대라고 해야 할 근대화 및 공업화의 시대에서 탈피해서 새로운 소프트(Soft)화를 추구하는 정보기술의 시대로 전환하고 있다는 의미가 된다. 여기서 '소프트(Soft)'화에 대한 구체적인 의미는 궁극적으로 아래에 제시하는 여러 현상들을 가리키는 것으로 이해할 수 있다.

① 물질적인 풍요로움보다도 마음속의 풍요로움을 지향하는 경향이 높으며, 높은 질을 상품화하는 새로운 서비스 산업이 발전하고 있다.
② 개개인의 생활이나 소비자들의 다양한 욕구에 대응해서 양보다는 질적인 다품종 소량생산의 시대로 이행되고 있다.
③ 과학 기술적 측면에서는 정보화, 소프트화, 세련화, 소형화 등과 같은 지식집약형 기술 의존도가 한층 높아지고 있다.
④ 집약형이며 대량생산의 대기업보다는 다품종 소량생산에 적합하고 기동성과 활력이 넘치는 중소기업들의 활동적 무대가 넓어지고 있다.
⑤ 가계소득내에서는 교육, 교양, 의료, 스포츠, 여행 및 레저 비용이 증가하고 있다.
⑥ 여성 노동력이 진출하는 현상이 두드러지게 나타난다. 그리고 이 점에서는 대규모화에 의한 중앙집적 효과보다도 지역적 분산이 지향되고 있으며, 줄기-가지형(幹枝型) 구조에서 뿌리-줄기형(根莖型) 구조로, 집중형 구조에서 분산형 구조로 비중에 대한 이동이 한층 강화되고 있다.

이상과 같이 소프트화란 생활양식과 가치관의 변화까지도 포함한 최근의 경향을 말하는 것이며, 서비스화란 산업구성에서 서비스 부문이 확대되는 것을 가리킨다.

그리고 그것은 단순히 3차 산업의 확대뿐만 아니라 전 산업 부문에서 지식노동의 서비스가 증가하고 있다는 점, 또는 과거의 물적 투입에 비하여 비물질적 투입이 증가하는 과정을 가리키는 것이기도 하다. 산업 내부의 서비스화란 각 산업에서나 기업에서 정보, 조사, 기술, 연구, 기획, 관리, 사무, 영업, 광고 등의 서비스 노동에 대한 비중이 증가(블루 컬러에 대한 화이트 컬러의 증가)하는 것을 말한다.

이러한 배경에서 산업의 확대에 따라 혼성산업인 3차 산업을 재분류할 필요성이 있음을 강조하고 있다. 한 예로, 이웃 일본에서는 4차 산업, 5차 산업 등의 새로운 분류를 시범적으로 행하고 있다. 그리고 학자들도 여러 형태로 분류하고 있는데, 아래에 제시한 것도 한 예라 할 수 있다. 최근 이들 분류 중에서는 생산자 서비스와 개인적 소비자 서비스의 개념이 중요시되고 있는 가운데, 특히 기업적인 차원에서는 대대적인 시장조사와 함께 소비자들의 심리 등에 대한 연구가 심층적으로 행해지고 있다.

중간 투입 서비스
① 유통 서비스: 운수, 보관, 통신, 도매, 소매, 광고, 선전 등
② 생산자 서비스: 엔지니어링, 회계, 기획 및 설계, 연구개발, 조사, 법률, 금융, 부동산 등

최종 소비 서비스
① 사회 서비스: 의료, 교육, 출판, 매스컴, 우편, 보건, 복지, 공공부문 등
② 개인 서비스: 식료, 세탁, 이(미)용, 호텔, 레저, 스포츠, 여행 등

2. 한국경제의 성장과 전망

1) 한국경제의 특징

(1) 한국경제의 성장 과정
우리나라는 그 동안 수출확대를 바탕으로 NIES(신흥공업경제군)의 핵심멤버로서 고도경제성장을 이루어 왔으며, 특히 1970년대부터 1990년대 초반까지는 내수와 수출이 폭발적으로 확대되면서 비약적인 성장을 할 수 있었다. 그 결과 1994년도의 국민총소득(GNI, Gross National Income)은 약 3,017억\$로서 1인당 GNI는 8,998\$에 달

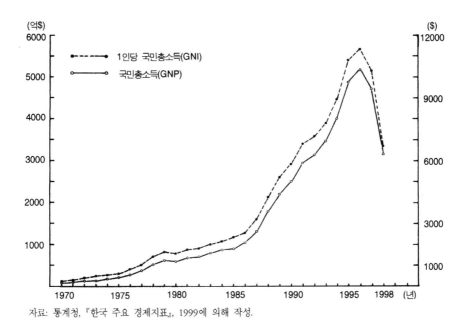

자료: 통계청, 『한국 주요 경제지표』, 1999에 의해 작성.

<그림 13-2> 국민총소득(GNP) 및 1인당 국민총소득의 변화(1970~1998)

하였고, IMF 구제금융을 받기 직전인 1996년 단계에서는 이미 1인당 GNI가 11,000$를 초과하고 있었다. 그리고 1999년 단계에서는 달러당 원화 환율의 저하에 따른 차손 등으로 1991년도 수준인 6,800$대에 머무르고 있으나, 경기 회복률은 의외로 순조롭게 진행되고 있어서 가까운 시기에 다시 1인당 GNI가 10,000$ 수준으로 회복할 가능성을 보이고 있다(<그림 13-2>).

지금까지 우리나라는 국제시장에서 저렴한 가격을 무기로 삼아 상품을 판매해 왔으나, 1980년대 후반부터는 임금상승으로 인해 국제경쟁력의 저하를 초래하는 등 경제가 둔화하는 상황을 맞게 되었다. 한국이 1960년대부터 1970년대에 걸쳐 '한강의 기적'이라 일컫는 경제발전을 이룩한 사실은 이미 전세계적으로 널리 알려져 있다. 이러한 발전에 대해 외국의 모든 언론에서는 박정희 대통령의 통치력을 바탕으로 해외로부터 기술도입의 충실한 이행과 더불어 수출위주의 산업을 꾸준히 육성한 결과라 지적하고 있다.

그 당시 정부는 국책기업으로서 포항종합제철소(현 POSCO)를 설립하는 한편 현대, 삼성, 대우, 럭키 금성(현 LG그룹) 등 재벌기업들을 육성하기도 하였다. 1960~1970년대의 주요 수출산업으로서는 특히 섬유류, 신발류 및 완구류 등의 경공업 부문과 중화학 공업의 철강과 선박(조선업)이 담당하였다. 그리고 해외건설공사 등 주로 노동집약적인 산업이 외화획득에 일등공신의 역할을 하였다. 이러한 수출산업은 양질의 값싼 노동력을 바탕으로 하고 있었기 때문에 가능한 것이었다. 이 과정에서 국민총생산액은 비약적인 수치를 기록하였고 국민의 살림살이도 점점 나아지기 시작하였다.

이상과 같은 공업육성과 수출주도정책에 힘입어, 한국동란으로 인해 단 한 개의 다리도 없었던 한강 위에 1980년대에는 이미 20여 개에 이르는 다리를 건설할 정도로 큰 성장을 한 것이다. 그리고 우리들 스스로가 경제의 성정과정을 지켜 본 것이다. 바로 이렇게 하여 '한강의 기적'은 탄생된 것이며, 외국에서는 한국의 젖줄인 한강을 통하여 그 동안의 성장을 평가하였던 것이다. 말하자면, 한강 위를 관통하는 다리의 수는 한국 경제를 평가하는 중요한 대상이 되고 있었던 것이다.

1980년대에 들어와서는 전기밥솥, TV, 세탁기, 냉장고 등 전자제품은 물론 자동차 등 조립가공형의 산업발전에도 전력을 다했다. 그 결과, 이 제품들은 1990년대에 들어와서도 중요한 수출품목으로 자리잡게 되었다. 그러나 일본으로부터 생산을 위한 기계와 부품을 주로 수입한 후, 그것을 조립해서 수출하는 방식을 취하고 있었기 때문에, 꾸준히 외형적인 성장과 발전은 하면서도 다른 한편으로는 일본으로부터의 수입량이 매년 증가함으로써 항상 무역적자에 시달려야만 하는 모순된 상황에 처하게 되었다.

한편, 우리나라는 그 동안 지속되어 왔던 경제발전을 과시라도 하듯이 1988년에 서울올림픽을 개최하게 된다. 당시 올림픽 개최에 대해서는 일부 계층에서 시기상조라는 의견이 있었던 것처럼 찬반양론도 무성하였던 것이 사실이다. 어떻든 서울올림픽까지의 수년간은 원화의 시세가 낮았고 국제유가가 저렴하였으며, 또한 국제금리마저 상당히 낮았던 영향에 힘입어, 수출폭은 크게 증가하는 국면을 맞았다. 그래서 우리 한국은 흔히 지적하는 '3저 경기의 호황'을 연출하게 되었는데, 이 당시 주역은 바로 가전제품류와 자동차였다.

그러나 1970년대 이후 고도경제성장을 이루며 형성된 산업구조는 경제적인 모순을 초래하였고, 1988년 이후 민주화를 추진하는 과정에서는 국내의 인건비를 급상승시키는 결과를 가져왔다. 그 결과, 우리나라의 제품은 수출경쟁력을 잃게 되었고, 동시에 일시적으로 흑자를 보이던 무역수지는 1989년부터 다시 적자로 전락하기 시작하였다. 여기에다 수입량은 매년 증가함으로써, 우리나라의 경제는 이중으로 악화되는 상황을 맞게 되었다. 이러한 사실은 1991년의 무역적자가 그 당시까지는 최대 수치인 97억$나 된다는 점에서 충분히 이해할 수 있다.

그러한 가운데에도 1990년과 1991년의 실질 성장률은 각각 9.3%와 8.4%로 고도

성장이 지속되었다. 특히 주택 2,000만 호 공급계획 등에 의한 건설 붐이 계기가 되어, 임금의 상승과 함께 내수가 급격히 확대되는 상황을 맞게 된 것이다. 따라서 한동안 부진했던 대외수출이 회복되는 듯한 상황으로 이어졌다. 그러나 그러한 상황은 무역적자의 확대에 더욱 박차를 가하는 격이 되었고, 동시에 소비자물가 상승률이 연간 거의 10%대에 육박하는 인플레이션을 초래하는 사태로 이어졌다. 정부는 내수 과열에 의한 무역적자의 확대나 인플레이션을 억제하기 위한 수단으로 1991년 후반부터 총수요 억제정책을 내놓기도 하였다. 더불어서 성장률의 목표는 7%대로 다소 낮게 설정하고, 안정된 성장으로의 연착륙을 시도하였다.

(2) 무역 상대국의 다변화를 위한 시도

이미 잘 알려진 것처럼, 우리나라의 가장 중요한 무역상대국은 미국이다. 미국과는 총 수출량의 약 ¼에 해당하는 무역량을 보이며 전기, 섬유 및 자동차 등의 주요 수출시장으로 자리잡아 왔다. 그러나 1992년부터 미국은 캐나다 및 멕시코와 더불어 북미자유협정(NAFTA)을 결성한 상황이며, 우리나라의 철강이나 반도체 등 여러 품목에 대해서는 덤핑관세와 까다로운 조건(예를 들면, 슈퍼 301조) 등을 내세우고 있어서, 향후의 수출이 순조롭게 이루어질 수 있는 상황은 아니다.

미국 다음으로 무역액이 높은 국가는 일본이다. 특히 섬유와 철강 등의 수출시장이 되고 있는 한편 자동차, 전기 및 기계 등의 부품이나 원자재를 주로 수입하는 점은 무역액의 큰 배경이 되고 있다. 또한, 설비투자용 기계류의 수입량도 많아, 만성적으로 나타나는 대일 무역적자는 정부가 항상 고민하는 일이기도 하다. 하나의 실례를 들면, 1991년에는 설비투자의 쇄도로 인해 대일 무역수지는 88억$나 적자를 보게 되었다. 이 때문에 1992년 7월 한일 양국은 공동으로 무역 불균형을 개선하기 위한 '실천계획(액션 플랜, Action plan)'을 발표하기도 하였다. 여기에는 기술이전을 위한 재단의 설치나 무역불균형의 개선책을 논의하는 한일 경제인 포럼을 구성하는 사업들이 포함되어 있었지만, 이것만으로 대일 무역적자가 간단하게 해결되지 않았다. 결국 한국산 제품의 경쟁력 회복과 더불어 한국의 기업들 자체가 스스로 적극적인 개선책을 마련해야 하는 상황으로 이어졌다.

최근 우리나라 경제인들이 항상 주목하고 있는 수출지역은 중국이다. 중국과의 경제관계는 냉전종결이라는 배경도 한 몫을 했지만, 1980년대 말부터 꾸준히 정부차원에서 진행되어 온 결실이 맺어진 것으로도 해석할 수 있다. 1992년 8월의 한·중 국교수립을 계기로 하여, 시장개척을 위한 중국지역에의 관심과 조사활동은 가일층 박차를 가하는 격이 되었다. 인구 13억 명을 지닌 중국은 새로운 수출시장으로서 기대가 클 뿐만 아니라, 값싼 노동력을 제공해 줄 생산거점으로서의 매력을 지닌 지역이라 할 수 있는 것이다.

아울러 앞으로 시장개척을 위한 지역으로서 경제교류의 상대는 다름 아닌 북한이라 할 수 있을 것이다. 1988년부터 북한과의 무역이 허락된 이후, 민간 주도형의 경제교류가 바탕이 되면서 매년 그 무역량은 급커브를 그리며 높아지고 있다. 우선 국내보다도 인건비가 저렴하기 때문에 생산거점으로서의 장점이 많다. 특히, 최근 북한지역에서 각종 제품을 조립하거나 가공하여 완제품을 국내 및 국외로 수출하는 기업들이 증가하는 상황은 매우 고무적이라 평가할 수 있다.

그러나 현재는 거의 단순조립에 의한 완구류나 수공이 필요한 의류제품 등이 주종을 이루고 있는 실정이어서, 앞으로 두 지역의 정치적인 협조체제만 구축된다면 상품판매를 위한 시장으로서나 제품생산을 위한 거점으로서도 중요한 지역으로 등장할 것이 분명하다. 이러한 상황을 고려하여 국내의 대기업들도 북한지역의 개발과 제품생산 기지를 구축하기 위한 시도를 계속하고 있다. 그러한 시기에 등장한 것이 바로 1998년 현대에 의해 시도된 '금강산 관광'이라 하겠다. 1999년 6월에 북한 측이 국내 관광객을 억류하는 등 다소 문제가 발생하기는 했으나, 보다 효과적인 방향으로 의견이 수렴된다면 앞으로의 가능성은 매우 높다고 전망할 수 있다.

(3) 무역구조의 변화

천연자원이 풍부하지 못한 우리나라는 최근까지도 석유를 비롯한 각종 원료나 연료 및 기계부품을 주로 수입에 의존하고, 가공과 조립을 토대로 완제품을 만들어 수출하는 가공무역형의 경제체제를 유지해왔다. 그리고 내수가 지속적으로 증가하고 있다고는 하나 아직도 수출 의존도가 훨씬 높으며, 지속적인 발전을 위해서는 수출확대가 불가결한 상황이다.

1980년대에 지속적인 수출을 담당해온 부문은 역시 가전·전자산업이라 할 수 있는데, 그 실례를 들면, 1991년의 총 수출액에서는 28%나 차지할 정도였다. 수출의 중심은 텔레비전, 라디오 카세트, VTR 등 가전제품이었지만, 1990년대에 들어오면서 삼성과 LG 등 대기업에서는 반도체에도 힘을 쏟아 급속히 기술력을 갖추게 되었다. 현대와 대우 및 기아를 핵심으로 하는 자동차 산업도 중요한 산업부문으로 정착하게 되었다. 그 결과 1980년대 후반에는 저렴한 가격을 무기로 하여 자동차를 미국시장에다 판매하는데 성공하였다. 그러나 품질이 그다지 높게 평가되지 않아 1989년 이후 한동안 대미수출은 고전을 면치 못하던 시기도 있었다. 그 대신 내수확대를 통해 수출의 감소분을 보충할 수 있었고, 최근에는 동유럽의 시장을 개척하여 판로 확대에도 성공하게 되었다. 어떻든 이제 자동차 산업은 세계굴지의 생산국과도 어깨를 견줄 수 있는 수준까지 성장하였다. 그러나 최근 국내의 경제적 여건에 따른 기업들의 구조조정에서 삼성, 기아, 대우자동차 등이 그 대상에 포함됨으로써, 한국의 자동차 산업은 사상 유래없는 큰 전환점을 맞이하게 되었다.

소재산업으로서는 포항종합제철소(POSCO)로 대표되는 철강산업이 순조롭게 성장하는 한편, 1980년대 말부터 석유화학산업에 대한 설비투자가 활발히 진행되었다. 따라서 석유화학제품의 수출은 1991년 이후에도 계속해서 확대하는 국면을 맞게 되었다.

한편, 오랜 기간 동안 수출의 효자 역할을 담당하며 '한강 기적'의 원동력이 되었던 섬유산업은 수출실적이 급속히 떨어지며, 구조적 불황으로 고전을 면치 못하는 상황이 되었다. 특히 인건비의 상승으로 인해 상대적으로 생산비용이 상승한 결과 중국, 인도네시아 등 개발 도상국 제품과의 가격경쟁에서도 도저히 견줄 수 없는 상황으로 전락하고 말았다.

바로 여기서 우리 한국의 경제는 구조적인 조정과 전환이 필요하였다. 우선 경쟁력이 떨어진 방적과 봉제 등 그 관련 기업들은 생산거점을 개발도상국으로 옮기기 시작하였다. 가전제품류의 분야에서도 무역마찰에 대응하기 위한 수단으로, 해외에서 생산하는 방식을 취하는 기업들이 많아지면서 해외진출기업은 매년 증가하게 되었고, 더불어 기업들의 해외직접투자도 크게 확대되었다.

금융산업에서는 국제화가 급진전되었다. 그것은 미국의 강력한 압력을 받으면서 정부가 시장개방 압력에 대응할 목적으로 1991년 이후 계속해서 금리와 외환 등의 규제를 완화하였기 때문이다. 1992년 초에는 오랫동안 해외 투자가의 관심을 모았던 주식시장이 일부 조건부이기는 하나 대외개방이 이루어졌다. 우리나라의 기업들도 국제화 및 세계화와 더불어 다국적화하고 있기 때문에, 금융의 시장개방은 더욱더 진전될 전망이다.

2) 한국경제의 문제점과 전망

(1) 지속되는 노사문제

1986년 이후 순탄한 성장을 해온 한국의 경제는 1989년에 이르러 수출부진과 인플레이션 현상이 겹치면서 불균형이 초래되기 시작하였다. 이것은 지난 3년간 지속되어온 압축성장에 대한 반동이라는 측면이 강하여 일종의 순환적 조정국면이라고 지적하기도 하지만, 그와 더불어 산업부문이나 기업 나아가서는 한국사회가 지니는 여러 구조적인 문제점이 표면화된 점도 부인할 수 없는 사실이다. 그러한 가운데 동

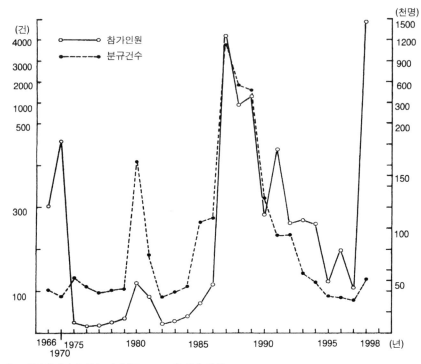

자료: 통계청, 『한국 주요 경제지표』, 1999에 의해 작성.

<그림 13-3> 국내 노동분규 건수 및 참가인원의 변화(1966~1998)

남 아시아의 말레이시아, 태국 또는 중국으로부터 경제적인 추월을 당할 수 있다는 우려의 목소리도 각계 각층에서 높아졌다.

  우리나라의 산업 경쟁력을 저하시킨 주요 요인으로서는 먼저 노동분쟁과 임금상승을 지적할 수 있다(<그림 13-3>). 특히 1987년 6월 민주화 조치 이후의 노사분쟁은 거의 전국적인 차원에서 다발하는 양상을 보였다. 노동부의 노동통계연보에 따르면, 1986년에 276건이었던 노사분쟁의 발생건수는 1987년에 3,749건으로 무려 13배나 증가함으로써 최고 수위에 달한 것으로 나타난다. 그리고 1988년~1989년 사이에도 1,600여 건수가 발생하여 한국경제를 위협하는 수준에까지 도달하였다. 더욱이 최근의 노동분쟁이나 노동시위의 큰 특징은 경찰관과의 무력충돌, 도로폐쇄 및 집단적 직장이탈 등 아주 과격하다는 점이다. 특히 한동안 연이어서 나타났던 현대 중공업과 대우자동차 노동자들의 시위는 한 실례로 지적할 수 있다.

  스트라이크에 의한 생산 중단은 일과성에 그치는 것일지라도 노사간의 역학관계가 명확하게 드러났고, 그 결과 나타난 임금의 급격한 상승은 국가산업의 경쟁력을 한층 저하시키는 요인으로 작용하였다. 전 산업평균의 임금 상승률은 1988년 이후 거의 20%대에 가까운 높은 수치를 기록하였다. 민주화 조치 이후에 3년간(1987~1989년)에 걸쳐서 2배로 임금이 상승한 이후 한국사회의 경쟁력은 상대적으로 떨어질 수밖에 없었다. 그 동안 노동생산성의 신장은 대략 20%대에 접근하고 있었기 때문에, 임금상승에 따른 생산성의 향상은 쫓아갈 수 없는 사태가 지속되었다. 따라서, 앞으로 지속적인 발전을 이루기 위해서는 노사 모두가 보다 적극적이고 긍정적인 측면에서의 대응노력이 필요하다고 하겠다.

(2) 기술력의 한계

노사문제와 병행하여 기술력의 부족문제도 크게 대두되고 있는 현실이다. 지금까지 한국은 세계가 놀랄만한 템포로 수출제품의 부가가치를 높여왔지만, 이미 지적하였듯이 인건비의 급격한 상승에 따라 앞으로는 국제시장에서 기술 집약적인 제품을 내놓고 미국이나 일본 등 선진국들의 제품과 경쟁해야만 하는 입장이 되었다. 바로 이러한 점에서 한국 산업계의 기술기반은 너무나 미약하다는 평판을 듣지 않을 수 없는 것이다.

<그림 13-4>는 한국경제가 처해있는 현실을 간단하면서도 명확하게 잘 표현해 주고 있다. 즉, 중국과 일본사이에 있는 한국은 일본과는 기술개발 면에서 상당히 뒤떨어져 있고, 반면에 노동력이나 인건비의 문제에서는 중국을 앞지를 수 없는 긴박한 상황에 처해 있는 것이다. 따라서 현시점에서 일본산 제품보다 고급제품을 생산한다든지 혹은 중국산 제품보다도 저렴한 제품을 생산할 수 없는 입장이다. 결과적으로 우리 한국은 나름대로의 독자적인 기술을 개발해야만 하는 어려운 입장에 놓여 있는 것이다.

여기서 기술이라 해도 여러 가지 측면이 있겠지만, 우리나라의 경우 자주 지적되는 것은 품질관리를 포함한 생산기술 부문에 개선할 여지가 높다는 점이다. 예를 들면, 한국산 제품의 가전제품은 1985년 엔화절상(엔고) 이후 대일 수출을 크게 신장시켰으나 일본내에서는 고장에 대한 불평건수가 많아졌을 뿐 아니라, 동시에 'NIES의 가전제품'의 이미지를 떨어뜨리는 결과를 가져왔다. 이와 비슷한 현상은 미국내의 자동차 판매에서도 나타났고, 미국 현지에서 한국산 자동차는 '저소득자들의 자동차'라는 이미지가 정착될 정도로 한국산 제품의 이미지는 극단적이었다. 이상의 두 가지 사례는 모두 품질이 좋지 않은 데서 나타난 현상인 것이다.

또 다른 약점의 하나로 지적할 수 있는 것은 부품산업과 부품제조기술의 부족이라 할 수 있다. 정부는 경제성장을 빠르게 실현하기 위해 부품이나 설비를 일본으로부

자료: 이장우 · 김선홍, 『벤처기업의 현황과 발전방향』, 1998, p17

<그림 13-4> 한국 경제의 위치

터 수입하여 조립한다는 전략을 취해 왔다. 또한 부품의 국산화도 재벌기업들이 서로 경쟁적으로 행해왔기 때문에, 기술력이 있는 부품 메이커(특히 중소기업들)를 육성할 수 있는 기회를 잃어 버렸다. 이러한 점은 아시아 NIES 가운데에서도 중소기업층이 아주 두터운 타이완과는 큰 대조를 보이고 있다.

이와 같은 반성을 통해서 정부와 재계에서는 자주적 기술확보가 중요하다는 사실을 인식하게 되었고, 정부는 GNP에 점하는 과학기술에 대한 투자비율을 1990년 시점의 2.24%에서 2001년에는 5%선까지 확대시키려는 의욕적인 목표를 내걸었다. 그리고 과학기술부는 고품위 텔레비전, 전기 자동차, 고밀도 반도체 등 개발을 목표로 하는 G7 프로젝트를 내걸기도 하였다. 그리고 액정화면 개발과 같은 도전에 닥친 개발 프로젝트에 대해서는 산업자원부가 주축이 되어 시행되었는데, 결국 일본 모델의 연구그룹을 조직함으로써 개발에 성공하게 되었다.

나아가 자주적인 기술개발과 함께 해외로부터의 기술도입도 활발히 이루어지고 있다. 한국의 기술도입의 상대국은 수년간 그 건수에서 보면, 일본이 40~50%로 가장 높게 나타나는데, 이것은 일본기술에 대한 선호도가 그만큼 높은 것이라 할 수 있다. 그리고 최근에는 러시아로부터도 과학기술 교류에 대한 교섭을 계속 진행하고 있으며, 그 결과 과학자의 교환이나 우주항공 산업에서의 협력 등에 대해서도 점진적으로 구체화되는 단계로 진입하였다.

(3) 재벌적 경영체제의 한계

한국경제의 미래를 진단하고 전망하는 경우에 항상 피할 수 없는 것이 재벌의 존재라 할 수 있다. 그동안 고도경제성장을 주도적으로 이끌어온 것도 두말할 여지없이 현대, 삼성, 대우, LG, SK그룹 등과 같은 재벌기업들이라는 점을 부인할 수 없다. 그러나 이 배경에는 정부의 강력한 지원, 즉 자금이나 인재 또는 자원을 재벌위주의 편향적인 분배를 실행해왔다는 사실이 내재되어 있으며, 그렇기 때문에 정부가 주도하는 산업정책은 성공적으로 실현할 수 있었던 것이다. 결과적으로 볼 때, 기업간 시설의 중복투자를 비롯하여 중소기업의 육성 등은 크게 실패하기에 이르렀고, 더욱이 정경유착이라는 고질적인 병폐 속에서 벗어나지 못한 결과, 1997년 12월에는 급기야 IMF의 구제금융체제라는 국가적인 위기상황을 맞게 된 것이다. 특히, 그 동안 정부가 진행하려 하던 산업구조조정은 재벌과의 이해충돌로 빈번히 무산되어 왔다. 이러한 상황은 앞으로도 한국경제의 방향을 진단하는 데에 항상 주목하며 지켜보아야 할 부분이라 하겠다.

정부는 1990년에 재벌의 전문화정책을 제시하였다. 말하자면 재벌마다 주력사업 업종을 2~3개로 한정하는 대신에 금융 면에서의 혜택을 제공함으로써, 결과적으로 국가적인 차원에서 경쟁력있는 산업을 육성하려고 하였던 것이다.

우리나라의 주요 기업들은 그동안 거의 맹렬적이다 싶을 정도로 세계시장에다 상품을 판매해 왔다. 한편, 선진국가로부터는 국내시장의 높은 무역장벽을 철회하라는 비난의 목소리도 많이 쏟아지고 있는 실정이다. 가령, 1990년 중반까지도 일본산 자동차와 가전제품의 수입이 금지되고 있던 사실은 하나의 상징적인 예로서 지적할 수 있을 것이다. 그러나 시대의 흐름을 역행할 수 없듯이, 1999년 시점에서 이미 부분적인 수입허가조치가 취해짐으로써, 앞으로 국내시장에서도 외국산 자동차나 가전제품 등 많은 제품들이 치열한 경쟁을 벌이게 될 전망이다.

아울러 인접지역과의 경제권을 구축하는 일도 상당히 중요한 일이며, 그와 동시에 국내시장에 대한 완전개방을 시점을 전제로 충분히 대비하고 있어야만 할 것이다. 이처럼 어려운 시기야말로 한국경제력의 진정한 실력을 다시 한번 전세계에 발휘하며 크게 일어설 수 있는 전환점이 되어야 할 것이라 생각된다.

(4) 경제적 파트너의 모색

앞으로 우리나라는 인접국가와의 경제교류를 어떻게 진행시켜 나갈 것인가가 중요한 과제로 부상되고 있다. 1980년대 중반까지 지속적으로 행해지던 일본의 직접투자가 1980년대 말부터 급격히 감소하였고, 그 대신 값싼 노동력을 찾아 동남 아시아나 중국으로 투자하기에 이르렀다. 일본의 기업 측에서 보면, 생산비용이 높은 한국에서는 더 이상 투자의 가치가 없어진 것이다. 이와는 반대로, 동남 아시아로부터 일본 국내로 향하는 수출량도 확대되면서 동남 아시아와 일본 사이는 자연발생적인 경제권이 형성되는 가운데, 우리나라는 한동안 고립되는 듯한 상황을 맞기도 하였다.

1993년 8월에 미국, 캐나다, 멕시코 3국이 북미자유무역협정(NAFTA)을 체결하면서 한국은 다시 한 번 큰 타격을 입게 되었다. 한국의 입장에서는 가장 큰 시장인 미국으로의 수출이 멕시코에게 완전히 빼앗기는 상황으로 이어질 수도 있었다. 그 당시 일부에서는 한국도 NAFTA에 가입해야 한다는 의견이 제시되었고, 다른 한편으로는 아세안(ASEAN) 자유무역권(AFTA)에 가입하려는 움직임도 있었으나 실현되지는 않았다. 나아가 1992년 8월에 국교를 맺은 중국과 경제권을 만들자는 주장도 있었다. 이처럼 세계냉전체제가 붕괴한 이후에 주변지역의 경제적 동향은 크게 변화하였고, 그 결과 새로운 경제적 파트너를 찾아야 하는 것도 가까운 미래에 경제대국을 건설하기 위한 중요한 사안이 되고 있다.

3) 지식기반산업의 육성

(1) 정보와 지식사회의 도래

20세기 말에 이르면서 세계화(Globalization), 또는 지구촌(화)(Global Village)이라는 용어가 자주 입에 오르내리는가 하면, 다른 한편에서는 정보화 사회(Informatization Society)나 지식 사회(Knowledge Society)라는 용어가 완전히 정착되어 생활속의 중요한 개념으로 자리잡고 있다. 과연 이들 용어가 진정으로 뜻하는 바는 무엇일까.

여기서 한 가지 중요한 사실은 세계화 혹은 지구촌(화) 시대가 점점 심화되면서, 21세기에는 우리 사회의 모든 부분이나 개인적 삶이 정보나 지식을 바탕으로 이루어지게 된다는 점이다. 결국 정보와 지식은 어떠한 배경에서 중요하고, 또한 어떠한 형태로 우리들에게 다가오게 되는가. 그리고 과연 21세기에는 우리의 사회와 삶이 지식경영을 통해 윤택해지고 풍요로워질 수 있는가. 이러한 점들은 특히 1997년 이후 경제위기를 맞고 있는 한국사회가 주시해야 할 중요한 사안이라 할 수 있을 것이다.

매일경제신문사에서 발행된 『부즈 앨런 앤드 해밀턴 한국보고서』는 1970년대 이후 '수출주도'로 성장해온 한국의 경제가 21세기에는 '지식주도'의 성장으로 전환해야 한다고 주장하면서 아울러 '지식격차를 해소하지 않으면, 한국은 절대로 일등국가가 될 수 없다'고 단언하고 있다. 이에 대해서는 필자도 전적으로 동감하고 있다. 그리고 이 보고서는 다음과 같은 중요한 사실들도 강조하고 있다. 즉, '21세기에는 지식이 국가 경쟁력을 좌우' 하며, '지식은 또 하나의 자원이 아니라 유일하게 중요한 자원' 이라는 것이다.

이처럼, 21세기의 한국경제가 지향해야 할 방향은 바로 지식을 기초로 한 지식산

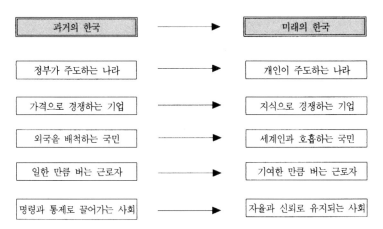

자료: 매일경제신문사, 『부즈·앨런 & 해밀턴 한국보고서』, 1997, p.28.

<그림 13-5>미래의 한국상

업의 육성에 있다는 점을 뒷받침하고 있다. 구체적으로, <그림 13-5>를 보면서 단
계적으로 설명해 보기로 하자. 이 그림은 『한국보고서』에 제시된 것으로, 말하자면
향후 한국, 한국인 및 한국사회가 지향해야 될 과제를 간단하게 정리한 것이다. 여기
에는 앞으로 한국경제가 지향해야 할 단면이 그대로 포함되어 있음을 알 수 있다.

두번째 항목을 보면, 한국 기업들이 지향해야 할 과제를 아주 적절하게 표현하고
있다. 앞으로 한국의 기업들도 '가격으로 경쟁하는 기업'에서 탈피하여 '지식으로 경
쟁하는 기업'으로 성장하는 탈바꿈이 필요하다는 것이다. 지식으로 경쟁하는 기업으
로 거듭나기 위해서는 그 밑바탕을 다지는데 필요한 어마어마한 자본과 노력이 뒤따
라야 함은 새삼 지적할 필요가 없을 것이다.

이어서 네번째 항목에서는 앞으로 지식산업의 성장과 관련해서 지식인의 육성이
중요함을 강조하고 있다. 환언하면, 과거의 단순한 노동근로자는 지식산업의 핵심적
부문을 담당할 수 없는 존재가 되며, 개개인의 적극적인 사고와 능력을 최대한으로
발휘할 수 있는 지식근로자가 필요하다는 것이다. 그러므로 앞으로 국가차원은 물론
기업단위로도 지식창출을 위한 분위기 조성과 함께 지식을 기초로 한 고부가가치의
산업을 창출해 내지 못한다면, 21세기 한국의 경쟁력은 의심할 여지도 없이 떨어질
수밖에 없으며 한국의 장래도 어두워질 수밖에 없는 상황에 놓이게 되는 것이다. 이
러한 현실을 반영이나 하듯이, IMF 구제금융 이후 각종 매스컴에서는 신지식과 신
기술을 활용한 새로운 발명이나 상품생산에 대한 사례를 크게 보도하고 있다. 먼저,
가까운 예로서 개그맨 심형래에 의해 제작된 영화 '용가리'의 사례에서부터 간질치

료제의 신기술을 개발한 SK(주), 국내최초로 항암제를 개발한 SK케미칼(주), 비디오 인코더 기술을 개발한 삼성전자의 사례 등 모두가 신기술과 신지식을 발판으로 하여 탄생된 모범적인 모델로서 지적할 수 있는 것들이다.

정보와 신지식을 밑거름으로 삼는 지식기반산업(Knowledge-based Industry)은 우리의 사고를 조금만 전환하면, 의외로 손쉽게 찾아낼 수 있는 유형의 것들이 많다. 가령, 신기술을 이용한 환경 폐기물의 처리나 컴퓨터 합성기술을 통한 각종 만화 및 캐릭터 상품 제작 사업 등은 앞으로도 무궁무진하게 개발할 수 있는 가능성을 안고 있다. 중요한 사실은 미개척 분야일수록 새로운 지식과 기술이 절실히 요구되고 있다는 것이다.

(2) 지식기반산업의 개념과 구분

최근의 여러 연구에 의하면 정보와 지식의 개념은 서로 다르며 이들에 대한 정확한 이해는 지식관련 유망 직종이나 지식기반산업을 이해하는 데에도 필요하다고 생각된다. 여기서 정보와 지식의 개념을 비교하여 정리해 보기로 하자.

먼저, 정보란 '의사결정의 주체가 필요에 의해 그 주체의 환경으로부터 얻어낸 사실들'을 말한다. 지식이란 '인간이 인식할 수 있는 사물의 실체, 또는 사물의 특성과 상태에 대한 서술적 명제를 알고 있는 것, 더불어서 인간의 욕구 해결이나 문제해결에 대한 방법을 알고 있는 것'이라 지적하고 있다. 또 다른 연구에 의하면, '지식은 일하는 방법을 개선하거나, 새롭게 개발하거나 혹은 기존의 틀을 바꾸는 혁신을 단행해서 부가가치를 높이는 것'이라 정의하고 있다. 물론 후자의 경우는 학문적 차원의 정의라기보다는 경제활동을 전제한 측면, 말하자면 경제적 측면의 지식이라 할 수 있을 것이다.

이상과 같은 정보와 지식의 정의를 바탕으로 지식기반산업(Knowledge-based Industry)을 다음과 같이 정의할 수 있다. 즉, '기술과 정보를 포함한 지적능력과 아이디어를 이용하여 상품과 서비스의 부가가치를 향상시키거나 또는 고부가가치의 지식 서비스를 제공하는 산업'을 말한다. 이를 구체적으로 업종별로 분류하면 다음과 같다. 그러나 이들은 어디까지나 지식을 최대한 활용할 수 있는 측면을 전제하여 구분한 것이기 때문에 절대적인 것이라고 할 수는 없다.

① 1차 산업 : 첨단 기법을 이용한 작물재배, 축산, 양식업 등.
② 2차 산업 : 정밀화학, 메카트로닉스(기계, 전자기술의 융합), 전자정보통신, 정밀기기, 우주항공, 생물산업, 신소재, 원자력, 환경산업 등.

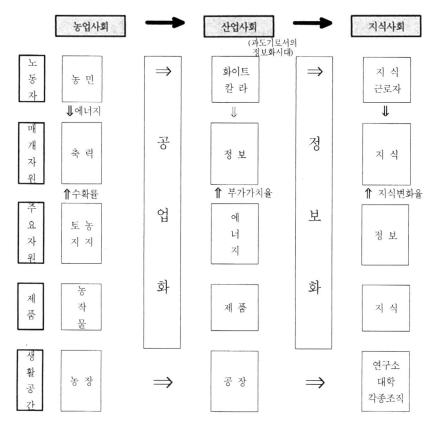

자료: 매일경제지식프로젝트팀 편, 1998, 『지식혁명보고서』, p.34(원자료: 노나카 이쿠지로「지식창조기업」).

<그림 13-6> 경제패러다임의 변천과정

(3) 지식사회의 경제활동

인류사회의 경제활동을 결과론적 측면에서 보면, <그림 13-6>에서 보는 것처럼 농업사회에서 산업사회로, 그리고 산업사회에서 지식사회로 발전하며 성장해 왔다고 볼 수 있다. 이 과정에서는 공업화와 정보화라는 물질적이고 정신적인 대변혁을 맞게 되었고, 그에 따라 여러 개별적인 요소들 즉 노동자, 매개자원, 주요 자원, 제품 및 생활공간은 대단한 질적 변화의 파고를 거치는 상황에 놓이게 되었다.

결과적으로 각 사회의 구성요소들은 그 시대가 요구하는 적절한 형태로 탈바꿈하게 되는데, 가령 농업사회의 노동자는 산업사회에서 화이트 컬러로 존재하였으나 미래의 지식사회에서는 지식근로자로 변신하게 된다. 주요 자원은 농업사회의 농경지에서 산업사회에는 에너지로, 그리고 지식사회에는 정보로 이행된다. 더불어서 생활공간도 농

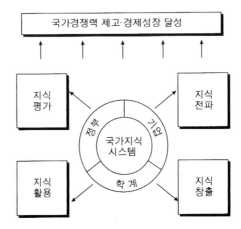

자료: 매일경제지식프로젝트팀 편, 『지식혁명보고서』, 1998, p.239.

<그림 13-7> 국가 지식시스템 구성도

장에서 공장으로, 다시 여러 대학의 연구소나 각종 조직(단체)으로 변화함으로써, 새로
운 지식기반(Knowledge-based)의 경제활동을 전개할 수 있는 근거가 된다.

　　최근 세계은행(World Bank)에서는 21세기의 지식혁명의 시대를 맞아 제대로 적
응하지 못한다면, 국가간의 격차는 더욱 크게 벌어질 수 있다고 경고하고 있다. 아울
러 개발 도상국들에게는 <그림 13-7>과 같이 국가지식 시스템을 구축할 것을 권고
하고 있다. 우리나라도 세계은행의 권고를 유용한 충고로 삼아, 단계적이며 체계적
인 구축방안을 수립해야 할 것으로 생각된다.

　　오늘날까지 한국경제의 성장과정에서는 '고비용 저효율' 체제라는 구조적인 문제
가 항상 기저에 깔려 있었다. 이러한 문제점을 극복하기 위해서는 지식기반산업의
구축이 절대적으로 필요하며, 그 모태가 되는 지식산업은 바로 통신서비스 산업이라
할 수 있을 것이다.

　　통신서비스 산업은 정보화를 촉진시키는 동시에 다른 산업의 생산성을 증대시키
는 중요한 역할을 한다. 또한 우리나라의 수출전략산업 중의 하나인 정보통신기기산
업의 성장에도 직접적인 영향을 끼쳐 왔는데, 예를 들어 통신서비스산업의 부가가치
를 기준으로 본다면 1990~1997년 사이에 연평균 15.2%나 성장한 고성장 산업 부
문이기도 하다.

　　앞으로 우리나라는 물론 전세계적으로도 통신서비스산업은 국제전화, 무선통신(특

히 이동전화), 인터넷 폰 및 인터넷 등의 사용확대로 엄청나게 빠른 속도로 성장·발달할 것으로 기대된다. 따라서, 세계의 통신서비스산업의 시장규모도 1998년 이후 2013년까지 연평균 10.4% 정도로 성장할 것으로 전망하고 있다. 이러한 점을 감안하면 한국의 통신서비스산업 부문도 동남 아시아를 비롯한 개발 도상국을 겨냥하여 시장개척과 사업수주에 대한 다각적인 노력이 요구된다고 하겠다.

3. 경제현상과 경제활동의 이해

본 절에서는 경제현상과 경제활동에 대한 측면을 좀더 구체적인 입장에서 파악해 보기로 한다. 여기에서는 개인과 기업이 같은 업종을 상대로 행하는 경제활동을 파악하기 위해, 서울시 주유소의 확산과 문제점에 대한 내용을 주제로 설정해 보았다.

이 주제를 통해서 최근 유류의 판매를 배경으로 초래되는 서울시내 주유소의 불균형적인 분포실태를 파악할 수 있으며, 주유소의 입지적 조건을 바탕으로 확산되는 공간적인 특성을 이해할 수 있다. 또한, 주유소 확산에 따른 문제점이 어떤 것인지를 바르게 인식할 수 있는 좋은 계기가 될 것이다.

1) 서울시의 주유소 분포실태와 특색

1,000만 명이 넘는 인구가 거주하는 대도시 서울은 유류 소비에서도 단연 전국 최고치를 기록한다. 먼저, 자동차 등록 현황을 보면, 1998년 말 현재 219만 8,619대로 이미 2백만 대를 초과하여, 전국 자동차수(1천 469만 599대)의 거의 1/5에 가까운 보유량을 나타내고 있다. 이러한 자동차의 증가에 편승하여 해마다 주유소의 수도 급증하는 추세를 보이고 있다.

1999년 현재 서울시의 주유소는 총 839개소(영업소수)에 이른다(<표 13-2>). 이들을 다시 거래처 별로 수(1999년)를 파악해 보면, SK정유(구 유공) 310개(37.0%), LG정유(구 호남정유) 251개(29.9%), 한화에너지 121개(14.4%), 쌍용정유 100개(11.9%), 현대정유 38개(4.5%) 등으로 나타난다. 이상에서 알 수 있듯이, SK와 LG정유 계열이 강세를 보이는 가운데 한화와 쌍용계열이 그 뒤를 잇고 있는 상황이다. 그리고 조사 시점에서 현대정유는 서울에서의 세력을 그다지 확보하지 못한 상황으로 확인된다.

한편, 일반적인 도소매업소나 그 외 서비스 업소와는 달리 주유소가 입지하는 데

<표 13-2> 서울시 주유소의 연도별 변화

(단위: 개소)

구분	1985	1990	1991	1992	1993	1994	1995	1999
강남구	8	16	20	24	38	42	75	83
강동구	3	9	6	6	13	18	30	31
강서구	8	15	15	17	19	26	33	42
관악구	6	11	13	14	17	22	26	30
구로구/금천구	10	24	28	29	41	45	21/23	29/24
노원구	3	4	6	7	9	15	15	16
도봉구/강북구	13	19	21	25	29	33	17/23	24/28
동대문구	11	15	15	13	19	25	33	36
마포구	9	7	12	10	17	12	20	23
동작구	10	12	13	13	17	16	16	19
서대문구	16	10	16	15	16	18	22	24
서초구	11	12	23	29	33	38	47	57
성동구/광진구	22	20	22	27	29	43	30/30	33/33
성북구	13	16	15	14	19	28	29	33
송파구	4	15	20	20	21	30	49	59
양천구	6	2	8	12	8	22	31	36
영등포구	19	29	32	30	39	34	40	52
용산구	23	23	36	32	32	38	25	26
은평구	10	20	15	18	18	23	31	38
종로구	14	17	12	12	17	17	12	16
중구	16	23	23	24	22	29	18	20
중랑구	5	7	13	13	14	19	26	27
계	240	326	374	404	487	593	722	839

자료: 1985~1994년 서울시 업종별 전화 번호부; 1995년 서울시청 연료과 내부자료; 1999년
한국주요소협회(社團法人) 내부자료.

에는 다음과 같은 장소적 특성을 선호하는 경향이 있다.

① 도로의 폭이 넓고 차량 통행량이 많은 지역.

② 배후에 아파트 단지가 위치하거나 기타 주택밀집(주거) 지역.

③ 앞으로 개발이 예상되는 지역이나 이벤트 행사 등을 통해 판매활동을 강화할 수
있는 지역.

④ 다른 정유사의 취약지역이거나 경쟁업체가 진출하지 않은 지역.

이상과 같은 주유소의 입지조건은 결국 많은 차량 운전자들이 운행중에 쉽게 눈에
띌 수 있는 장소인 동시에, 주기적으로 많은 소비자를 확보할 수 있는 장소로서의 특
성을 안고 있다. 더욱이 이상의 입지조건은 최근에 개업하는 신규 주유소들을 통해
더욱 뚜렷하게 확인할 수 있다.

서울시 25개 구 가운데 주유소가 가장 많이 분포하는 지역은 강남구인데, 총

83(1999년)개로 전체의 9.9%를 차지하고 있다. 반면에, 가장 주유소가 적은 구는 종로구와 중구로서 각각 16개(1.9%)와 20개(2.4%)가 분포하는 수준에 머무르고 있다. 이러한 사실은 전술한 바와 같이, 지역적 특성에 따른 입지적 조건이 크게 작용하기 때문에 차이가 발생하는 것으로 해석할 수 있다.

2) 주유소의 확산 원인

주유소 확산의 첫째 원인으로 지적할 수 있는 것은 자동차의 증가에 따른 석유 수요의 증가이다. 1970~1980년대에 이르러 국가경제가 급속히 성장하면서 자동차의 내수시장은 확대되었고, 전체적으로 석유의 수요량도 많아지게 되었다. 석유가 나지 않는 우리나라에서는 중간과정에 위치하는 정유업체가 상당한 이윤을 취하며 주유소 사업에도 영향력을 끼쳐왔다. 그러나 수익성이 비교적 높은 사업임에도 불구하고, 1990년대 초까지는 주유소 설립에 대한 허가법규가 까다로운 관계로 인해 그 수는 지역별로 일정한 수준을 유지하는 한편, 영업소간에도 그렇게 지나친 경쟁을 벌이는 상황은 아니었다.

따라서 두번째의 이유로는 주유소 허가에 대한 기준이 대폭 완화되었기 때문이라 할 수 있다(<표 13-3>). 특히, 1993년 11월부터 6개 대도시를 시작으로 주유소 거리제한의 완화와 철폐가 단계적으로 이루어지면서 5대 정유사에 의한 주유소 유치 경쟁은 본격화되었다. 이와 같이 주유소 설치에 대한 규제 완화 및 폐지조치는 국제무역의 변화에 따른 국내 석유유통시장의 개방화와 깊게 연관되어 있다. 즉, 가까운 미래에 국내 석유유통시장의 개방을 전제로 그에 따른 국내 석유유통업계의 경쟁력 강화와 균형적 발전을 도모하기 위한 차원에서, 미리 주유소의 설치 제한규정을 단계적으로 완화하며 폐지한 것이다. 특히, 이들 규제 중에서 주유소 사이의 거리제한에 대한 관련규정의 폐지는 각 정유사가 유통시장의 확대를 목적으로 주유소의 직영화에 참여하는 계기를 제공하게 되었다. 그러므로 각 정유사는 과잉생산된 석유제품의 판매를 위해, 여러 지역에 주유소를 확보해야만 하는 상황으로 치닫게 되었다.

그리고 그린벨트 지역내의 규제가 완화되어 주유소 설립이 가능해진 점도 확산을 부추기는 배경이 되었다. 어떻든 1993년 주유소 설치에 관한 관계법령이 확정된 이후 신규 주유소가 급증한 것은 바로 이상과 같은 사실과 깊게 관련되어 있으며, 때를 같이하여 주유소 사업이 굉장한 수익사업이라는 인식이 널리 유포된 점도 확산에 영향을 주었다고 하겠다.

<표 13-3> 주유소 설치에 대한 관련법률의 개정과정

년 월 일	구체적인 개정 내용
① 주유소 설치 관련법안 개정 내용	
1981. 3.14	조정명령: 정유사에 의한 석유유통 시장의 과다점유 방지와 중소업체의 보호육성을 위해 제정
1991. 9. 1	조정명령 해제
1992. 4. 1	주유소 '상표 표시제' 실시
1993.11.15	6대 도시 주유소 설치 거리제한 완화 및 철폐
1995.11.15	전국 주유소 설치 거리제한 완전 폐지
② 주유소 설치에 대한 거리 제한 관련법률의 개정 내용	
1986.11. 1	1,000m/ 허가건수 24건
1989. 2.11	700m/ 허가건수 68건
1991.11.15	350m/ 허가건수 251건
1993.11.15	6대 도시 거리 제한 없음
1995.11.15	전국 거리 제한 없음

자료: 서울시청 내부자료.

3) 주유소 확산에 따른 문제점

(1) 지나친 경쟁체제의 유발

앞에서 살펴본 바와 같이, 국가의 경제발전과 자동차의 증가에 힘입어 우리나라의 석유 에너지에 대한 수요는 매년 증가하는 일로에 있다. 그러나 주유소가 지역별 석유 수요의 증가와는 관계없이 한정된 지역내에 필요 이상으로 입지한 결과, 주유소당 월 평균 판매실적은 지속적으로 감소하는 기현상이 발생하고 있는 것이다. 한마디로 요약해서, 영업소간에 지나친 경쟁이 유발된 결과 동일 업종간의 이윤은 크게 감소할 수밖에 없는 상황에 놓이게 된 것이다.

영업소별 판매량이 급격히 감소함에 따라, 이미 일부 주유소들은 경쟁에서 견디지 못해 휴업하거나 폐업하는 사례가 나타나고 있다. 그리고 일부 영업소의 경우는 경쟁체제에서 살아남기 위해 다른 영업소보다도 빠르게 리터당 가격할인이나 질높은 서비스 제공(무료 세차, 친절 제공, 쿠폰제 도입, 기념품 및 사은품 제공 등)을 수시로 행하며 대처하고 있다. 이와 같은 경쟁적 체제에의 돌입은 정유사 측의 시장 점유율을 높이기 위해 직영 주유소를 설치하면서부터 한층 가속화된 것으로 풀이할 수 있다.

재벌 정유사들의 진출로 인해 열세에 몰린 자영 주유소들도 앞서 지적한 것과 같은 비슷한 서비스를 제공하며 경쟁대열에 가입하는 양상을 보이게 되었다. 그러나 영업소간 경쟁에만 급급한 나머지 보다 생산적이고 장기적인 경영전략은 외면한 채, 일시적인 상황변화에만 집착하는 현실은 결국 국내의 석유 유통업계에 부정적인 영향을 초래하고 있다. 재벌 정유사들에 의한 주유소의 직영화와 대형화는 여러 부문의 국내 경제활동에서 초래되었던 고질적인 병폐가 재차 재현되는 듯한 인상을 강하게 심어 주고 있다. 따라서 앞으로 상황변화에 따라서는 주유소의 경영악화로 인해 초래되는 유통과정에서의 유가인상 등 소비자의 부담이 한층 가중될 수 있는 소지를 남기고 있다.

(2) 안전성 문제와 환경 오염의 유발

최근 대도시와 그 주변지역에서는 대형사고가 빈번히 발생하고 있다. 특히 도시가스시설이나 교각 등 사회간접시설들이 폭발하거나 붕괴되는 현실은 그 만큼 우리 사회가 안전에 대한 문제를 소홀히 생각하고 있다는 단적인 증거라 할 수 있다. 이러한 의미에서 수많은 주유소에서 취급되고 있는 유류에 대한 안전성과 오염문제가 우리 사회에 또 다른 사회문제로 부각될 소지도 있다.

주유소는 소방법상 위험물 취급시설로 규정되어 있다. 서울시내의 각 영업소에는 최소 500드럼 이상의 유류를 저장하고 있기 때문에 항상 철저한 안전관리가 요구되는 동시에, 특히 인구·주택 밀집지역이나 학교주변 지역 등 위험노출 지역은 당국의 관리와 감독이 항상 뒤따라야 할 것이다.

더불어 주유소를 경영하는 영업소 측에서는 유류저장 시설에 대한 정기적인 점검을 시행하여 최대한의 안전을 유지해야 하며, 평소의 주유시에도 불필요한 유류가 새지 않도록 함으로써 토양 오염을 비롯한 기타 환경 오염 문제가 발생하지 않도록 적극적으로 노력하는 자세가 필요하다.

4) 앞으로의 전망

주유소의 입지와 확산은 단순히 유류의 유통과 판매권을 둘러싼 문제에만 국한되는 것이 아니다. 동시에 주유소 설치에 대한 관련규정의 철폐도 소비자 측의 편리성만을 전제로 하여 시행된 것이 아니다. 그러므로 주유소의 확산은 지금까지 생각지 못한 사회문제를 만들어내는 시발점이 되고 있는 것도 사실이다.

이러한 상황에서 볼 때, 앞으로 주유소의 입지와 확산은 일정한 범위와 수준을 기준으로 행해지도록 하는 별도의 조치가 필요하다고 할 수 있다. 또한 이미 존재하는 개인별(자영업) 주유소와 재벌 정유사 소속의 주유소 간 경쟁에 따른 사회적 손실이나 지역적 손실도 최대한 줄일 수 있는 방안이 모색되어야 한다. 특히, 최근 우리 사회에서 지적되는 대재벌의 문어발식 확장사업은 강력히 저지되어야 하며, 그와 동시에 가족단위의 도소매업소나 중소기업이 피해를 입지 않도록 하는 방안도 적극적으로 검토되어야 한다.

1999년 8월 현재 시점에서도 재벌 정유사간에 치열한 주유소 확보 경쟁은 계속 진행중에 있으며, 그에 따른 개인적·지역적·사회적 문제도 점점 확산되고 있음을 우리 모두는 인식하고 있어야 할 것이다.

■ 참고문헌

권순우 외. 1998, 『'98 IMF시대 한국경제 - 현황과 전망 - 』, 서해문집.
金龍烈. 1999, 『韓國企業의 分社化戰略』, 産業硏究院.
김현정·서미영. 1997, 「서울시 주유소의 분포 및 확산에 따른 문제점과 그 개선방향에
    관한 연구」, 동국대학교 사범대학 지리교육학과 졸업논문.
김효근. 1999, 『新지식인』, 매일경제신문사.
매일경제신문사. 1997, 『부즈·앨런 & 해밀턴 한국보고서』, 매일경제신문사.
매일경제 지식프로젝트팀. 1998, 『지식혁명보고서』, 매일경제신문사.
박삼옥. 1999, 『현대경제지리학』, 아르케.
박정수·산업연구원. 1999, 「통신기기산업」, 『電子·情報産業의 發展戰略』, 産業硏究院.
박 훈 외. 1999, 『對內外 經濟 與件 變化와 主要 産業別 景氣 展望』, 産業硏究院.
송호근. 1998, 『IMF 사태를 겪는 한 지식인의 변명 또 하나의 기적을 향한 짧은 시련』,
    나남출판.
이장우·김선홍. 1998, 『벤처기업의 현황과 발전방향』, 산업자원부·벤처기업협회.
이희연. 1996, 『경제지리학(제2판)』, 법문사.
통계청. 1999, 『도표로 보는 통계』, 통계청.
_____. 1999, 『지역통계연보』, 통계청.
_____. 1999, 『한국의 사회지표』, 통계청.
한국사회과학연구소 1993, 『다이어그램 한국경제』, 의암출판.
한주성. 1998, 『경제지리학(제2판)』, 교학연구사.
橋本光平. 1996, 『圖說國際情報早わかり '96』, PHP硏究所.
山本 茂·赤羽孝之 編. 1989, 『現代社會의 地理學』, 古今書院.
McKinsey, Incorporated. 1998, 『맥킨지보고서』, 매일경제신문사.
McKinsey, Incorporated. 1998, 『맥킨지산업별보고서』, 매일경제신문사.

제14강 사진과 지리

박상은

풍경화를 그리는 과정에서 정확한 구도와 스케치를 위해 발명된 바늘구멍 상자의 원리는 사진이 출현하는 계기가 되었다. 사진은 빛의 예술이며, 정지된 평면적인 표현매체이다. 또한 광학, 화학, 기계 등이 결합한 산물이기도 하다. 사진은 뛰어난 사실성과 현장성으로 인하여 일상을 장식하고 있는 신문의 보도부문은 물론, 인간과 자연의 생명의 존귀함을 전하는 세계적인 지리학 잡지 ≪National Geography≫에서도 그 진가가 자주 확인되고 있다. 사진은 일정 시점에서 가장 사실적이고 함축적인 지리정보자료를 담을 수 있는 유용한 표현매체이다.

1. 사진(Photography)

1) 사진, 카메라의 역사

사진(寫眞)이란 인체나 물체를 사실적으로 나타낸 평면적인 그림이다. 이 점에서 지도와 같다. 사진은 광학(렌즈), 기계학(카메라), 화학(필름)의 종합물이다. 사진(photography)의 어원을 보면, photo(=sunlight), graphy(=to draw)로 구성된 것을 알 수 있다. 이를 직역하면 '햇빛으로 그린 그림'이다. 또한 우리가 접하는 대부분의 사진은 가시광선을 이용한 사진이며, '햇빛으로 그린 그림'이라는 뜻에서 알 수 있듯이, 좋은 사진을 찍기 위해서는 햇빛을 얼마나 적절히 사용할 수 있는가가 무엇보다 중요함을 시사하고 있다. 즉

석에서 인화해내는 폴라로이드 카메라도 있으나, 우리가 흔히 접하는 한 장의 사진은 촬영(shooting), 현상(developing), 인화(printing), 확대(enlargement) 과정을 거쳐 만들어진다. 사진기의 원리 즉 바늘구멍(pin hole) 상자의 원리에 대한 최초의 언급은 BC 3세기경 아스토텔레스의 기록이며, 카메라의 원리는 르네상스의 천재 레오나르도 다빈치(Leonardo Da Vinci, 북부 이탈리아 피렌체의 빈치마을에서 온 레오나르도란 뜻)에 의해 정확히 묘사되고 있음을 알 수 있다. 카메라의 어원은 camera(＝room) obscura(＝dark), 즉 '작은 암실'에서 비롯되었음을 알 수 있으며, 카메라 옵스쿠라가 세상에 알려진 것은 16세기 이탈리아 과학자 포르타(Porta)에 의해서이다. 그는 "만약 당신이 그림을 그릴 줄 모른다고 해도 연필로 그 영상의 윤곽을 따라 그리고, 그 위에 색칠을 하면 된다"고 하면서 그림을 그리기 위한 도구로 사용하자고 제안하였다. 오늘날 사용하는 카메라라는 이름은 탈봇(Talbot)에 의해 명명되었다. 그 당시 화가들은 사실적인 묘사와 정확한 원근법을 통해 그림을 그리는 분위기였기 때문에 포르타의 제안은 그대로 받아들여졌다. 그리고 핀홀(pin hole)보다 선명한 상을 얻기 위해 렌즈가 사용되었다. 그 결과 17세기에 이르러서는 야외 스케치를 나가는 화가들에게 있어 사생도구의 하나가 되었다. 19세기에 이르러서는 카메라에 맺힌 상(像)을 고정시키려는 시도가 있었고, 이 과정에서 필름에 은(銀)이 사용되었는데, 이 재료는 지금도 변화가 없다. 필름을 통한 영상의 정착이 가능해져 사진은 역사적인 사건의 장면을 남김으로써, 사실성과 기록성에서 큰 업적을 남기게 되었다.

2) 좋은 사진

우리는 모두 예술적인 사진을 남기고 싶어한다. 그러나 예술에서 진품(眞品)은 항상 하나이다. 사진은 복제가 가능하다는 점에서 일종의 판화와 다르지 않다는 비판도 있고 사물을 단순히 묘사하는 기계적인 그림이라는 지적도 있다. 또한 너무나 평면적인 그림이라 회화(繪畵)나 조각에 비하여 입체성이 떨어지는 약점도 가지고 있다. 이러한 약점에도 불구하고 사진은 여러 가지 우수한 장점을 가지고 있다. 이동성, 사실성, 구체성, 현장성, 기록성, 보관성, 재생산성, 축소-확대의 편리성은 사진만이 가지는 장점이다.

'좋은 사진이란 이런 것이다'라고 한마디로 정의하기는 어렵지만 다음과 같은 조건을 구비한다면 좋은 사진이 될 수 있을 것이다. 우선 초점이 잘 맞은 사진, 주제가 잘 나타난 사진, 구도가 좋은 사진, 광선이 잘 처리된 사진, 질감이 잘 나타난 사진 등일 것이다.

① 사진이란 결국 촬영자가 어떤 메시지를 전달하기 위한 수단의 그림이다. 따라

서 주제가 잘 나타난 사진이 훌륭한 사진이라 할 수 있을 것이다. '사진은 더하기가 아니고 빼기'라는 사진에 대한 표현은 주제가 분명한 사진을 촬영하라는 뜻이 잘 나타나 있다. 처음 카메라를 대하는 사람들은 흔히 인물(머리에서 발끝까지)이나 사물의 전체를 카메라 앵글에 담고자 한다. 그러자면 멀리서 찍어야 하고, 주제가 작게 표현될 수밖에 없다. 한두 명을 사진에 담는 인물사진은 5m를 벗어나서 촬영하는 일이 없어야 한다. 주제를 살리려면 접근해서 어떤 부분은 생략하고 촬영하여야 한다. 근접 촬영인 경우 초점을 맞춘 후 셔터 속도를 빠르게 하면 주제가 되는 피사체이외는 흐려져 주제를 살릴 수 있다. 단, 셔터 속도와 노출량은 반비례 관계에 놓여 있어 셔터 속도가 빨라지면 빛의 노출량은 많아지므로 사진에서 피사체의 재질감은 얇게(가볍게) 표현된다. 표준렌즈를 사용하여 촬영할 때는 1/125, 1/250초를 기준으로 노출을 맞추는 게 무난하며, 망원을 사용할 경우는 셔터를 누를 때 렌즈가 떨리는 것을 감안하여 1/250초을 기준으로 노출을 맞추는 게 적당하다. 따라서 폭포의 물이 떨어지는 모습이나 TV화면을 촬영할 때는 1/30초를 기준으로 노출을 맞추는 게 바람직하며, 1/30초 이하로 촬영할 때는 삼발이에 걸고 촬영하는 것이 좋다.

② 초점이 잘 맞은 사진이 되려면 거리를 정확히 맞추어야 하며, 마치 사격을 하는 마음으로 촬영 순간 호흡을 멈추고 셔터를 눌러야 한다. 곤충이나 꽃, 책의 접사를 정확히 하려면 삼발이에 카메라를 고정시키고 릴리즈를 사용하여 촬영하도록 한다.

③ 구도가 좋은 사진이란 피사체들의 적당한 빛, 거리가 어울린 사진이라고 할 수 있다. 주제를 중앙(中央)에 둔다든지, 하늘이나 땅이 너무 많이 나오지 않도록 하는 것이 바람직하다. 한 예로, 숲이나 건물은 중량감이 느껴지므로 사람과 같이 표현하는 경우 일부만 나오게 하는 것이 바람직하다. 또한 작은 나무나 탑을 배경으로 한두 사람의 사진을 촬영하면 결과적으로 머리에 뿔난 도깨비가 되기 쉽다. 또한 사진은 평면 그림이므로 원근감이 떨어지면 그야말로 밋밋한 평면도가 되기 쉽다. 따라서 한두 사람의 사진은 세로사진도 바람직하다. 세로사진은 원감을 살리고 필요 없는 부분을 제거하여 피사체(주제)를 표현할 수 있는 장점이 있기 때문이다. 또한 피사체를 밑에서 올려다보고 촬영하는 사진(high angle)은 사물의 경우 장엄한 느낌을 주며, 인물의 경우 성숙(成熟)한 느낌을 준다. 한편 위에서 밑을 촬영한 사진(low angle)은 피사체가 작아져 왜소한 느낌을 주며, 어린 사람의 경우 귀엽고 발랄한 분위기를 살릴수 있어 개성있는 사진을 만들 수 있다.

④ 광선이 잘 처리된 사진이란 인물이나 물체가 가지고 있는 고유의 중량감이나 색조(色調)가 잘 나타난 사진을 말한다. 예를 들어 가을 날 잎맥이 잘 표현된 단풍은 계절의 특징을 한꺼번에 보여준다. 그러나 한낮에 햇볕 아래 인물을 정면에 세워놓

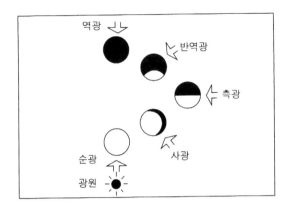

<그림 14-1> 채광의 종류

고 가까이에서 촬영하면 피사체의 인상이 일그러지고 눈이 감겨, 인화된 인물사진은
피사체가 된 사람으로부터 외면당하는 평면적 사진이 되고 만다. 빛의 각도는 사진
의 내용을 좌우하는 중요한 요소이다.

인물이나 사물의 특징은 반역광(cross light, rembrandt light)에서 촬영할 때 특징
이 더 잘 나타나는 경우가 많다. 이목구비가 뚜렷한 서양인의 경우는 모르지만, 특히
우리와 같은 동양인의 촬영에 반역광은 필수적인 경우도 많다. 촬영자의 입장에서
반역광(半逆光)라 함은 태양을 45°로 엇비슷하게 바라보는 자세가 된다. 또한 햇빛
이 강렬한 한낮보다는 오전 10시 전후나 오후 시간대가 사진촬영에 적당하다. 특히
대부분의 사찰(寺刹)사진은 관광객이 적고 빛이 너무 강하지 않은 아침시간이 촬영
에 적당하다.

⑤ 재질감이 잘 나타난 사진이란 피사체(被寫體)의 속성이 잘 나타난 사진을 말한
다. 사진의 한계는 평면이라는 점이다. 따라서 되도록 입체적으로 표현하도록 해야
할 필요가 있다. 사진에서 재질감을 나타내기 위해서는 빛의 명암과 색의 중량감을
통해서 나타낼 수밖에 없다. 어두운 색은 사진의 심도(깊이와 중량감)을 높여주며, 밝
은 색은 가볍고 명랑한 느낌을 준다. 또한 피사체에서 멀리 떨어져서 촬영된 사진은
원근감(遠近感)이 강조된다. 빛의 명암대비, 원근감을 통해서 단순하고 평면적인 사
진은 입체감과 깊이를 줄 수 있다. 따라서 너무 밝은 사진보다는 약간 어두운 사진이
중량감과 입체감을 높여주며, 원근감는 있는 사진이 평면적인 단점을 극복해주는 사
진이 된다. 따라서 피사체의 정확한 재질감의 묘사가 중요하다. 광각렌즈는 근거리
의 두 물체의 원근감을 강조하는 데 적절한 렌즈이다.

사진이란 사생도구로 출발하였으나, 오늘날의 사진이란 렌즈, 카메라, 필름기술이

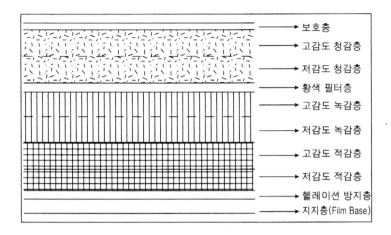

보호층
고감도 청감층
저감도 청감층
황색 필터층
고감도 녹감층
저감도 녹감층
고감도 적감층
저감도 적감층
헬레이션 방지층
지지층(Film Base)

<그림 14-2> 필름의 구조

종합적으로 결합된 사진기(寫眞機)를 통해서 얻어지는 결과물인 동시에 가장 대중적인 표현매체의 영상예술이며, 시각언어라고 하겠다.

2. 필름(Film)

1) 필름의 구조

흔히 사용하는 주광용(晝光用, daylight type) 칼라필름은 일반 태양광(6000° K)아래서 사진을 촬영하면 정상적인 컬러 밸런스로 발색하도록 만들어진 필름으로, 셀룰로이드 베이스에 색의 3요소인 적감유제(赤感乳劑), 녹감유제(綠感乳劑), 청감유제(靑感乳劑)가 발라져 있다. 여기에 다시 황색 필터층, 헐레이션(halation) 방지층, 보호막층으로 구성되어 있으며, 두께는 0.3mm 정도다. 한편, 리버설필름(reversal film)은 현상 후에 투명(transparency)양화가 되는 필름으로 황색 발색제(yellow coupler), 적갈색(magenta) 발색제, 청록색(cyan) 발색제가 발라져 있으며, 현상 도중 제2의 노광(露光)에 의해 화상을 반전(反轉)하도록 되어 있다.

한편 우리가 가장 많이 사용하는 네거티브 필름(negative film)도 구조는 같으나 제2의 노광(露光)을 하지 않고, 상층은 노랑, 중간층은 적갈색, 하층은 청록색으로 발색(發色)하게 된다. 불꽃놀이 등을 촬영하는 데 사용하는 인공조명용 필름인 텅스텐

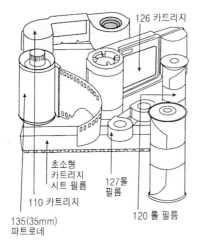

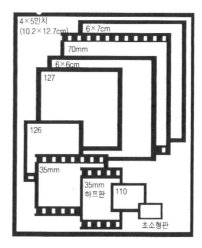

<그림 14-3> 화면 사이즈와 필름 패킹   <그림 14-4> 필름의 화면 사이즈

타입(tungsten type) 필름은 색온도가 3200~3400° K로 맞추어져 있다. 코닥필름의 경우 텅스텐A형(3400° K), 텅스텐B형(3200° K)로 구분되며, 이 필름을 주간(晝間)에 사용하게 되면 색 부족으로 파란색으로 나타난다.

2) 필름의 감광도(film sensitivity)

감광도(感光度)란 필름이 빛에 반응하는 속도를 말한다. 가장 일반적인 것은 ISO(international standard organization) 100이다. 이는 ASA(미국공업표준규격) 100과 동일하다. 100보다 수치가 낮으면 저감도 필름(ISO 25, ISO 50, ISO 64)이라 하고, 100보다 수치가 크면 중감도 필름(ISO 100, ISO 200), 고감도 필름(ISO 400, ISO 800), 초고감도 필름(ISO 1000, ISO 1600, ISO 3200) 등이라고 한다. 고감도 필름의 사진은 순간 타이밍이 빠른 사진을 찍는 데 유리하며, 플래시(스트로보) 없이 피사체를 찍는데 유리하다. 그러나 고감도 필름은 인화를 했을 때 입자가 거칠어진다.

자동 카메라의 경우 ISO 200의 필름을 사용을 권하는 일이 많은데, 이는 카메라가 작고 가벼워 촬영시 흔들림이 커지는 것을 막는 효과가 있다. 그러나 확대된 사진을 인화하면 화질이 떨어지는 약점이 있다. 그러나 8×10인치 이상으로 확대하지 않는 경우 큰 문제가 없다. 저감도 필름의 사진은 인화했을 때 사진 입자가 곱고 재질감이나 원근감을 표현할 수 있으며, 특히 사진을 확대 인화할 경우 사진 입자가 거칠어지는 것을 줄일 수 있다. 따라서 입자가 고운 사진을 얻으려면 필름의 크기가 큰 중형 카메라에 저감도 필름을 사용하여야 한다.

3) 필름의 종류

필름의 종류는 색의 표현에 따라 흑백필름(black and white film)과 칼라필름(color film)으로 나누며, 포지티브 필름(positive film, reversal film, 일명 슬라이드 필름)과 네거티브 필름(negative film)으로 분류한다. 포지티브 필름은 촬영한 후 영상을 바로 볼 수 있어 양화(陽畵) 필름이라고 하며, 네거티브 필름은 상이 거꾸로 나타나므로 음화(陰畵)라고 한다. 현상한 양화 필름과는 달리 현상한 음화 필름으로는 촬영된 사진의 상태를 파악하기 곤란하다. 우리가 가장 많이 접하는 필름은 ISO 100의 네거티브 필름이며, 환등기를 통해서 보는 필름은 포지티브 필름이다.

4) 포지티브 필름과 환등기

슬라이드 필름은 네거티브 필름보다 고가이고, 인화(프린트)비도 비싸다. 그러나 슬라이드 필름은 네거티브 필름보다 색입자가 치밀하여 사진을 인화하면 색 재현력이 우수하다. 또한 필름을 현상했을 때 촬영자가 직접 사진 상태를 확인할 수 있는 장점이 있고, 네거티브 필름에 비해 장기보관(약 50년)이 가능하며, 환등기(slide projector)에 필름을 넣어 비추어 볼 수 있는 장점이 있다. 물론 네거티브 필름이나 사진도 슬라이드 필름으로 제작할 수는 있다. 이 경우 물론 화질은 떨어진다. 포지티브 필름은 네가디브 필름보다도 적정한 노출이 필요하다. 참고로 네거티브 필름은 ±1 stop(조리개 한칸) 이상의 경우도 조절할 수 있으나, 포지티브 필름은 반(半) 스톱만 조절할 수 있다. 따라서 적절할 노출의 사진을 얻으려면 ±를 가감하여 2, 3장의 사진을 촬영하는 수고가 필요하다. 또한 환등기에 필름을 넣어 교육용으로 사용하려 하거나 감상하려면, 가로사진이 조작상 유리하다는 점도 지적해 둔다.

5) 필름 패키지 정보

필름의 포장지에는 필름에 관한 몇 가지 정보가 적혀있다. 따라서 필름에 적힌 상품명, 현상요금이 인화가격에 포함되었는지의 여부, 인화용·슬라이드용 또는 흑백·칼라용의 구분, 촬영커트수, 유효사용기간, 바코드와 넘버를 살펴볼 필요가 있다. 특히 유효사용기간을 꼭 체크해야 한다. 고온다습한 곳에서 보관된 필름이나 유효사용

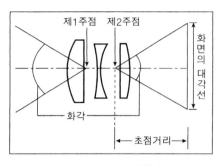

<그림 14-5> 초점거리

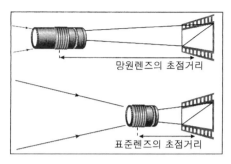

<그림 14-6> 망원·표준렌즈의 초점거리

기간이 지난 필름을 사용하면 빛바랜 사진으로 인화(프린트)되기 때문이다.

6) 필름의 보관

카메라와 필름은 고온다습한 환경을 피해서 보관해야 한다. 장기간 사용하지 않고 있는 필름은 완전 밀폐시킨 후 냉동실에 보관하는 것이 바람직하다. 또한 촬영이 끝난 필름은 가능한 빠른 시간내에 현상해야 한다. 사용한 필름은 사용하지 않은 필름에 비해 변질이 빨라 색 재현에 문제가 생긴다. 공항을 통과하는 경우 고감도 필름은 X-ray 검사 때 필름이 변질될 수도 있다. 이런 사태를 막으려면 필름을 손에 들고 통관대를 통과하는 것이 바람직하다.

3. 렌즈

1) 렌즈의 지식

렌즈라는 이름은 라틴어의 콩(linse)에서 비롯되었다. 코팅된 볼록렌즈는 '갈색 콩'을 연상시키기 때문이다. 렌즈는 1550년 이탈리아에서 처음 제작되었고, 카메라 렌즈는 빛을 모으는 볼록(凸)렌즈와 빛을 분산시키는 오목(凹)렌즈로 구성되어 있다.
렌즈의 표면은 난반사(亂反射)를 일으켜 사진의 해상력을 떨어뜨린다. 난반사를 줄이기 위해 렌즈의 표면은 코팅물질이 칠해져 있으며, 투명 코팅물질은 렌즈의 표면반사를 훨씬 줄여준다. 따라서 카메라의 가격은 렌즈의 성능과 일치하며, 렌즈의 성능은 사진의 화질과 연관된다. 렌즈의 밝기는 렌즈의 지름과 필름면까지의 거리 거리, 즉 초점거리의 비로 나타낸다. 렌즈의 유효구경이 40㎜이고, 초점거리가 56㎜ 라면 2:2.8 즉 1:1.4의 렌즈가 되며, 렌즈의 밝기는 렌즈 앞면 둘레에 표시되어 있다. 밝은 렌즈란 외부광선을 많이 통과시키는 렌즈를 말하며, 1:1.7이나 1:1.4 또는 1:1.2 렌즈가 있다. 밝은 렌즈일수록 촬영자에게 유리하나 가격이 비싸고 무겁다. 한편, 렌즈의 초점이외의 부분은 흐려져 피사체의 심도(원근감)가 떨어진다. 초점거리와 피사계의 심도(depth of field)는 다음과 같다.

> - 조리개를 숫자가 큰 쪽으로 조일수록 심도는 깊어진다.
>   - 피사체의 상이 뚜렷해진다.
> - 사용하는 렌즈의 초점거리가 짧아질수록 심도는 깊어진다.
>   - 광각렌즈는 망원렌즈에 비해 초점거리가 짧다.
>   - 광각렌즈는 근경, 중경, 원경이 모두 강조된다.
> - 촬영거리가 멀수록 심도는 깊어진다.
>   - 근점촬영은 심도가 낮아지므로 초점이 맞은 부분외는 흐려진다.
> - 초점을 맞춘 곳에서 먼 후방(後方)은 심도가 깊어진다.
>   - 초점의 앞쪽의 피사체는 뒤쪽 것보다 더 많이 흐려진다.

2) 렌즈의 종류와 성질

렌즈의 중심부에 비해 주변은 상이 약간 흐리거나 휘어져 나타나는데 이를 수차(收差)라고 한다. 수차에는 구면수차(球面收差)와 색수차(色收差)가 있다. 구면수차란 렌즈 중심을 통과한 빛과 주변을 통과한 빛이 한 곳에 모이지 않는 것을 말하며, 색수차란 각기 다른 파장을 가진 빛이 서로 간섭함으로써 선명도(sharpness)가 낮아지는 현상을 가르킨다. 렌즈의 구경과 초점거리에 따라 렌즈의 다음과 같다.

① 표준렌즈(standard lens, normal lens)는 초점거리가 50㎜(여기서 50㎜초점의 렌즈란 렌즈면과 필름면 사이의 거리가 50㎜임), 화각 46° 정도의 렌즈를 말한다. 표준렌즈라 함은 사람이 똑바로 앞을 바라보았을 때의 바라볼 수 있는 시각과 비슷한 화각을 갖는 렌즈를 말한다. 또한 표준렌즈란 화면의 대각선 길이와 비슷한 초점거리를 갖는 렌즈를 가르킨다. 표준렌즈라는 이름이 붙게 된 것은 사람의 시각(視角)과 원근감을 느끼는 정도가 동일한 렌즈이다. 피사체에 대한 과장됨이 적어 자연스런 느낌을 주는 사진을 촬영할 수 있어 렌즈상의 화면이 밝아 초점을 맞추는데 매우 유리하다.

② 망원렌즈(tele-photo lens)는 장초점렌즈(long-focus lens)로도 부른다. 85, 100,

<그림 14-7> 50㎜ 표준렌즈의 화각

<그림 14-8> 105㎜ 렌즈의 화각

105, 135, 180, 200, 250, 300, 400, 500, 600, 800, 1000, 1200, 1600, 2000㎜ 등의 렌즈가 있다. 화각이 18°인 135㎜까지를 준망원, 화각 10°인 250㎜이상의 초망원렌즈로 구분한다. 준망원렌즈(80~135㎜)는 일그러짐 없이 인물을 어느 정도 떨어진 거리에서 화면에 꽉차게 담을 수 있는 장점이 있어 자연스런 표정을 얻을 수 있다. 초망원렌즈(300~2000㎜)는 피사체 가까이 접근하지 않고 사진을 찍을 수 있어 스포츠 사진가나 동물사진을 찍는 사람에게 유용한 렌즈다. 화각이 좁고 먼 곳에 있는 상을 끌어당겨 찍을 수 있어 피사체 주변을 생략할 수 있는 장점이 있다. 또한 흔히 링으로 불리는 컨버터(converter)를 끼워 사용하면 망원효과는 길어진다. 예를 들어 300㎜ 망원렌즈에 링을 끼우면 600㎜렌즈 효과를 가질 수 있다. 초망원렌즈를 이용한 사진은 카메라의 흔들림이 심하므로 셔터 속도는 1/250 이상으로 하고, 삼발이(tripod)에 카메라를 고정하고 사진을 촬영하여야 한다.

③ 줌렌즈(zoom lens)는 초점거리를 자유롭게 변경시킬수 있어 여러 개의 교환렌즈의 기능을 동시에 수행할 수 있다. 단, 이 렌즈는 화면이 어둡고, 망원렌즈에 비해 화질이 좋지 못한 단점이 있다. 최근의 줌렌즈는 성능이 개선되어 이런 문제점도 해결되었다. 야구 중계에서 투수와 타자가 가깝게 보이는 것은 줌렌즈의 효과이다. 줌렌즈는 광각계 줌(24~50㎜), 표준계 줌(35~70㎜), 망원계 줌(70~210㎜), 고배율 줌(50~300㎜)으로 구분된다.

④ 마이크로렌즈(micro lens, macro lens)는 접사용 렌즈로 55㎜, 105㎜, 200㎜ 렌즈 등이 있다. 표준렌즈는 45cm까지만 접근하여 촬영할 수 있으나, 105㎜렌즈는 25cm 정도까지 접근하여 촬영할 수 있으며, 작은 곤충 등을 좋은 화질로 화면에 크게 담아낼 수 있다.

⑤ 어안렌즈(fish-eye lens)는 화면 주변부가 심하게 왜곡되어 나타난다. 원상 어안렌즈(8㎜)와 대각선 어안렌즈(full frame fish-eye lens, 16㎜)로 나뉜다. 원상 어안렌즈는 화각 180°로 하늘의 별자리를 한 장의 사진에 담아 촬영할 수 있다.

⑥ 광각렌즈(wide-angle lens)는 준광각렌즈(28㎜, 35㎜)와 초광각렌즈(16㎜, 18㎜, 20㎜)로 나뉜다. 준광각렌즈의 화각은 60~85°, 초광각렌즈는 85° 이상의 화각을 갖는다. 광각렌즈는 피사체의 거리가 왜곡되므로 원근감이 강조되고 심도가 깊은 사진을 얻을 수 있다.

⑦ 소프트 포커스렌즈(soft-focus lens)는 연초점(軟焦點)렌즈로 불리며 렌즈의 구면수차를 남겨서 초점이 맞은 부분이외의 부분은 번진듯한 느낌을 주는 렌즈로 안개 낀 날 사진을 연상시킨다. 100년 전 회화주의(pictorialism) 작가들이 꽃 등의 피사체를 강조하기 위해 사용되었다. 그러나 현재는 수채화같은 분위를 연출해주므로 신부사진을 촬영할 때 주로 사용된다.

<그림 14-9> 20㎜ 광각렌즈의 화각

<그림 14-10>28㎜ 준광각렌즈의 화각

<그림 14-11> 35㎜준광각렌즈의 화각

⑧ 반사망원렌즈(mirror lens)는 오목거울의 집광성을 이용한 반사광학계의 렌즈와 일반렌즈를 결합시켜 만든 렌즈로 중앙의 큰 구경을 가진 오목거울로 받아들인 빛을 앞으로 반사시키면 작은 오목거울이 이 빛을 뒤로 반사시켜 일반렌즈에 입사(入射)시키게 만든 렌즈다. 이 렌즈는 초점거리가 길어도 실제 렌즈의 길이가 짧아서 휴대에 간편하다. 그러나 렌즈의 경동이 길고 렌즈가 어두워 초점을 맞추기가 어렵나. 또한 작은 오목거울의 인해 초점이 안맞는 부분(out focus)은 햇무리처럼 링형태로 흐려져 보인다.

⑨ 시프트렌즈(shift lens)는 위치변경렌즈를 말하며, 이 렌즈는 좌우평행이동장치가 있다. 피사체를 화면의 일정위치에 놓이도록 화면조정이 가능한 렌즈이다.

4. 카메라의 선택과 취급

1) 카메라의 렌즈와 선택

가장 많은 사람들이 선호하는 카메라는 35㎜ 카메라이며, 화질을 중시하는 전문가들은 4×5인치 시트필름을 사용하는 중형 카메라를 선호한다. 그러나 카메라의 조작상

편리함이나 가격상 유리한 자동 카메라 사용자가 늘어나고 있다. 자동 카메라는 28~
70㎜의 줌카메라가 대부분이고 기능도 다양하다. 그러나 렌즈의 교환이 불가능하며, 8
×10인치 이상 사진을 확대하려고 하는 경우 화질이 떨어지는 결점을 인식해야 한다.
　대부분의 35㎜의 카메라는 카메라는 수동(manual)과 자동 (auto)기능을 겸하고 있
다. 카메라를 구입할 때는 가격, 성능, 무게, 조작상의 편의성, 렌즈의 밝기 등을 고
려한다. 그러나 화질과 특정조건의 사진을 찍으려면 렌즈교환(렌즈착탈)이 가능한 고
가의 반자동 카메라를 구입해야 한다. 꽃이나 곤충은 마이크로렌즈, 자연스런 인물
은 준망원, 넓은 풍경은 광각이나 표준, 원거리 피사체를 화면 가득 끌어당겨 찍으려
면 망원렌즈가 적당하기 때문이다.

2) 밝은 렌즈와 어두운 렌즈

　렌즈 밝기는 흔히 렌즈의 개방정도를 나타내는 f값으로 부른다. 표준 카메라의 경
우 밝은 렌즈란 f/1.2, f/1.4, f/1.7같은 렌즈를 말하며, 망원렌즈 등 대구경렌즈는
f/2.8 이상의 렌즈를 말한다. 밝은 렌즈란 촬영자의 입장에서 볼 때 피사체가 밝게
보이므로 초점 맞추기가 용이하다. 그러나 대구경렌즈에는 f/4.5렌즈도 많다. f값이
높으면 화면이 어둡다. 그러나 여러 렌즈를 결합하는 제작상의 문제이며, f값이 높다
고 화질이 아주 나빠지거나 촬영이 불가능한 것은 아니다. 한 개의 렌즈를 애용하는
경우는 35~70㎜렌즈나 28~85㎜가 적당하며, 두개의 렌즈를 사용하는 경우는 2
8~135㎜, 300㎜망원렌즈가 구비되면 바람직하다.

3) 카메라의 취급법

　카메라를 사용하지 않고 오랫동안 장롱 속에만 넣어두면 렌즈에 곰팡이가 생기기
쉽다. 배터리액이 흐르거나 방전되어 셔터가 작동하지 않는 경우도 있다. 사용하지
않는 카메라도 가끔 셔터를 눌러 주도록 한다. 또한 카메라 렌즈를 손으로 직접 만지
지 않도록 한다. 렌즈에 손이 닿으면 지문이 남거나 렌즈에 곰팡이가 생기기 쉽다.
렌즈 앞에 끼우는 UV(ultra violet) 필터 혹은 skylight 필터는 카메라 렌즈를 보호하
고 지나친 자외선 양을 줄이는 효과가 있다. 렌즈는 렌즈전용 가죽이나 거즈를 사용
해서 닦아내며, 카메라는 통풍이 잘 되는 건조한 곳에 보관하도록 한다.

4) 카메라의 손질법

카메라 손질에 필요한 용구로는 에어 브러시, 렌즈 클리너(cleaner), 에틸 알콜, 부드러운 솔, 렌즈전용 가죽 등이 필요하다. 닦는 순서는 필름이 없는 상태에서 렌즈와 몸통(body)을 블로어로 먼지를 제거한 후 뒤뚜껑도 열어 같은 요령으로 청소한다. 필터는 브러시로 먼지를 털고 렌즈 클리너로 깨끗하게 닦는다. 필름이 들어가는 부분은 에어 브러시로 닦는다. 필름 누름판에 먼지가 있으면 필름 뒷면에 홈이 생기므로 꼭 청소해야 한다. 마운트 가장자리를 칫솔로 닦거나 금속면에 함부로 기름을 치고 닦아서도 안된다. 특히 부식(腐蝕)된 금속면은 다른 부분에 부식을 유발시키기므로 주의해야 한다.

5. 지리학에서의 사진활용

1) 사진의 유용성

지리학에서 이용되는 모든 사진은 지리사진(地理寫眞)이며, 지리사진은 위성사진, 항공사진, 일반사진으로 크게 대별된다. 위성사진(衛星寫眞)은 광대한 지역을 파악하는데 적절하며, 특히 기후학에서 효율적으로 이용될 수 있는 사진이다. 항공사진(航空寫眞)은 지형학이나 토지이용, 삼림조사, 수질오염 현황 파악 등에서 폭넓게 이용되고 있다. 한편, 일반사진(一般寫眞)은 개인이 주관적으로 촬영하는 경관사진으로 가옥 등 문화경관, 지층이나 작은 노두(outcrop) 등 좁은 지역을 구체적으로 표현하는 지리사진을 일컫는다. 위성사진이나 항공사진은 지리적인 종합적 사상(事象)을 나타내는 기호(sign)이므로, 이를 바르게 해석하는 능력이 필요하다. 그러나 일반사진은 직접적이므로 특별한 판단능력을 요구하지 않는다. 이시이미노루(1988)는 지리사신을 판단하는 데 도움을 주는 코드를 다음과 같이 제시하고 있다.

> ・ 2차원의 것을 3차원으로 바꿔 놓는다.
> ・ 사진의 주제는 무엇인가?
> ・ 피사체(被寫體)의 대상은 무엇인가?
> ・ 무엇을 알겠고 무엇을 모르겠는가?
> ・ 피사체 사이의 관계는 무엇인가?
> ・ 관계가 있다면 무엇과 무엇인가?
> ・ 관계 없는 것이 찍혀 있는가?

또한 지리사진을 촬영하는데 유의할 점을 알아보면 촬영 지점, 촬영 일시, 명확한 사진의 주제와 주변 환경물, 크기를 가늠할 수 있는 자(scale)나 표지물, 영상미도 고려해야 한다. 지리학의 입장에서 볼 때 사진은 아주 유용한 매체로, 다음과 같은 장점을 가지고 있다.

① 사실성이 뛰어나다. 지리학의 주요한 주제의 하나인 지역성을 밝히려는 연구자가 다른 사람에게 해당 지역의 특징을 보여주기 위해서는, 사물을 피상적으로 설명하기보다는 한 장의 지리적인 사진이 큰 설득력을 가진다.

② 현장감이 탁월하다. 어떤 사물은 그 지역에서만 볼 수 있다. 그리고 그 사물은 그 기능이나 성격을 갖는데, 특정 장소에서만 나타나는 사물을 사진을 통해 구체적으로 보여줄 수 있다면 이보다 더 확실한 것이 있겠는가?

③ 이동 운반이 용이하다. 사진은 크기의 확대 및 축소가 가능할 뿐만 아니라 복제가 가능하며, 이동이나 운반에 있어서도 부피가 적어 운반이 쉽다.

④ 보관이 쉽다. 사진은 큰 면적이나 부피를 차지하지 않으면서도 장기보관이 가능하다.

⑤ 시대적 변화를 보여 줄 수 있다. 시간이 흐르면 지표면의 인간생활이나 건축물의 모습은 그 모습이 달라진다. 사진은 시대적으로 달라진 모습을 비교하는 데 가장 적절한 수단이다.

⑥ 함축성이 있는 시각매체이다. 주제가 뚜렷한 사진은 촬영자(연구자)가 전달하고자 하는 뜻을 분명하게 전달하는 시각매체(視覺媒體)이다. 오늘날은 비디오나 동영상을 보여주는 매체가 발달되어 있다. 그러나 사진은 아직도 우리가 접근하기 쉽고 조작하기 쉬운 시각매체이다.

2) 지리사진의 촬영

지리사진을 촬영하기 위해서는 어떤 노력과 준비가 필요하며, 또한 어떤 사진을 촬영하도록 해야할까?

① 가능하면 카메라는 렌즈 착탈이 가능한 반자동 카메라가 필요하다. 자동 카메라 한 대로도 어느 정도의 줌, 광각기능이 있어 원하는 구도의 사진을 촬영할 수 있지만, 화질이나 넓은 화각을 한 장의 사진에 담으려면 렌즈의 착탈이 가능한 카메라와 50㎜ 표준렌즈, 24㎜ 정도의 광각렌즈, 200~300㎜ 정도의 망원 또는 줌렌즈가 필요하다.

② 필름은 ISO100의 네가필름이 무난하나 환등기를 통해 교육용으로 사용하려면 처음부터 슬라이드 필름으로 촬영하도록 한다.

③ 지리사진은 대부분 심도가 높고 전경(全景)을 나타내는 팬 포커스(pan focus) 사진을 촬영하게 된다. 또한 지리사진은 주제나 주변상황을 잘 설명해 줄 수 있는 내용이 포함된 사진을 촬영하도록 해야 한다. 한 예를 들어보자. 어떤 기차역을 촬영하려고 할 때 기차역 전체가 나오는 사진보다는 역이름이나 역을 안내하는 표지판이 포함된 사진, 혹은 역간판을 촬영하는 것이 기차역 전체가 나오는 사진보다 훌륭한 지리사진이 될 수 있다. 다음에서 실제 지형도와 실제 경관 사진을 비교해보자.

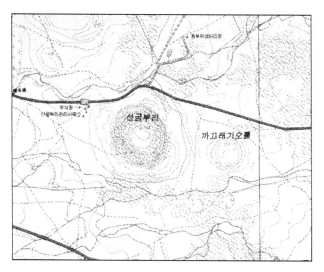

<그림 14-12> 제주도 교래리 부근 지형도

<그림 14-13> 제주도 교래리 산굼부리 사진

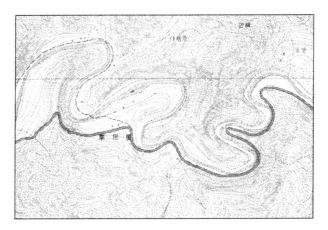

<그림 14-14> 홍천군 내면 율전리 지형도

<그림 14-15> 홍천군 내면 율전리 내린천 사진

■ 참고문헌

유경선. 1992, 『사진 어떻게 찍을 것인가?』, 미진사.
한국사진지리학회. 1993, 「사진지리」, ≪사진지리≫ 창간호.
홍순태. 1993, 『사진입문』, 대원사.

제15강 지도와 GIS

권동희

1. 지도

1) 지도의 개념

우리가 살고 있는 지구 표면은 그 형태가 매우 복잡하여 일반적인 문장이나 숫자만으로는 표현할 수 없다. 지도는 이러한 복잡하고 다양한 지표면의 형태를 '그림'이라고 하는 정보 전달매체를 이용하여, 알기 쉽게 표현하는 것이다.

지도는 지구상에 존재하는 일부 또는 전체적인 지리정보를 그 목적에 따라 일정한 비율로 축소하고 각종 기호를 이용하여 평면상에 기록해 놓은 것이다. 우리들은 실제로 어떤 지역에 직접 가보지 않아도 이들 지도를 통해 간접적으로 그 지역의 지리적 특징들을 파악하고 이해할 수 있다.

거대한 지구의 표면을 한 장의 지도로 표현하기는 불가능하므로, 필요에 따라 규격과 특징이 다른 다양한 지도를 만들어 이용하게 된다. 지구의는 지구전체를 표현할 수 있는 유일한 수단이기는 하지만, 우리가 일반적으로 말하는 지도라고 하는 것은 평면상에 그려놓은 것을 말한다.

지도는 위치확인과 간접경험, 데이터 보관, 장식, 광고, 모의실험 등에 이용된다. 지도의 가장 기본적인 기능 중 하나는 지도 이용자가 서 있는 장소의 위치를 정확하게 알려준다는 것이다. 따라서 지도 이용자가 새로운 장소를 찾아갈 때도 훌륭한 길잡이 역할을 한다. 이는 실제로 가보지 않은 지역을 지도를 통해 간접경험 한다는 것

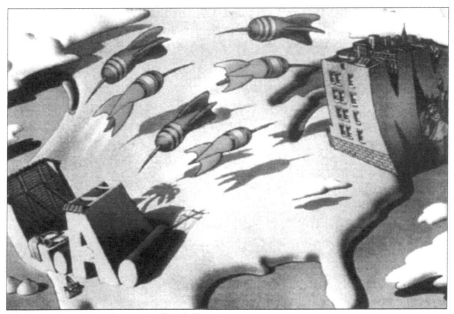

<그림 15-1> 뉴욕과 LA의 지리적 관계를 나타내는 만화 이미지 지도

을 의미한다. 지도는 데이터를 보관하고 관리하는 기능이 있다. 대표적인 것이 지적
도로서 이는 지도의 가장 초기 형태라고 할 수 있다. 고대부터 지도는 장식을 목적으
로 하여 만들어진 경우도 많다. 이 경우 지도의 내용은 사실적이라기보다는 상징적
인 형태가 대부분이었다.

지도는 긍정적이든 부정적이든 광고효과를 지닌다. 역사적으로 보면 특정 내용이
나 부분을 과장하거나 잘못된 정보를 기재함으로써 정치적·군사적으로 악용한 사례
도 적지 않다. 모의실험(simulation)은 현실적으로 반복하기 어려운 실험이나 훈련을
가상적으로 실시하는 것으로서, 여기에서도 지도는 중요한 기능을 수행한다.

2) 지도의 종류

지도는 작성법, 체재, 축척, 내용 등에 따라 여러 유형으로 구분된다.
첫째, 작성법에 따라서는 실측도와 편집도로 구분된다. 실측도는 실제적인 측량에
의해 만들어진 지도이고, 편집도는 실측도를 이용하여 다시 그 목적에 따라 새롭게
편집하여 만든 지도이다.

둘째, 체재 면에서는 도엽(map)과 지도첩(atlas)으로 구분된다. 도엽은 낱장으로 된 지도를 말하며, 지도첩은 여러 도엽을 묶어 하나의 책으로 만든 형태이다. 지리학에서 가장 많이 이용하는 지형도는 대표적인 도엽이며, 중·고등학교에서 활용하는 사회과부도 혹은 지리부도는 지도첩의 하나이다.

셋째, 축척에 따라서는 대축척지도·소축척지도 등으로 구분된다. 지도는 현실세계를 작게 축소한 것으로서 대축척이란 비교적 축소율이 작은 것이며, 상대적으로 소축척은 축소율이 큰 것을 말한다. 1:5000 지형도라고 하는 것은 1/5000로 축소한 것이며, 1:250000 지형도는 1/250000로 축소한 것이다. 이 경우 축소율이 작은 1:5000 지형도를 대축척 지도, 축소율이 큰 1/250000 지형도를 소축척 지도라고 한다.

넷째, 내용 면에서는 일반도와 주제도로 구분된다. 일반도는 다양한 목적으로 광범위하게 이용할 수 있도록 지표상태들을 가능한 정확하고 정밀하게 표시해 놓은 것이다. '지형, 취락, 교통로' 등을 지도의 3요소라고 하는데, 일반도에는 이들 3요소가 모두 포함되어 있다. 국립지리원에서 제작하는 지형도는 가장 대표적인 일반도이다. 조선시대 지도제작의 결정판이라고 평가받는 김정호의 대동여지도는 '조선시대의 지형도'라고 할 수 있다. 이에 대해 특정 사용목적에 맞추어 하나의 주제만을 강조하여 표현한 것이 주제도이다. 지질도, 해도, 기후도, 도로지도, 항공도, 통계지도, 관광지도, 역사지도 등은 우리 주변에서 볼 수 있는 대표적인 주제도이다.

3) 지형도

(1) 특징

대표적인 일반도인 지형도는 지표에 관한 풍부한 정보를 담고 있기 때문에 지리학에서 가장 활용도가 높은 지도이다. 따라서 지형도를 바르게 이해하고 이용할 수 있는 능력을 키우는 것은 무엇보다 중요하다.

우리나라의 경우 지형도는 건설교통부 국립지리원에서 제작, 발간되고 있다. 발간되는 지형도는 그 축척에 따라 1:5000, 1:25000, 1:50000, 1:250000 등 4종류로 구분된다. 넓은 의미에서는 이들 모두 지형도라고 할 수 있지만, 1:250000 지도는 다른 지도에 비해 상대적으로 소축척으로서, 상세한 지형기복이나 기타 지리적 내용(취락, 교통 등)을 파악하기 어렵고 전체적인 지세(地勢)만 알아볼 수 있기 때문에 '지세도'라고 하여 따로 분류하는 것이 보통이다.

지형도의 가장 큰 특징은 등고선에 의해 지형기복을 표현한다는 점이다. 등고선은 지형도를 구성하는 가장 중요하고 기본적인 내용으로서, 지형도가 일반도이면서도 지형도로 불리는 이유가 바로 여기에 있다. 등고선은 3차원적인 지표기복을 평면으로 표현하는 가장 과학적인 방법이다. 등고선은 지상의 같은 고도의 지점을 연결하여 폐곡선을 만들고, 이것을 바로 위에서 해면상(海面上)에 투영하여 지도에 그린 것이다. 등고선의 곡선 집합으로부터 지형의 전체적인 윤곽을 파악할 수 있는 것은 물론, 사면의 경사 정도도 계산할 수 있다. 등고선은 주곡선, 계곡선, 간곡선, 조곡선으로 표시한다.

(2) 지형도의 활용과 지형도 읽기

지형도는 우리 주변에서 가장 손쉽게 구입할 수 있는 비교적 상세하고 구체적인 지리내용을 담고 있는 지도이다. 이 지형도를 올바르게 활용하기 위해서는 지형도를 보는 방법을 익혀야 하는데 이를 '지형도 읽기'라고 한다.

'지형도를 읽는다'고 하는 것은 지형도에 표시된 점·선·문자·기호·색채·넓이·형태 등으로부터, 그려져 있는 기호(지리적 사상들)의 수평적·수직적 위치와 공간적인 관계를 파악해 내는 것이다. 지형도는 여러 기호에 의해 지표의 사상들을 표현한 것이므로 이들 기호를 잘 읽어내는 능력이 무엇보다 필요하다.

지형도에는 지형도 읽기에 도움이 되는 정보로서 '난외주기'라고 하는 것이 기재되어 있다. 난외주기란 지형도의 이용에 필요한 사항을 도곽 주위에 간단하게 기입해 놓은 것이다. 여기에는 도엽명, 도엽번호, 도엽 종류와 일련번호, 도곽(내도곽·외도곽), 지리좌표(경도와 위도), 평면직각좌표, 도로·철도의 도달주기, 편집 연도와 편집자료, 축척, 투영법·높이 기준면·등고선 간격, 인접지역 색인표, 행정구역 도표 등이 포함되어 있다.

도엽명칭은 그 지도가 표현하고 있는 장소를 나타내는 것으로서, 그 지역의 유명한 문화적 또는 지리적 지형지물의 이름을 사용하되, 지도상의 최대 도시명을 사용하는 것이 보통이다. 지형도를 구입할 때는 이 도엽명칭을 이용한다. 도엽번호는 사람에게 있어 주민등록번호에 해당한다고 할 수있다. 지도라고 하는 것은 앞에서도 언급했듯이 거대한 지구 표면을 일정한 크기로 나누어 필요한 부분을 표현해 낸 것으로서, 도엽번호는 지구 표면을 나누어가는 과정을 간략하게 표시한 것이다. 즉 처음에는 국제횡축메르카토르도법(UTM)에 의해 지구 표면을 1:250000 크기의 소축척으로 나눈 다음, 이를 다시 1:50000 축척으로 나누고 최종적으로는 이를 다시 1:25000과 1:5000의 축척으로 세분하여 만들게 된다. 도엽종류는 해당 지형도의 축척을 말하는 것으로서 일련번호와 함께 지형도 좌측 상단에 표시되어 있다. 일련번호는 최남단에 위치하는 제주도의 좌하(左下)를 1번으로 하여 우상(右上)으로 올라오면서 번호를 부여하는 것이다.

내도곽선상에서 도로나 철도가 끝난 경우 그 도로나 철도가 인접 도폭에서 어느 곳으로 이어지는지 행선지와 도달 거리를 문자와 숫자(㎞)로 표시해 놓게 되는데, 이를 도로·철도의 도달주기라고 한다. 각 지형도마다 해당 지형도를 편집 또는 수정한 연도가 표시되어 있다. 편집(수정) 연도 밑에는 편집자료의 근거가 제시되어 있다. 지형도 아래쪽에는 축척이 문자식(文字式)과 도표척도식(圖表尺度式)으로 표현되어 있다. 지형도를 축소 또는 확대할 경우 문자식은 의미가 없어지며, 이때는 도표척도를 이용해야 한다.

지형도는 기본적으로 횡단(축)메르카토르도법을 사용하고 있다. 높이 기준면은 우리나라의 경우 육지에서는 인천만의 평균해면, 제주도에서는 제주만의 평균해면을 기준으로 표기하고 있다. 등고선 간격은 축척별로 주곡선과 간곡선을 미터(m)로 표시하고 있다.

편차각도표는 지구상에서의 실제적 방위와 지도상의 방위 관계를 알아보기 쉽도록 한 것으로서, 진북(眞北)·자북(磁北)·도북(圖北)의 방위표가 명기되어 있다.

인접지역 색인표는 해당 지형도와 인접한 다른 지형도를 찾아보기 위한 자료이다. 각 구역에 해당되는 도엽번호가 기재되어 있는데, 이를 통해 인접지역을 보기 위해서는 어떤 지형도를 구입해야 하는지를 알 수 있다. 이에 대해 행정구역 도표는 해당 도엽에 해당되는 행정구역만을 간략하게 따로 표현해놓은 것이다.

2. 지리정보시스템

1) 개념

지리정보시스템(GIS: Geographic Information System)이란 각종 지리정보를 컴퓨터를 사용하여 처리하는 새로운 지리분석 도구이다. 지리학에서는 전통적으로 지리정보의 저장, 표현에 지도를 이용해 왔다. 그러나 전통적인 지도는 3차원의 지표면을 2차원의 종이 위에 그려놓은 것이기 때문에 지리정보의 신뢰성 등의 면에서 많은 한계가 있었다.

GIS는 바로 이러한 전통적인 지도개념에 컴퓨터라고 하는 획기적인 도구를 접목시킴으로써, 지도표현의 한계성을 극복함은 물론, 각종 지리정보 데이터의 수집에서부터 축적, 검색, 분석, 표현에 이르는 일련의 과정을 더욱 **빠르**고 효과적으로 처리할수 있게된 획기적인 시스템이다. 아블러(Abler, 1988)의 'GIS는 다른 학문에 있어서의 망원경이나 현미경과 똑같은, 지리학에 있어 불가결한 도구'라는 표현은 이를 잘 나타내주고 있다.

GIS를 구성하는 것은 컴퓨터(하드웨어와 소프트웨어), 지리정보(자료), 인간(인력, 조직 및 제도적 장치)이다. 여기에서 말하는 지리정보란 물리적, 모든 사회적 현상이 지도나 도면의 형태로 표현되는 자료를 주로 칭히는 것으로, 점·선·면·체적 등 모든 자료의 표현형태에 있어서 위치값을 갖는 자료(loaction data)를 포함한다. 이러한 지리정보 처리는 지도학의 주 내용이었던 것으로, 지도학의 입장에서 보면 GIS라고 하는 것은 결국 컴퓨터에 의해 지도를 제작하고 이용하는 기법이라고 할 수 있다.

지리정보시스템에서 지도를 처리하기 위해서는 컴퓨터 언어로 지리정보를 입력, 저장해야 한다. 이를 수치지도 또는 디지털지도(digital map)라고 한다.

수치지도는 내용 면에서는 지금까지 활용되어 온 일반지도(지형도)와 다를바 없다. 차이점이 있다면, 일반지도가 종이에 인쇄된 것이라면 수치지도는 컴퓨터 기록장치에 이들 내용을 수록한다는 점이다. 그러나 그 이용면에서는 기존의 종이지도와 수치지도는 큰 차이가 있다. 즉 종이지도는 그 내용이 도형으로 표시되어 있어 추상적인 개념으로만 이용되는데에 반해, 수치지도는 각종 정보를 계량적으로 분석하고, 필요한 정보들을 짧은 시간내에 통합·분리하여 사용할 수 있다는 점이다.

현재 국립지리원에서는 기존 지형도를 이용하여 각 축척별로 수치지도를 제작하여 CD에 담아 판매하고 있다. 아직은 초기 단계로 가격이 비싸기는 하지만 직접 수치지도를 제작하는 것보다는 적게 소요되므로 이를 구입하여 사용하는 것이 경제적이다.

2) 지리학에서의 활용

지리적 생활공간의 확대와 정보의 대량화에 따라 지리정보의 신속하고 정확한 처리가 요구되고 있다. 이러한 요구는 컴퓨터에 의해 지리정보를 처리하는 GIS의 도입으로 어느 정도 충족되고 있다. GIS는 지리학 연구 방법론 면에서 보면 대변혁인 셈이다. 특히 최근에는 원격탐사(Remote Sensing)와 범지구측위시스템(GPS: Global Positioning System)을 이용한 인공위성 자료와 GIS를 접목시킬수 있게 됨으로써 그 활용성은 더욱 증대되고 있다.

그러나 지리학 측면에서 보면 사실 GIS가 새로운 개념이 아니다. 정보시스템이란

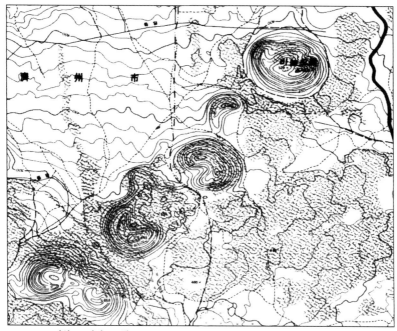

(1:25,000 지형도 '와산' 도폭)

<그림 15-2> 지형도에서의 기생화산 지형표현

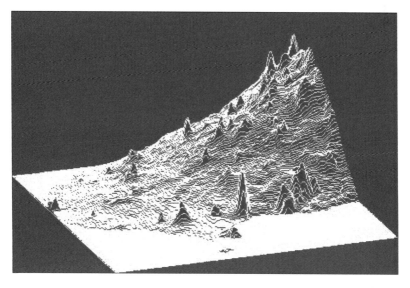

<그림 15-3> GIS를 이용하여 제작한 제주도 기생화산의 3차원 지도

자료를 처리하여 의사결정에 유용한 정보를 새롭게 창출하는 일련의 과정이므로, 결국 지리정보시스템이란 지리학에서 개발되어온 개념과 분석방법의 속도와 범위를 확대시킨 것에 지나지 않는다고 해도 과언이 아니다.

GIS에서 이용되는 지리정보(자료)는 지역 - 주제 - 시간으로 구성된다. 따라서 지리학의 주요 과제인 공간(지역)의 자연과 인문 현상(주제)의 문제해결에 큰 도움을 준다. GIS는 작업의 속성상 자료처리, 자료분석, 정보사용, 관리 등 4개 부속 시스템으로 구성되는데, 이 가운데 지리학자들이 특히 관심을 갖는 것은 자료분석시스템이다. 이는 자료검색, 통계분석, 정보출력 등 일련의 작업과정으로서 지리학의 개념과 분석방법이 크게 적용되는 부분이다.

■ 참고문헌

권동희. 1998, 『지형도 읽기』, 한울.
_____. 1999, 『지리정보론』, 한울.
권동희·김창환·장상섭·최병권. 1993, 『교양지리』, 신라출판사.
김주환·권동희. 1990, 『지도의 제작과 이용』, 신라출판사.
자연지리학사전편찬회. 1996, 『자연지리학사전』, 한울.
한국지리정보연구회. 1999, 『사진과 지리』, 한울.
Michael and Susan Southworth. 牧野融 譯, 1983, 『地圖』, 築地書館.

【찾아보기】

ㅅ

엮은이

한국지리정보연구회는 급변하는 세계지리환경 속에서 지리학 연구 및 지리교육에 필요한 다양한 지리정보와 자료를 수집·정리하여 실용적인 교재와 연구방법을 보급하고자 1982년에 결성되었다.

한울아카데미 350

지리학강의

ⓒ 한국지리정보연구회, 2000

엮은이 | 한국지리정보연구회
펴낸이 | 김종수
펴낸곳 | 한울엠플러스(주)

초판 1쇄 발행 | 2000년 9월 1일
초판 7쇄 발행 | 2020년 10월 15일

주소 | 10881 경기도 파주시 광인사길 153 한울시소빌딩 3층
전화 | 031-955-0655
팩스 | 031-955-0656
홈페이지 | www.hanulmplus.kr
등록 | 제406-2015-000143호

Printed in Korea.
ISBN 978-89-460-6161-3 94980

* 책값은 겉표지에 표시되어 있습니다.